这一年，由许多的第一次构成

在短短的 12 个月内，一个处处需要保护的小婴儿会成长为一个活泼好动的小孩子。请您尽情地享受这段时光！在这些日子里，您会惊叹，也会为孩子的成长感到高兴。请您在他的成长中给予他饱含爱意的帮助。

第 44 — 48 周

当这个阶段结束以后，您会惊奇地发现宝宝一下子学会了许多新事物：大多数的宝宝在这个阶段会第一次指出那些自己认识的事物。许多宝宝也在这个阶段开始尝试自己穿衣服，在自己吃饭方面也会有很大的进步。重要的是：当您的宝宝非常自豪地想要向您展示他新学到的技能时，请您用小小的奖励逗宝宝开心。

第 53 — 57 周

这个阶段值得您更加仔细地观察您的宝宝，他是否又学会了什么新的技能或者他又长进了多少。也许他现在已经可以给您发出信号，表达他想要到外面玩的意愿，例如拿起自己的鞋。许多宝宝可以给小狗或者其他小动物喂食，在这个过程中他们扮演了父母的角色。非常棒的是：宝宝突然间可以安安静静地坐 3 分钟，听爸爸妈妈给他讲故事。

成长发育的 8 个阶段

研究者指出，每个人都会经历不同的成长阶段。孩子在他出生后的第一年中会经历 8 个这样的阶段，也称为成长发育阶段。每一个阶段持续 1~5 周，在这段时间内，您会感到欢欣鼓舞——他在长大！

在这段日子里，宝宝经常会感到不安，容易哭闹，对某个熟悉的地方（大多数情况下是妈妈的臂弯或者胸前）有强烈的依赖感。许多妈妈会误认为是自己的母乳供应不上宝宝的需求了，一般来说并不是这样的，宝宝只是想要寻求一份额外的关怀而已。

第 25 — 27 周

在过去的几周中您一定为宝宝的单纯感到高兴。但是现在要发生变化了，您的
宝宝突然可以理解事物之间的联系了：他开始观察、做比较，可以听懂一些比

较短的命令（"不要"、"过
来"），并且可以由此建立起
语言和行动之间的联系。现在
的宝宝非常不喜欢妈妈离开自
己。在这个阶段，您也可以给
予您的宝宝一些帮助。您可以
和他捉迷藏，并且要多唱歌。

第 36 — 40 周

在这个阶段，大多数的宝宝都在学着如何像成人一样去思考：他们开始认识动
物和物体，并且意识到自己可以和其他人进行交流。在这个阶段，新鲜事物如
潮水般涌入宝宝的世界，您可以通过给予宝宝他所需要的亲密感来帮助宝宝成

长。您可以和宝宝一起探索未
知，和他交谈，和他一起唱歌
或者和他交换角色。

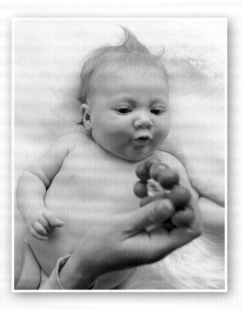

第 11 — 12 周

提前告诉您一个好消息：这个阶段会比前两个阶段持续时间短。一些宝宝在一天之后，另外一些宝宝在一周之后就会重新回到"常态"。您的宝宝和平时不太一样了，这一点没有什么好奇怪的。因为，他每一天都可以比前一天更好地看、听、思考以及活动。在这个阶段，许多宝宝几乎不再需要别人帮他托住头部了。宝宝的目光可以追随一个运动中的物体，甚至可以伸出两手去抓住它。

第 18 — 20 周

虽然每个发展阶段之间的间隔变长了，但是每个发展阶段也变长了，最多可持续 5 周。您的宝宝在视觉、感觉、触觉以及抓握东西方面会有很大进步，这个阶段的宝宝会非常积极主动。现在，许多宝宝可以依靠自己的力量翻身了，也就是由平躺的姿势翻身变成俯卧的姿势。

第 4 — 5 周

新的生活共同体还没来得及互相适应，宝宝和父母的世界就开始发生翻天覆地的变化了。在第 5 周左右，您的宝宝将会经历第 1 个成长阶段。也许您会发现，您的宝宝开始越来越频繁、越来越专注地观察身边的物品和人，或者越来越认真地倾听身边的各种声音。宝宝第一次笑，第一次由于开心而发出兴奋的叫声，都与他身边的人、物以及声音有关。

第 7 — 9 周

这是宝宝的第 2 个成长阶段，宝宝的头围在这段时间内会快速增长，说明他的大脑正在发育。所有的感觉器官都在继续发育，突然之间，那些曾经熟悉的东西变成新的事物了。您的宝宝又学到了许多新的本领：当他处于俯卧姿势的时候，他可以靠自己的力量抬起头并保持一段时间，甚至可以在听到周围有其他声音的时候，将头转向声音传来的方向。宝宝还会充满热情地倾听周围的声音，并且开始发出自己的声音。

德式育儿百科

DAS GROßE GU BABYBUCH

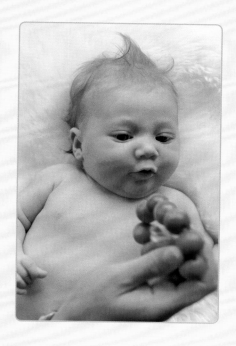

［德］碧尔吉特·格鲍尔·瑟斯特亨
［德］曼弗雷德·普劳恩／著

魏萍／译

北京联合出版公司
Beijing United Publishing Co.,Ltd.

您的第一个孩子即将出生？您一定已经有些紧张了……而且您肯定也有许多问题，这些问题主要与宝宝将会给您带来的新变化有关。不要担心，这很正常，许多准爸爸准妈妈都会这样。

追溯到一两代人以前，那时人们的生活状态都是大人和孩子，老人和新生儿共同生活在一个屋檐下。年轻的姑娘们已经"顺带着"学会了如何与新生儿相处。由于当今社会发生了一些变化，家庭规模变小了，对于如今的年轻父母来说，想要获得如何与新生儿相处的知识，越来越难了。为迎接宝宝出生而做的准备以及婴儿护理课程为他们提供了许多有用的信息。也许您希望好好利用宝宝出生前的这段时间，悠闲地坐在沙发上阅读一本育儿书籍？这本书在宝宝出生之前的准备时期就能为您提供帮助：您应该购买哪些宝宝需要的物品？宝宝的睡床应该是什么样的？这本书将在宝宝出生之后一直陪伴您，直到宝宝周岁。

请您翻阅有关宝宝成长发育的一章（从第85页开始）：对于我来说，看到宝宝在出生后的几个月内的进步，是一件非常神奇而有魅力的事。

在宝宝出生之后8周内会有助产士协助护理产妇，8周以后，有了这本书，您就有了一位很棒的"陪伴者"，它可以在很多情况下给予您帮助：为什么我的宝宝在哭喊？宝宝睡够了吗？宝宝得到了必要的促进吗？宝宝的每一次进步，都伴随着新问题的出现。这本书给予您有理有据的答案，帮助您找到适合自己的道路。

即使宝宝的到来彻底打乱了您之前的二人世界，让您开始承担更多的责任，您也不用害怕。随着时间的流逝，您一定可以胜任妈妈或者爸爸的角色。在这个喧嚣的时代，这本书将会给您巨大的支持，帮助您和您的宝宝一起度过异常精彩的第一年。请您尽情享受这段美好的时光吧！

克劳迪娅·达赫斯
德国助产士协会教育顾问

在我的第一个女儿宝琳娜出生之后，我们制作了一个视频。经历了分娩之苦的我说了一句话："我再也不做这样的事了！"和我想象中不一样的不仅仅是分娩。哺乳困难？宝宝哭闹？坐月子问题？产后抑郁症？无眠的夜晚？我想象中的做妈妈可不是这样的！直到今天我才明白，大多数的麻烦都是自找的，如果有更多的背景知识，不会让事情发展到这个地步。因此，有必要写这样一本书。如果您的宝宝的成长和书中描述的标准稍微有些差别，您也不用担心。请您不要给自己太多的压力。也请您相信自己作为一名母亲的直觉以及本能，这两点再加上一些沉着冷静，您的宝宝会感谢您的。另外，在宝琳娜出生后我曾经说过的"再也不"只持续了很短的时间。21个月以后，我们的儿子萨姆埃尔来到了这个世界，两年之后又有了我们最小的孩子苏菲。这两次和第一次都不一样，比第一次更加美好。因为我学会了去理解他们给出的信号，满足他们的需求。孩子是上帝的礼物，所有的父母都要心怀感恩，感恩这些小生灵选择了我们作为他们的父母，在我们的身边一天天长大。我祝愿大家在与自己的宝宝相处的第一年中顺顺利利，和和睦睦！

碧尔吉特·格鲍尔·瑟斯特亨

我的父亲是一名内科医生。在我小的时候，经常陪他一起去出诊。因此我在那个时候就决定了，自己以后也要从事这个职业。而且还有一点是确定的：我未来要服务的病人应该是孩子们。他们给我留下深刻印象的不仅仅是他们那不曾因为疾病而丧失的快乐，还有他们的求生欲和力量。在近十年的从医生涯之后，我想要了解儿童医学的另外一个方面：一个人如何从婴儿成长为青少年，他们成长过程中的快乐、疾病以及生长发育的每个阶段是什么样的？当然，孩子们成长的外部环境也很重要，父母的问题、担忧和困境需要我们的帮助。我希望您能在这本书中找到与此相关的建议以及尽可能多的问题的答案。

医学博士曼弗雷德·普劳恩

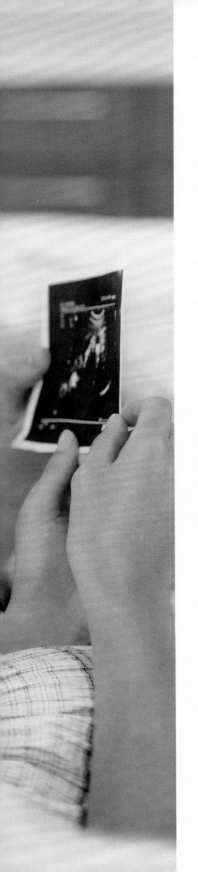

我们成为了一家人

情况是这样的：您在等待宝宝的降生，不久之后一个小小的家就完整了！您和您的伴侣将要面临一段令人非常紧张激动的时光——名副其实的紧张和激动。因为几乎没有什么可以比第一个宝宝的降生更能让您的生活发生翻天覆地的变化了。然而，成为一家人究竟意味着什么呢？

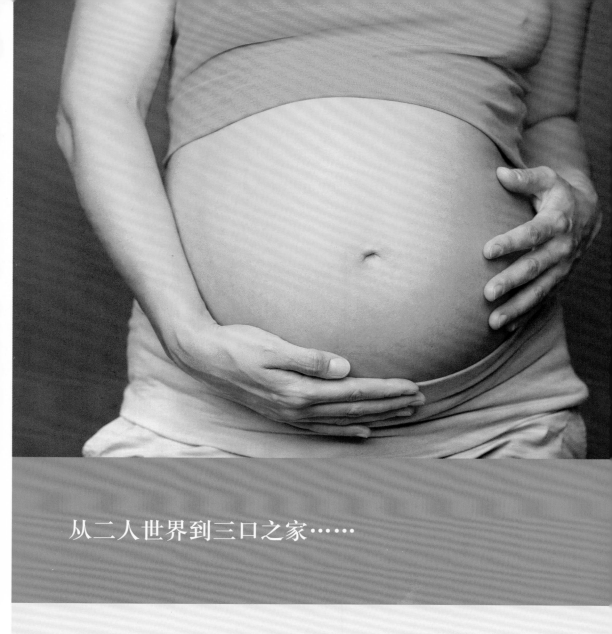

从二人世界到三口之家……

理想状态是宝宝在您的肚子里待 40 周左右，他在那里生长发育。
这就意味着，宝宝在您的肚子里待多长时间，您就需要等待多长
时间才能和他成为亲密的家人。宝宝的出生会改变角色的分配，
大家都需要时间来适应自己的新角色。

和宝宝一起度过的蜜月期

怀胎十月，这一刻终于到来：那将是一个令人终身难忘的美好时刻，就是您第一次把刚刚出生的宝宝抱在怀里的那一刻。在此之前的经历已经非常美妙，宝宝在您的肚子里，您可以通过他的活动感受到他的存在，仅仅是这样就已经非常幸福了。但是，当您把宝宝抱在怀里的时候，那种喜悦是无法抑制的。温暖而柔软的宝宝，浑身散发着诱人的气味，可爱得让人忍不住想要抱抱他。宝宝终于出生了！对于许多准爸爸准妈妈来说，宝宝出生后的最初几分钟是他们生命中最美好的时刻之一。如释重负，充满感恩，从这一刻开始他们想要尽情享受这种"家庭的幸福"。助产士把爸爸妈妈和宝宝共处的最初几天称为"宝宝蜜月期"。爸爸、妈妈和小宝宝第一次可以互相观察、抚摸、拥抱，尽情享受成为一家人的美妙感觉。从爸爸和妈妈的二人世界变成了三口之家：期待已久的女儿或者儿子让这两个成年人成了爸爸妈妈，让他们开始承担一个角色。至少当他们生第一个孩子的时候或者在这之前，他们并不熟悉这个角色。

所有参与者都会出现无法适应自己新角色的问题。但是，罗马不是一天建成的——这一点也适用于第一次当父母的您。

日常生活中的琐事，例如换尿布、给宝宝洗澡、穿衣服、哺乳或者喂奶粉、抱着宝宝到处走、让宝宝安静下来、安抚他以及哄他睡觉等，都要先成为习惯。这需要一定的训练时间。根据我自己的经验，这段时间有可能会比较辛苦……

丈夫和妻子之间的关系

从现在开始，二人世界中出现了一个第三者，尽管他还很小，但是却一直在这里，他有时候非常特立独行，清楚地知道自己需要什么，什么可以让自己开心：当他饿了的时候，他就要吃东西,而且是立刻马上。当尿布湿了，就必须换一个新的，而且得是尽可能快地更换。当他感到无聊的时候，他就需要得到别人的注意，而且要马上得到。尽管您的宝宝还很小，但他已经迫不及待地要担当起老板的角色了，并且完全打乱了您之前已经习惯了的生活节奏。他也会选出自己最喜欢的下属，大多数情况下是妈妈。因为妈妈为他提供食物，在他需要的时候出现在他的身边。这种持续值班——白天、晚上、周末、节假日——在最初的几周内会让人觉得很可怕。老实说：做父母并不总是意味着宁静、欢乐、鸡蛋煎饼。新晋奶爸和新晋奶妈之间会出现矛盾，这些矛盾在没有孩子的时候是没有出现过的。甚至还有可能是大家从来都没有想到过的！

两个人之间突然出现了有关教育方式（"如果你继续这样，就会宠坏他！"）以及如何与宝宝相处（"你不能这样抱他"）的不同意见。爸爸抱孩子的方式与妈妈不同，宝宝有一点点动静，妈妈就着急得蹦起来，宝宝跟着其中一个人的时候比跟着另外一个人的时候哭闹得厉害。对于两个人来说，和宝宝交流以及共同生活都是以前从未涉足过的领域，但是大多数情况下其中一个人会觉得自己知道的比另外一个人多。这就有可能破坏气氛。除此之外，还会有不安的因素，毕竟有谁完全了解如何与一个婴儿相处呢？生活中的许多重大的事，例如从学校毕业或者考驾照，我们都会接受培训、通过考核。但是关于如何正确地与婴儿相处，却并没有这样一个要求准爸爸准妈妈必须通过的考试。一些有用的信息可以在孩子出生前的准备课程中学到。在这里，有经验的助产士会向人们展示应该如何照顾婴儿。如果您对这样的课程感兴趣，您可以向您的妇产科医生或者您附近的妇产医院进行咨询。

爸爸妈妈的睡眠小杀手

宝宝出生后不久，爸爸妈妈很有可能会产生一种身不由己的感觉：您的宝宝在出生后最初的几天和几周之中坚定地把自己的生活节奏强加给您，让您也一起遵守。什么时候喂奶，喂多久，您什么时候可以去洗澡或者出去购物，什么时候可以去做家务，这些都取决于他。宝宝甚至还决定了您什么时候可以不受干扰地打电话或者和您的伴侣安安静静地坐在一起。然而，主要由他掌控的第一件事是：他的父母什么时候可以睡觉。有一些妈妈在宝宝出生后的最初几周中严重睡眠不足，她们每天早上起床的时候就已经筋疲力尽了，完全不知道这一整天她们该如何撑过来。更不要谈如何能有好心情了。如果您也处于这种状态，希望这一点可以给您一些小小的安慰：每一个您已经熬过去的不眠之夜，都不会再出现了（就像疼痛一样），而是会帮助您和您的宝宝找到一个有规律的"睡觉—醒来"的节奏。万事开头难，这句名言也适用于宝宝学习睡觉这件事。您越关注宝宝的需求，就越容易建立起宝宝对您

千万不要醒来！——睡得如此安详的宝宝，肯定不是爸爸妈妈的睡眠杀手。

子女补贴费

在德国，目前国家会给予一个家庭的第一个和第二个孩子每个月184欧元，第三个孩子190欧元，第四个以及更多的孩子每个月215欧元。如果孩子的母亲或者父亲不工作或者没有全职的工作，还会有额外的父母补贴。除此之外，在针对家庭主要赚钱者的税收方面也会有优惠，以这种方式保证相同的工资总额至少可以剩下更多的净值。

的信任。一个一出生就感受到父母的爱和关心的孩子，会成长得很好。根据经验，您的宝宝在几周之后（尽管在刚开始的时候您会觉得度日如年）就可以在晚上不吃奶，而他的睡觉时间也会逐渐变长。（更多有关睡眠的信息见"睡吧，宝贝，睡吧"一章。）

如何处理经济问题

这怎么能叫美好呢？有了孩子以后，之前的收入好像减半了一样。大多数没有孩子的成年人并不能想象，一个孩子究竟能花费多少钱。在德国，年轻的父母在孩子出生后的第一年，花费在宝宝出生装备（童车、各种设备、尿布、护理产品以及相关物品）上的钱平均是3000欧元左右。而且还要把父母一方（大多是妈妈）在孩子出生以后的一段时间不能工作计算进去。

这意味着，您家多了一口人，与此同时又少了一份收入。为了减轻国民的负担，国家会给大家子女补贴费。

夫妻生活

对于许多夫妻来说，有了孩子以后，夫妻生活方面也会发生很大的改变。导致这种变化的原因是多方面的：在宝宝出生后的最初几周中，许多女性都要先处理分娩给自己带来的副作用，例如肠道损伤、剖宫产手术缝合的伤口、恶露或者子宫收缩。许多妈妈在分娩之后首先需要的是安静和放松。然而恰恰是这一点不是那么容易协调的，因为刚出生的宝宝需要照顾，需要喂奶，大多数情况下每2～3小时喂一次。当妈妈终于可以享受没有宝宝打扰的休息时间了（没人知道这段时间会持续多久），她也许只想睡觉。除了疲劳，还有可能存在其他让她没有性趣的因素：处于哺乳期的乳房、恶露、骨盆底部负重、筋疲力尽或者激素分泌异常。除此之外，大多数夫妻会让刚出生的宝宝睡在他们的卧室方便照顾。为了不吵醒宝宝，走路要轻手轻脚，说话也要低声细语。因为一旦宝宝睡着了，谁也不想把他吵醒！所有这些因素共同导致了宝宝的爸爸妈妈不得不先放弃夫妻之间的爱、欲望和热情。然而，不用担心，以前的热情早晚会回来的。在这个方面，重要的是及时和伴侣进行沟通。如果您此时并不想要激情时刻，而是更想

性趣杀手

"我们的夫妻生活要冷淡多久？"这个问题的答案因人而异。调查问卷的结果表明，大多数的父母在宝宝出生后最初的 3～6 个月中几乎没有夫妻生活。然而，一旦女性的生殖系统恢复到以前"未孕"的状态，新组成的一家三口互相适应了，宝宝逐渐（或者终于）可以熟睡一整夜了，夫妻双方的欲望就会复苏。一般来说这个过程会持续半年。但是在这个方面也存在着例外。有些夫妻在宝宝出生后两周就开始夫妻生活，也有一些夫妻在宝宝出生后一年之内都没有夫妻生活。

要安静和休息，请您告诉他，是什么让您感到筋疲力尽和您此时此刻的真实感受，并且请求他的谅解。

美好的时光，难熬的时光

不得不承认，新的角色、一个无情的"老板"、睡眠不足、收入减少以及冷淡的夫妻生活让您感觉生活非常不幸……但是，请您不要让这些事情夺走您和宝宝在一起的快乐！相反，建立一个家庭是一件非常美好的事！但是，您也应该知道，在家庭生活中，高潮被低谷取代（幸运的是也会反过来），也是一件非常正常的事。这种趋势在每一个家庭中都会出现（不管别人是怎么告诉您的，事实肯定是这样

的！）。您的小团队只是还需要一定的时间彼此磨合，直到您发现每一个家庭成员的特点和怪癖，并且能够很好地应对为止。请您不要期待一个"完美家庭"，虽然您在怀孕期间可能已经习惯了这种家庭模式。您越是无拘无束、自然地参与到家庭计划中，就越能扮演好妈妈或者爸爸的角色。

语言是金

您在危机时期能做的最好的事就是开诚布公地交流。当您觉得浑身不舒服，非常憋闷的时候，请您讲出来。害怕自己无法胜任妈妈或者爸爸的角色？害怕承担责任？由于经济问题而担忧？在与新生婴儿交往的过程中感到束手无策？在和伴侣的相处中感觉自己不被理解？在理想状态下，您可以和您的伴侣开诚布公地谈一谈您的忧虑。你们可以互相倾诉，是什么让自己感到非常困难；请您说一说，哪些与您之前设想的不一样；请您明确指出，您对什么感到失望。因为，只有那些坦诚地进行交流与沟通的人，才可以解决矛盾。和那些跟自己有相同思想倾向的人进行交流也是非常有益的，例如朋友、亲戚、关系比较亲近的邻居或者产前准备、产后恢复和婴儿按摩课程中认识的人。请您记住：没有人一开始就是完美的父母，也没有哪个孩子从来不哭闹。

情感混乱

当宝宝茁壮成长，开心地做游戏，家务做得漂漂亮亮，衣物整洁时髦，电冰箱里每天都有新鲜食物，床铺被褥被拍得松软舒适时，谁来给予一位母亲她应得的认可？妈妈们总是说自己在经历一场情感的混乱：即使她们全心全意地做一名好妈妈，却总是失落地发现并没有人认可她们每天的付出与成绩，而在生孩子之前，她们可以从同事、老板那里或者至少可以通过自己的薪水得到认可。看起来好像她们现在所做的一切都是理所应当的，没有人欣赏她们为家庭所做的贡献。但是事实不是这样：问卷调查表明，一个家庭中的爸爸在工作一天之后回到家，如果看到妻子和孩子平和幸福地向自己讲述她们一天的生活，他也会感到无比满足。他的家庭幸福了，他自己也就幸福了。

摩登辣妈

最近几年，现代家庭主妇的形象发生了很大变化。好的方面是，人们不再仅仅把家庭主妇和炉灶还有家务活联系在一起了。广告行业也发现了家庭主妇的另外一种形象——"一个家庭企业的经理"。这并不奇怪，因为一位母亲可以同时做很多项工作：她是厨师、采购员、管家、司机、心理学家、聊天伴侣、急救助理、教练，随着孩子年龄的增长，她还要额外承担各种不同的教育工作。

之后，妈妈要教孩子游泳、骑自行车、读书、算术、写字等。这时候谁还能说，妈妈"没工作"，不上班？恰恰相反，做妈妈就是一种职业。请您记住这个观点，自己找到新的自信。在接下来的一年中您就有了一个全职的工作了，而且不能中途停止。

好好利用等待
宝宝出生的这段时光

宝宝只要还待在妈妈的肚子里，就不需要固定的喂奶时间、尿布、床和婴儿车。但是，一旦他降生到这个世界上，爸爸妈妈最好已经为他准备好了一切。这样，您在分娩之后才有可能不受条件限制地照顾新生儿和您自己。

宝宝的衣橱里应该有这些

宝宝衣服的尺寸很容易确定，因为它是以宝宝的大致身高为标准的。婴儿衣服的每个尺寸之间大约相差6厘米。也就是说：如果您的宝宝出生时身高为52厘米，那么最适合他的衣服应该是56号的。如果宝宝出生时身高为48厘米，那么适合他的婴儿连体裤尺寸可能是50号，早产儿穿44号的衣服比较合适，但是，比较强壮的婴儿可能需要穿62号的衣服。由于现在您还不知道您的宝宝出生时的身高是多少，您可以在预产期到来之前让您的产科医生给您做检查，医生可以通过超声波仪器算出宝宝的大致身高然后告知您结果。这时，如果您能预见到您的宝宝出生后的身高趋势（较小、正常、较大），您就可以有目的性地去购物了。哪怕婴儿用品店里面的衣服再吸引人，再漂亮，您也不要一次性买太多小号的婴儿服！一方面，您需要考虑到，在宝宝出生的时候有可能会收到别人送的一些衣服作为礼物。另一方面，您的宝宝会长得很快，过不了多久这些小号的衣服就不能穿了。因此，有很多妈妈觉得非常可惜，很多小号的衣服自己的宝宝才穿了两三次就穿不下了。

新生婴儿服

一般来说，8～10周之内的孩子有以下衣服（56号～62号）就够了：

> 3～5件贴身衣裤，最好是能从前面或者侧面打开的款式

> 4～6件连体裤

> 6～7件薄秋衣或者T恤衫（根据季节而定），穿在连体裤里面

> 1件外出时穿的外套（厚薄可视季节而定）

> 1～2顶可以遮住耳朵的婴儿帽（34号或者更小一些的）

> 1双厚一些的毛线袜或者毛线鞋

> 3～4块擦嘴巾

> 如果宝宝出生在冬天，还要额外准备1～2件紧身连袜裤、1件羽绒服以及手套

关键是要舒适

您在给宝宝购买衣服的时候，一定要注意，宝宝穿上这件衣服是否舒适，以及在给宝宝穿脱衣服的时候是否方便。您在购买贴身衣裤的时候，要选择那些可以从侧面捆束的款式。这样，就不用从宝宝的头上套衣服了。除此之外，在购买秋衣和T恤衫的时候，要选择那些领子或者后背有纽扣的款式。这样，宝宝的头就可以更加轻松地钻进去。很可惜，有一些非常漂亮的大品牌的衣服一点都不实用。另外，一般来说，按扣要比普通纽扣更易操作。

"二手货"作为首选

如果您非常幸运地有朋友把自己家宝宝的衣服借给您或者免费送给您，即使有

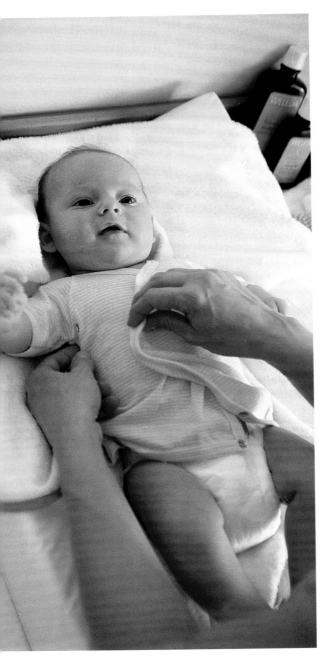

当穿着贴身衣裤之类的穿脱很容易的衣服的时候，您的宝宝也会很开心。因此，最好是选择那些侧面有扣子或者可以系带的款式。

> **小贴士：换洗的衣物**
>
> 如果宝宝的连体裤没有弄脏，就不一定非要每天都更换。除此之外，晚上不需要给他穿睡衣，因为连体裤也非常柔软舒适。只有当宝宝找到了日夜规律，"上床睡觉"成了宝宝的一个仪式，这时候才有必要给他穿睡衣。

可能只是一些零碎衣物，您一开始并不喜欢，请不要犹豫，马上接受。这些免费得到或者以非常实惠的价格买到的衣物可以先放在衣柜里，当出现衣荒或者没有时间给宝宝洗衣服的时候，就可以派上用场了。如果您的宝宝非常喜欢流口水，那么即使有围嘴儿之类的预防措施，还是不可避免地要一天给他换好几次衣服。除此之外，二手衣物还有一个好处，就是衣物里面的染色剂以及其他有可能导致宝宝过敏的化学物质都已经被洗掉了。因此，二手衣物上的有害物质无论如何都比新衣物上的少。所以，大家去逛一逛义卖市场和跳蚤市场，淘一些价格便宜的二手婴儿服以及其他配件，是非常值得的。

宝宝需要的各种装备

您是从婴儿用品专卖店购买一套新的婴儿装备还是把一些使用过的二手家具搬进房间，都无所谓：亲手为宝宝布置一个"小窝"会让大多数即将成为爸爸妈妈的人感到非常快乐。在开始的时候，肯定有一些东西是可有可无的。但是也有一些东西是您在宝宝出生之前无论如何都要搞定的。请您也要考虑到宝宝早于预产期出生的可能性。

> **没有必要：枕头**
>
> 婴儿不需要枕头。相反，使用枕头会有以下危险：宝宝有可能把枕头拉到自己的脸上，从而导致窒息。

在宝宝出生之前，您应该为他购买的一些东西

> **一个摇篮或者室内用童车**。作为宝宝的一张床，供宝宝出生后最初几个月睡觉用。后者的优点是它有轮子，可以推到另外一个房间里去。

> **一个由新剪羊毛或者棉花做成的薄薄的被单**（70cm×140cm）。

> **一辆婴儿车**。有了它，您和宝宝就可以享受新鲜空气和温暖的阳光了。

> **提篮式婴儿座椅**。这个东西不仅仅是在宝宝出生以后从医院回家的路上需要。根据经验，宝宝在出生后一年半之内都要躺在（之后可以坐着）这个婴儿座椅里。

> **一个适合宝宝大小的睡袋**。请您在购买的时候注意，睡袋颈部开口不要大于宝宝的头部，腋下的开口也不要太大。否则就会存在宝宝完全滑进睡袋的危险。睡袋的长度最好是宝宝的身高减去10厘米。这个大小的睡袋可以满足宝宝在接下来几周内的需求。小贴士：睡袋下端如果有纽扣或者拉链可以打开，换尿布的时候您就不用把宝宝从睡袋里抱出

来了，可以直接打开纽扣或者拉链给宝宝换尿布。这一点在晚上尤其实用。

> **一个尿布桶**。比较合适的是一个可以合上盖的小桶。桶的大小以能够装下1～2天的尿布量为最佳。使用过的尿布最好1～2天统一扔一次。

> **水温计**。可以在您给宝宝洗澡的时候帮助您找到合适的水温。

> **电子体温计**。

> **抱孩子的辅助物**。可以是一种特制背巾（见第21页）或者背袋，之后可以改装成背包。这两种东西都是给宝宝送出生礼物时非常棒的选择。

其他有用的东西

> **尿布台**。您当然可以在洗衣机上、餐桌上、床上或者地板上给宝宝换尿布。但是，您为宝宝换尿布而设置的专门区域不仅应该让宝宝，还应该让您自己感到舒适，因为未来您将在这里度过相对较多的时间。根据经验，给宝宝换尿布的地点应该首选尿布台，因为它的尺寸（高度、宽度和深度）合适，可以让宝宝在换尿布的过程中感到舒适。换尿布的柜

> **小贴士：取暖器**
>
> 在冬天，在换尿布的台子上安装一个取暖器，可以给宝宝提供一个温暖的环境。您在购买取暖器的时候要注意选择那些适合放在换尿布的台子上的款式。这种仪器在发热的蛇形管周围有一层细密的金属网，可以避免蛇形管在爆裂的时候碎片飞溅伤到宝宝。

子最好有放东西的抽屉或者隔层，可以存放一些随手可以取用的东西，例如尿布、护肤霜和衣服。您在放置换尿布的柜子的时候，要注意，旁边最好有水龙头。您甚至可以在浴室中设置第二个换尿布的区域（例如利用浴缸或者洗衣机上面的装饰部分）。这样的话宝宝洗完澡，就可以马上在温暖的浴室中换上尿布穿上衣服了，这时，第二个换尿布的区域就显得非常实用了。

> **哺乳垫**。给宝宝喂奶的时候，找到正确的姿势是避免错误的姿势和缓解妈妈的背部问题的关键。有各种不同大小不同材质的哺乳垫。您可以都试一试，看看哪种大小哪种材质（例如小麦皮或者塑料颗粒）的哺乳垫最合您的意。请您注意，不要选择太沉的哺乳垫。因为，当您怀抱着宝宝，想要找到最理想的哺乳姿势的时候，您会庆幸，哺乳垫没有比宝宝还要重 3 倍。

> **音乐盒**。有一些准妈妈在怀孕期间会把音乐盒放在肚子上，用这种方式让自己的宝宝听到美妙的音乐。请您选择一曲柔缓安静的音乐，因为经常可以观察到这种情况：当宝宝听到声音很大的激烈的音乐时，他们会躺在自己的小床上睁着眼睛不睡觉。

> **宝宝指甲剪**。这种指甲剪的顶端比较圆滑，在使用的时候不会伤到宝宝柔嫩的手指或者脚趾。

> **大约十块浴巾以及一块大的带兜帽的浴巾（大约 1m×1m）**。在宝宝洗完澡以后用它包裹宝宝。

> **一把柔软的梳子**。可以给宝宝进行温柔的头部按摩。

安抚奶嘴

几个月大的孩子被称为乳儿[1]不是没有道理的。他们吮吸自己的手指、安抚巾或者毛绒玩具的耳朵，这个动作可以满足他们吮吸的需求，让他们更容易放松下来。放松的孩子会比较安静和快乐，因此他们也乐于去满足自己吮吸的需求。

---

[1]德语中这个词是 Säugling。词根是 saugen，意为吮、吸、嘬。

背巾

在所有文化中，抱婴儿的现象都很普遍。世界上三分之二的人口现在还在抱自己的宝宝，以这种方式给宝宝依靠和安全感。

当宝宝被人举起来的时候，他会本能地举高并且叉开双腿，这样就可以紧紧地贴在抱他的人身上。由于宝宝无法用自己的力量使自己固定在妈妈的身上，所以他需要借助外力的支持，例如使用背巾。由于背巾有很多种捆绑的方式，我们推荐您去参加一个课程，在课程中您会学到如何捆绑背巾。

抱孩子的优点

通过使用背巾抱孩子可以满足宝宝对亲密的需求，同时您的双手还可以解放出来去做其他事。经常被抱的孩子很少会有被遗弃的恐慌，哭得也少，独立得也比较早。除此之外，使用背巾还可以让您比使用婴儿车（例如在楼梯上、公交车和火车上、在山里或者海边）的时候更加灵活。另外，在不需要的时候，背巾更容易整理好收起来。缺点：把宝宝背在胸前会使妈妈自己的行为能力受到限制，俯身、弯腰或者蹲下的时候会比较难，需要进行训练。

从第一天开始，就可以使用一些辅助手段来抱孩子了。好的辅助手段可以把宝宝的体重进行合理分配，爸爸妈妈的肌肉可以随着宝宝体重的增长得到练习，逐渐适应新情况。比较受欢迎的捆绑方式有十字交叉式（左图）和摇篮式（右图）。

不停地吮吸某种东西就会成为一个疑难问题

一旦宝宝把某个物体塞进嘴巴里长时间吮吸，他的两块上颌骨就会承受很大的吸力。这既适用于一般的安抚奶嘴，也适用于大拇指。如果长时间（几个月甚至几年）持续（连续几小时）在宝宝的牙齿之间摩擦，后者问题甚至更大。因为吮吸拇指是一件持续消耗体力的事情。这意味着：上颌的牙齿受到向前的作用力，同时，下颌的牙齿受到向后的作用力。如果长时间吮吸物品，可能会形成所谓的"龅牙"：上面的牙齿向前突出。有时甚至会在上面和下面的门齿之间形成一个洞（"奶嘴洞"）。在孩子长大以后，不可避免地要进行外科矫正手术。

有关安抚奶嘴的小常识

在卫生用品商店的货架上有许多不同种类不同花色的安抚奶嘴。那么，在购买安抚奶嘴的时候应该注意些什么呢？一个重要的决定因素是奶嘴（宝宝吮吸的部分）和底托（留在宝宝嘴巴外面的部分）之间的连接部分。这部分的大小决定了宝宝的上颌与下颌之间的空隙有多大，才能把奶嘴放进嘴巴里去吮吸它。由于宝宝在吮吸奶嘴的时候嘴巴并不是张开着而是闭着的，也就是说，宝宝的嘴唇需要把这部分（连接部分）完全包围起来。这部分越窄越薄，宝宝在吮吸奶嘴的时候上颌与下颌需要张开的空隙越小。由这个事实可以得出结论：那些奶嘴和底托之间连接的部分比较窄比较薄的款式对宝宝的颌骨造成的压力比较小，比那些连接部位比较厚甚至像手指一样是圆柱形的款式更好。

材质

您选择什么材质的安抚奶嘴，纯粹是个人的喜好问题。乳胶制成的奶嘴本身有一种味道，您可以把它放进牛奶中煮3分钟，以这种方式中和它本身的味道（但是这种方法也有缺点，就是煮过的奶嘴使用寿命会变短）。

> 乳胶是一种天然材料，口感比较柔软。乳胶制成的安抚奶嘴带有一些棕色，比较有弹性，抗撕咬。频繁地使用以及使用前的熬煮会让奶嘴在几周之后就变得陈旧、松弛，看起来让人没有胃口，因此，官方建议每4～6周就更换一次乳胶奶嘴。

> 硅树脂奶嘴由价格高且非常耐用的塑料制成，经得起长时间吮吸和经常熬煮。硅树脂奶嘴是透明的，并且没有异味。但是硅树脂的弹性没有乳胶好，需要更大的吮吸力，如果宝宝长时间吮吸这种奶嘴，强大的吸力会对他的牙齿产生影响。除此之外，这种材质更容易被咬断。因此，硅树脂奶嘴一般只有两种小号的，即1号和2号。

大小

制造商为您提供了各种不同大小的产品。乳胶奶嘴有 1 ~ 3 号三种大小（奶嘴的大小根据宝宝年龄的大小而设计），硅树脂奶嘴只有小号的。关于是否需要每 1 ~ 2 月就给宝宝换大一号的奶嘴，目前还存在着争议。生产弯曲型奶嘴（见第 24 页）的厂家强调，孩子的颌骨主要生长期在出生后三个月以内，三个月之后颌骨只会在深度方面继续生长，宽度和长度不会再发生改变了。这就意味着，奶嘴的大小没必要随着孩子年龄的增长而更换成大号，恰恰相反：太大的奶嘴在宝宝吮吸的时候会消耗能量，导致宝宝牙齿畸形。

款式

市面上有四种款式的安抚奶嘴：

> 1 **樱桃形状的奶嘴**：这种安抚奶嘴的顶部供宝宝吮吸的部分是气球形状的，模拟的是乳头的形状。没有上下之分，宝宝可以在嘴巴里随意转动奶嘴。可惜的是，这种奶嘴顶部供宝宝吮吸的部分和底托之间连接的部分比较厚，不推荐大家购买。

> 2 **对称型的奶嘴**：这种款式的奶嘴上面和下面是一样的（微长）。贴近上颚的一面和贴近舌头的一面都没有什么特殊的形状和功能。在购买这种奶嘴的时候也要注意尽量选择那些顶部供宝宝吮

> **有毒物质双酚 A**
>
> 请您在购买安抚奶嘴的时候，一定要确保里面不含有双酚 A（同样，在购买玩具、塑料奶瓶和奶嘴的时候也要注意）。这种激素样有毒物质会破坏宝宝自然的激素平衡状态，导致多种疾病(不孕症、乳腺癌、大脑发育迟缓），这些疾病通常在孩子稍微大一些的时候才会显现出来。请您不要购买底托由聚碳酸酯制成的奶嘴，因为这种合成材料是由双酚 A 构成的。

吸的部分和底托之间连接的部分比较细和薄的。

> 3 **符合颌骨形状的奶嘴**：这种奶嘴顶部供宝宝吮吸的部分贴近舌头的一面较平缓。这种形状让宝宝想起妈妈的乳头，当他吮吸妈妈的乳头时，它就会变形成这种奶嘴的形状。当奶嘴贴近上颚的一面想要适应上颚的形状时，宝宝的舌头就会受到一些挤压。在购买这种奶嘴的时候也要注意选择那些顶部供宝宝吮吸的部分和底托之间连接的部分比较细和薄的。

> 4 **弯曲型奶嘴**：这种新研发的奶嘴让人联想到楼梯。奶嘴顶部供宝宝吮吸的部分和底托之间连接的部分非常细薄，而且呈弯曲的形状。这种特殊的构造使得奶嘴顶部供宝宝吮吸的部分不会给宝宝的舌头太大的压力，不会影响宝宝的

吞咽。即使是已经长出几颗乳牙的宝宝吮吸这种奶嘴，他的上下门齿之间的缝隙也可以保持尽可能小。

保养

在第一次使用安抚奶嘴之前，应该先用沸水煮几分钟。把它放入锅中，加入沸水，煮大概10分钟。在这之后，每次奶嘴掉到地上，被其他孩子放入口中或者由于其他原因看起来很脏的时候，都要再次进行消毒。重要的是：宁愿消毒次数过多也不要消毒太少。而且不要为了舔干净宝宝的安抚奶嘴就把它放入您自己

的口中！

赞成使用安抚奶嘴的论点

对于许多宝宝来说，安抚奶嘴是一个理想的慰藉品，时刻准备着，很快可以使用。有节奏的吮吸可以让宝宝安静下来，并且帮助他处理消化刚刚经历过的事，分散他的注意力。因此，安抚奶嘴是一种受欢迎的催眠手段。科学研究证明，那些晚上睡觉时吮吸安抚奶嘴的孩子死于婴儿猝死综合征的概率较小。导致这一现象的原因之一有可能是，婴儿在有规律的吮吸过程中无意识地保持着正常的呼吸。

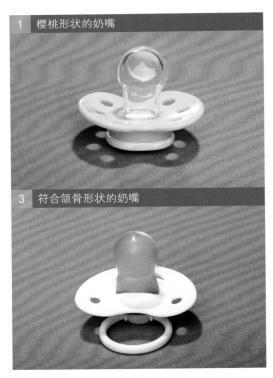

1 樱桃形状的奶嘴

3 符合颌骨形状的奶嘴

2 对称型的奶嘴

4 弯曲型奶嘴

反对使用安抚奶嘴的论点

让宝宝开始使用安抚奶嘴并不容易，当他适应了安抚奶嘴之后，让他戒掉这种东西也不容易。开始的时候会非常耗费父母的精力，有些父母一晚上要起来 20 次，只是为了把从宝宝嘴里掉出来的安抚奶嘴重新塞进他的嘴里。但是，让宝宝戒掉安抚奶嘴也是一件劳神费力的事（见右侧方框）。

除此之外，宝宝的爸爸妈妈经常非常仓促地就把安抚奶嘴塞进自己宝宝的嘴巴里，都没有给他机会，让他通过哭喊声表达自己的不满。反对使用安抚奶嘴的人强调，通过这种方式，宝宝被训练得学会了不向父母吐露烦恼，而是把烦恼隐藏起来。

可以替代安抚奶嘴的其他物品

很受欢迎的安抚巾和口水巾是由天然的或者植物色素染色的丝绸制成的小玩具娃娃。它们的优点是：宝宝可以自己拿起来吮吸。丝绸非常柔顺，清洗起来比较容易，也容易晾干。

正确的睡觉地点

新生儿在父母身边的时候感到最舒服。在宝宝刚出生的时候，大多数父母也觉得让他睡在自己的卧室更有安全感。这样就正好，您的宝宝在出生后的 4 ～ 6 个月中可以睡在室内用童车或者摇篮中。在这之

安抚奶嘴——可以使用多久？

只要宝宝还没有长牙，就不会因为使用安抚奶嘴而导致牙齿畸形。因此，安抚奶嘴可以使用到宝宝开始长第一颗牙齿为止。但是，您需要注意两件事：第一，吮吸反射一般在宝宝出生后的第二年开始减弱，啃咬咀嚼的需求开始出现。因此，没有必要通过使用安抚奶嘴来延长宝宝吮吸的需求。最好是从宝宝八个月大的时候开始，不再给他安抚奶嘴，而是给他磨牙圈。第二，根据经验，很少有父母会按照上述要求去做（按照牙医的要求）。因为，为什么在所有人都很快乐的时候，要把宝宝的奶嘴夺走呢？问题会出现在未来：如果宝宝把安抚奶嘴当作一个值得信赖的朋友和安慰者，那么以后想要让他自愿放弃它就几乎不可能了。由于父母一再推迟让宝宝戒掉安抚奶嘴的日期来躲避辛劳，大多数孩子在上幼儿园的时候还离不开安抚奶嘴，大多数情况下会对宝宝的牙齿和语言能力的发展产生消极的影响。

后很有可能这两个地方的空间对于他来说就变小了，需要"搬家"到儿童床上了。在购买儿童床的时候您需要注意以下事项：

> 有些儿童床可以在孩子长大以后改造成适合青少年使用的床。也就是说，可以根据需求把床边的栅栏拆掉，替换成一般的床沿和床头。

> 可以随意调节床板的高度。为什么呢？

当您的宝宝还不会自己翻身，扶着床边的栅栏自己站起来的时候，把床板的高度调到最高会更方便。这样，您不需要很深地弯腰就能够着您的宝宝。之后，等宝宝的灵活性变强以后，您再把床板向下调整，防止宝宝坐着或者站着的时候从床上掉下来或者从床里面爬出来。

> 床边的每一根栅栏之间的空隙不能超过7厘米，只有这样才能保证宝宝的头不会被栅栏夹住。

> 大一些的宝宝，已经会攀爬的宝宝，也非常喜欢自己爬下床来。为了给宝宝提供自己爬下床的机会，您可以购买那种前面能拉出两根像梯子一样的栏杆的床。

床垫

小孩子不应该在过于柔软的床垫上睡觉。小孩子使用的床垫没有必要下沉，因为孩子的脊椎还没有形成成人脊椎的 S 形，因此床垫不需要通过下沉来保持与人体脊椎 S 形一致。大概在孩子上完幼儿园的时候，您就可以给他换一块稍微软一些的床垫了。最新研究表明，许多床垫都散发出有毒气体，这些气体会使婴儿的呼吸停止，从而导致婴儿猝死综合征（见第 225 页）。请您在为宝宝购买床垫的时候一定要注意：床垫不能含有阻燃剂和由砷、锑或者有机磷化合物构成的软化剂，因为这些物质遇到细菌或者真菌会变成有毒气体。

> 如果宝宝的床有滑轮，滑轮应该可以固定。

> 最理想的床应该是由没有经过加工的木头做成的。使用的漆和颜料应该无毒无害。

> 纯粹的乳胶或者泡沫塑料床垫通常非常柔软。宝宝躺在上面的时候不能陷入床垫多于 2 厘米。重要的是，床垫要保证不含有毒物质，并且要固定在一个边框内。

> 推荐您使用易更换可清洗的床单，因为小孩子经常出汗，一般情况下会有床垫罩来保护床垫免遭大大小小的"事故"，但是，有时候床垫罩会不够大，孩子有可能会吐在床上或者尿在床上。

> 薄尿布非常实用，您可以把它对折，平铺在宝宝的头下面。如果您的宝宝属于那种爱流口水的孩子，这一块薄尿布可以接住一些……

> 哪怕这些东西再温暖，也不能让它们出现在宝宝的床上：小鸟巢（把床的四周包裹起来）和绵羊皮。它们有可能导致温度过高或者宝宝吸入的气体是自己刚刚呼出的气体。电热毯和热水袋也是禁用物品。

除此之外，您还应该注意的事

> 您选择哪里作为宝宝睡觉的地方都无所谓，关键是这个地方应该是安全的，有足够的空气流动。非常不建议您让宝宝长时间在婴儿车或者提篮中睡觉。

> 宝宝一岁之前，一定要一直仰卧睡觉！仰卧的姿势可以保持最顺畅的呼吸。白天当宝宝醒着的时候，您应该让他多俯卧(一定得是您在他身边的时候)。这个姿势可以促进他颈部和背部肌群的形成。

> 比较厚的被子不能出现在宝宝的床上，因为它会导致宝宝温度过高（存在婴儿猝死综合征的危险）。除此之外，还存在着宝宝把被子拉到自己脸上从而导致窒息的危险。

> 被子不要捆绑！因为这有可能会导致宝宝被带子纠缠住或者滑进捆绑住的被子里而导致窒息。

> 请您注意，不要把宝宝的床直接放在窗前，因为有可能会有强烈的对流风或者

古老的好用的摇篮

在宝宝出生后最初的几周和几个月中，可以把他放置在摇篮或者室内用婴儿车里。这样的睡床不会特别宽大，而是有边界的，因此也会给宝宝安全感。赞成让宝宝睡在摇篮中的人认为，轻柔而有节奏地晃动摇篮有利于宝宝的成长。

刺眼的阳光。

> 夜晚，宝宝的卧室里最适宜的温度是 18℃，理想的湿度是 60% 左右。如果室内过于干燥，可以使用加湿器或者在暖气上放置一块湿毛巾。

孩子和工作

帕特里克(26岁)和琳－克莉丝汀(24岁)以及他们的孩子李维·麦孔(9周)

帕特里克： 9周之前，我们有了第一个孩子，我不是很确定，今后我们该如何让工作和孩子协调一致。我尤其担心的是时间的分配。事实证明，这一点确实很难。现在我必须在夏季旺季的时候工作很长时间。

琳－克莉丝汀： 我经常一个人带孩子，感觉非常疲惫。我感觉自己离"超级奶妈"非常远，作为超级奶妈要同时做饭、打扫卫生、给孩子喂奶，而且还要有漂亮的外表。我们两个人都从事餐饮行业，我目前还在进修中。虽然我的女老板对我怀孕表现得非常支持，同意我在家休息一年。但是我无论如何都想完成我的进修，并且想要在半年之内重新开始进修。

帕特里克： 然后我就进入了奶爸时期，必须在琳休息的时候去工作，因为我们需要钱。不知道怎么回事，现在我渴望得到经济上的安全感。毕竟我们想要给我们的孩子提供好的生活条件。

琳－克莉丝汀： 老实说，对于我们来说，对于未来的计划是一个让人烦恼的话题。所有事都这样不可预料。我们不知道，如果我突然很少陪宝宝了，他会有什么样的反应。我休息的时候，帕特里克就必须去上班，我们两个现在几乎没有什么独处的时间了。

帕特里克： 第一年到第二年肯定是非常困难的，我们也经常听其他孩子的父母这样说。主要因为我们家住得远，所以我们必须靠自己。我们搬到这里来是为了琳的进修。让她完成进修非常重要。

琳－克莉丝汀： 我无论如何都要完成进修。我做这件事也是为了我的宝宝，他长大以后，我也可以工作赚钱了，还可以为他做个好的榜样。但是，为了做到这一点，我必须在产假结束之后他14个月大的时候把他交给别人照顾，很有可能会送到托儿所。尽管我觉得这个时间点还是太早了，他还那么小呢！

帕特里克： 我相信，我们一定能行！根据新的法律规定，我作为父亲也可以在家照顾孩子了，这样可以给琳减轻一些负担。

琳－克莉丝汀： 我特别开心，帕特里克也有产假，而且他愿意照顾我们的儿子。这一点并不是所有父亲都可以做到的。我们会共同为我们的小家庭而努力的。

问题和回答

我听说，在宝宝的床上悬挂某种特定的床帐可以给他带来安全感。是真的吗？

是的。市场上有卖很漂亮的丝绸床帐，您可以把它悬挂在床杆上。最理想的床帐应该是玫瑰色和浅蓝色的，您可以把它们叠放在一起，让宝宝感觉到自己还在妈妈的肚子里。也就是说，这两种颜色放在一起组成的色调是宝宝在妈妈肚子里的时候所熟悉的颜色。

本来，我和我爱人都很期待宝宝的出生，但是我们没有想到，这个小东西会让我们夫妻之间的关系变得这么辛苦。我们怎么做才能让我们之间的关系保持和谐呢？

您要意识到，您的宝宝在接下来的几个月中不仅会无限依赖您的帮助和关怀，而且还会决定您每天的日程安排。这一点让大多数的新晋爸妈感觉非常难以接受。一定要继续之前的"旧生活"这种想法本身就是错的。因为根据经验，这样是行不通的，而且会引起大家的坏情绪，导致不和谐的气氛以及对生活的失望。也许，在这种时候，改变思想可以帮到您：请您把您的要求和活动水平降低一档，至少要持续到家庭生活渐趋和谐的时候。除此之外，夫妻两人学会给对方一些自由的空间，也对家庭生活的和谐有帮助。例如，当您的爱人表达出了这样的愿望——他晚上想去健身或者和朋友一起去喝杯啤酒，您可以祝他度过一个美好的夜晚，而不是问他几

点回家。您自己的自由时间也同样重要。您可以有 2 ~ 3 个小时的自由时间，把照顾孩子的任务交给别人。

我可以从哪里知道，我的宝宝晚上是可以正常呼吸的呢？

实际上，宝宝的机体在睡觉的时候活动性下降，有时候不容易看出来他是否还在呼吸。但是有一些小窍门，可以让您能够确定，宝宝是否一切正常：您可以把自己的食指弄湿，放在正在熟睡的宝宝的鼻子前，就能够感受到他轻柔的呼吸。当您把您的手掌放在他的胸口时，可以感受到他胸腔的上下起伏。当您把您的手指放在宝宝的额头上，并且轻轻按压的时候，被按压的点会先变白，然后马上变成粉红色，这表明宝宝的血液循环状况良好。

夏天必须给宝宝带可以护住耳朵的遮阳帽吗？

这样做非常有必要，因为可以省去给宝宝的外耳抹防晒霜的工作，而且还可以防止风吹到宝宝的耳朵。您最好是选择一顶宽帽檐的遮阳帽，因为这样还可以保护宝宝的眼睛不被太阳直射。

我听说，金盏花可以保护宝宝柔嫩的皮肤，但是也读到过有人说金盏花会引起过敏。到底什么是正确的？

从植物学的角度来看，金盏花属于菊科植物。这一类植物中的许多成员都含有

倍半萜内酯，这种物质容易引起过敏。但是金盏花不含有这种物质。因此，即使其他菊科植物会引起过敏，金盏花很少引起过敏。

我可以在气温降至零摄氏度以下的时候带宝宝外出吗？

可以，不过前提是您要给宝宝穿得非常暖和。也就是说：帽子、围巾、手套和暖和的冬装可以保护整个身体不受寒冷的侵袭。非常寒冷的空气大多数时候也是非常干燥的，这会导致宝宝的皮肤变得干燥紧绷。因此，在外出之前，需要给宝宝身上所有裸露在寒冷空气中的部位（主要是脸部）都抹上富含脂肪的"防风保湿面霜"。这种气温的时候出门，最好在宝宝的童车里放上一个加热过的樱桃核小枕头①。

①是一种枕芯为樱桃核的小枕头，可用于保温或者降温。

一个家庭诞生了

终于来到了这一天，期待已久的预产期终于到了！所有的等待都
会有一个终点：宝宝终于出生了。欢迎你，小小地球村民！您和
您的宝宝一起达成了非常杰出的成就。当您把宝宝抱在怀里的时
候有多开心！请您尽情享受宝宝出生后的第一段美好时光吧！

出生以及出生后的一段时间

您的宝宝最多"寄宿"在您的肚子里40周的时间。那里既没有太明亮也没有太过于黑暗，既没有太嘈杂也没有太过于安静，非常温暖。他可以吮吸自己的大拇指，感觉不到饥饿，通过他狭小的小窝享受着妈妈时时刻刻的存在。他什么都不缺。如果说有些宝宝还是最喜欢待在妈妈的肚子里，有谁会觉得惊讶吗？

最高成绩

出生这件事，对于您的宝宝来说，也是他的一项好成绩。不管他是有些迟疑犹豫还是属于"跑得快的"，事实是：他终于来到这个世界，睁开了双眼。您的宝宝肯定也很好奇，从现在开始他可以依赖谁，也许他在寻找和您的目光交流。为了让自己过得快乐，他在离开了之前熟悉的环境之后希望外面的环境和之前的一样：既不能太明亮也不能太黑暗，既不能太嘈杂也

亲密关系的形成

Bonding 这个概念指的是父母和孩子之间形成的一种亲密的关系。全世界的研究者一致认为，宝宝出生后的最初几分钟对于原始信任的形成至关重要。新生儿越早感受到和母体中一样的环境，他就越能在新环境中顺利和谐地成长。

不能太安静，要非常温暖。最重要的还是要能感受到妈妈的存在，最好是像以前一样让妈妈一直那样近距离地和自己在一起。为了尽快满足宝宝的这些需求，您应该在宝宝出生之后尽可能早地把他抱在怀里，放在您敞开的上身上。这种亲密的肌肤接触可以给您的宝宝提供一种安全感，产生信任，他可以感觉到、闻到、听到甚至看到自己的妈妈！

剖宫产

自然顺产的宝宝会感觉到，未来要发生变化了。他会感觉到阵痛，妈妈急促的心跳以及对疼痛的反应。宝宝本能地知道，他必须要离开自己熟悉的地方了。剖宫产就不是这样了。宝宝躺在妈妈的子宫里，压根儿不知道将要到来的出生，直到突然间子宫被打开了，陌生的手把宝宝抱出来。突然之间周围又明亮又嘈杂，温度也发生了改变，之前熟悉的狭小的空间不见了。"到底发生了什么？"

宝宝闪电般的出生

剖宫产出生的宝宝对出生这件事的感知与那些通过自然的产道看到这个世界阳光的宝宝是不一样的。有一些剖宫产出生的宝宝觉得自己的出生太突然了，刚开始的时候根本没意识到自己出生了。这一点有可能会通过一些不安的行为表达出来。

为了让宝宝获得一种"降生在这个世界"的感觉，非常重要的一件事就是让他尽快感受到父母的身体，并与他们亲近。

爸爸的参与

如果爸爸在妈妈怀孕的时候参与进来，宝宝就会熟悉爸爸的声音。所有宝宝熟悉的事情在他出生之后都能帮助他放松，让他感觉到自己并不孤单。因此，建议爸爸在妻子剖宫产手术后马上接过自己的宝宝。如果宝宝一切安好，您当然可以看一看他问候一下他，然后再交给助产士和医生去检查和照顾。一般来说，宝宝在接受第一次检查的时候，很欢迎爸爸在场，在检查完之后的几分钟，给妈妈缝合剖宫产伤口的时候，可以让爸爸把宝宝抱在怀里。

使用产钳或者胎头吸引器生产

时常会出现这种情况：由于产妇子宫收缩无力或者消耗体力太多已经筋疲力尽，在第二产程中会出现分娩过程受阻的情况。在这个过程中，婴儿已经到了妈妈的骨盆里，在"门口"了。根据经验，在这种情况下使用助产器械可以为宝宝的降生"开路"。

产钳

产钳指的是两片制成勺子形状的金属片，在分娩过程中进入阴道放在婴儿头部。把产钳放置到正确的位置后，助产士会在孕妇阵痛的同时小心翼翼地拉动产钳，帮助婴儿出生。使用产钳的前提条件是宫口完全打开，婴儿的头部已经接近阴道口。

胎头吸引器

这个助产工具可以在婴儿还位于骨盆中时使用。这个工具很像一个金属制成的碗，需要放置在婴儿的脑后部。借助抽气筒在吸引器和婴儿的头部之间制造一个真空区，在孕妇阵痛的同时把婴儿从产道中吸引出来。

宝宝的"产后痛"

许多经过胎头吸引器、产钳或者剖宫产来到这个世界的婴儿，在出生后会有很长时间睡不安稳，总是啼哭。这也很好理解，因为他们总是需要以某种方式来处理出生的经历。另外，使用胎头吸引器出生的婴儿会因为血肿的疼痛以及或大或小的肿块而感到头疼（请不要经常抚摸宝宝的头部）。通常，给予宝宝他出生前已经熟悉了的妈妈的亲密感和关怀，可以帮助他减轻疼痛感。您可以把宝宝抱在怀里，小心地贴近您的身体，这样可以让宝宝感觉到被妈妈拥抱，受到妈妈的保护。

一点都不粉嫩

没有一个孩子刚出生的时候是粉嫩粉嫩的。恰恰相反：大多数宝宝出生的时候是苍白的或者淡青色的。其实这也不奇怪，因为只有呼吸一段时间，氧气进入血液以后，脸上才会有血色。在新生儿还没有剪脐带之前，他还不用依靠肺部来为身体提供氧气。伴随着宝宝的脐带搏动减慢，他的身体开始出现粉嫩的颜色，这种颜色首先出现在躯干，之后是头部，之后是胳膊和腿。最晚，在脐带停止搏动之后，大多数宝宝开始啼哭，这种啼哭是好事，因为这表明宝宝从现在开始可以自己呼吸了。那些出生后立刻剪断脐带的婴儿，需要助产士的帮助才能发出啼哭声。一般来说，需要助产士轻轻拍一拍他的脚底来刺激他呼吸。在少数案例中，轻拍宝宝的屁股也可以起作用。

阿普加测试

新生儿的身体状况可以通过三次时间间隔很短的阿普加测试进行观察：第一次是在出生后 1 分钟，第二次是出生后 5 分钟，第三次是出生后 10 分钟。每一次测试都要进行评分，每项分值为 0 ~ 2 分。一共有 5 项指标，因此测试的最高分是 10 分，表示宝宝的身体状况是最好的。但是，如果您的宝宝没有达到最高分，也不用担心：只有极少数的宝宝在刚出生后进行阿普加测试时可以达到 10 分。第二次和第三次测试的结果比第一次更重要。一般来说，"正常"出生的健康宝宝三次测试的分数应该是 9/10/10。在进行测试的时候，不是必须让宝宝和您分开。助产士们已经非常熟练，只是看一看您的宝宝就够了。测试结果您

来到这个世界，宝宝需要很多的身体接触和温柔对待。

五个评分标准

1950 年前后，美国人弗吉尼亚·阿普加（Virginia Apgar）发明了这种以她的名字命名的测试标准。测试中需要观察的五项指标与她的名字的首字母一致：

A 呼吸
P 心率
G 肌张力
A 皮肤颜色
R 弹足底及插鼻管反应

可以在孕妇手册以及黄色的防疫证中看到。

测量 pH 值

在大多数德国诊所中，新生儿除了做阿普加测试以外还要测量血液的 pH 值。有一些诊所还要测量血液中的氧分压和二氧化碳分压，这种测量可以让我们了解婴儿出生时的氧气供给状况。为了完成这项检查，需要在婴儿的脐带处取几滴血，这并不会让婴儿感到任何疼痛。最理想的取血时间是在剪脐带之后，尽可能地在胎盘排出之前。

预防眼部感染

为了预防新生儿眼睛受到感染，一些诊所会为他们提供预防感染的眼药水。这种眼药水是一种硝酸银溶液，只有在婴儿的父母同意的情况下，医生才会给婴儿使用。多亏了这种眼药水，在 100 多年以前就可以大大降低新生儿由于眼部感染而造成的失明。这种感染的诱因有可能是由于分娩而传染给婴儿的淋病。根据经验，这种眼药水会让婴儿感受到一种灼热的疼痛感，他会有一段时间闭着眼睛。这种眼药水造成短期性结膜炎的情况并不少见。

第一次防疫检查

在宝宝出生后的最初几小时中，要进行第一次防疫检查，也叫 U1，由儿科医生或者助产士来完成。

第一次洗澡[①]

在这之后，大多数诊所都会给新生儿洗澡。宝宝在温暖的水中手舞足蹈几乎像在妈妈的肚子里一样。如果宝宝身体上还有胎脂，一般是不需要特意擦掉的。因为，当宝宝还在妈妈肚子里的时候，这一层膜可以保护他不受羊水浸润的影响，在宝宝出生之后它会被慢慢吸收掉。它是一层天然的保护层，一定不要出于视觉原因把它擦掉。在放松性沐浴之后宝宝会第一次被襁褓包裹起来，之后就可以美美地来到爸

①此为德国模式。

阿普加测试的评分标准

	0分	1分	2分
> 呼吸	无	慢、不规则	正常，哭声响
> 心率	无	低于100	超过100
> 肌张力及运动	松弛，没有运动	少许运动	主动的运动
> 皮肤颜色	苍白／青色	身体粉红色，胳膊／腿青色	全部粉红色
> 弹足底或插鼻管反应	无反应	有些动作，如皱眉	哭、打喷嚏

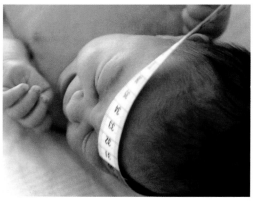

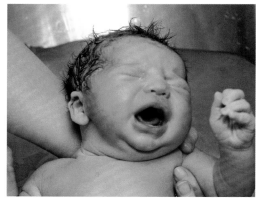

在第一次测量称重的身体检查之后，宝宝会得到一次放松性的沐浴。洗白白以后被包裹在襁褓里，宝宝就可以回到妈妈的身边了。

爸妈妈的身边了。在经历了这么多辛劳之后，宝宝和妈妈终于可以美美地睡一觉了。

掌控有了宝宝之后的生活

如果新生儿在母体之外的生活和他在妈妈肚子里的生活区别不大，那么他会觉得非常舒服。因此，他需要温暖，需要他所熟悉的与外界的界限。您可以通过保持宝宝温暖来满足他的需求，当然不要太温暖，以防止他出汗。请您给他创造一个与外界的界限，例如您可以用睡袋代替连脚裤或者给他裹上襁褓。这样，他的全身连同胳膊都被包起来，只露出头部（见第38页）。

促进宝宝健康成长

哪怕您再努力为您的宝宝的出生创造最好的条件，还是会有一些不可避免的因素。这就需要健康预防法。为了防止宝宝患上某些疾病或者为了提前为宝宝的健康成长扫除障碍，儿科医生建议大家采用下列基础手段。

维生素 K

这种脂溶性维生素也被称为凝血维生素。缺乏维生素 K 会导致危险的出血现象，严重的情况下还会出现脑出血（这种情况极其少见）。然而成年人可以在肠道内自己产生这种维生素。新生儿的肠道还不能产生像成年人一样的量。只要婴儿吃到母乳或者含有维生素 K 的奶粉，他就获得了这种重要的维生素。前提条件是，宝宝的肠道可以正常消化和吸收脂肪。由于并没有哪项测试可以证明母乳中的维生素 K 含量有多高，而且每天经母乳摄入的量也是会变化的，因此，您应该给宝宝额外补充一些维生素 K。您的宝宝在出生后应该摄入 2 mg 液体的维生素 K[1]（konakion MM；MM= 脂溶性维生素）。而且要分三次摄入：第一次是在出生后 24 小时内，第二次和第三次是在第二次和第三次体检的时候。维生素 K 的摄入量您可以在黄色的防疫手册中查看到。

替代品

常用的维生素 K 剂量（3 次 2 mg）非常大。从人智学的角度来看，为了防止出现缺乏症，剂量低一些的维生素 K 已经足够了。如果您对这种维生素感兴趣，可以在药店让药剂师为您配药，配方为：植物甲萘醌（PHEOR）6.26 mg，杏仁油 20.0。价格：大约 7 欧元。剂型：20 ml。每天在喂奶之前滴入宝宝口中 2 滴，持续使用 12 周。

维生素 D

宝宝需要维生素 D 来从肠道中吸收矿物质钙和碳酸盐，并且让它们沉积在骨骼中。如果宝宝缺乏维生素 D，会导致骨骼柔软，甚至出现佝偻症。一部分维生素 D 可以从食物中获得，另外一部分可以通过皮肤中的组织吸收太阳光然后自己产生，然后在肝脏和肾脏中转变成活跃形式的维生素 D。由于我们国家[2]所在的纬度较高，阳光不是很充足，尤其是在冬天，因此，德国营养协会（DGE）推荐大家食用药片形式的维生素 D。宝宝在出生后的第一年以及第二年冬天每天应该摄入 500 个国际单位[3]的

---

①国内目前对维生素 K 的补充为：足月儿出生后肌注维生素 K₁ 0.5 ~ 1mg，早产儿连用 3 天。

②这里指的是德国。

③ IU，international unit。每 1 个国际单位的维生素 D 相当于 0.025 微克。我国推荐在足月儿生后 2 周开始每天补充维生素 D 400 IU，早产儿、低体重出生儿、双胎儿生后 1 周开始每天补充维生素 D 800 IU，3 个月后改预防量。详情请咨询妇产科或儿科医生。

襁褓

襁褓是一种古老的包裹婴儿的方式，它可以把婴儿紧紧地包裹在一块布里。这种让婴儿与外界隔离开来的方式可以给他们在母体中已经习惯了的安全感。

适合包裹婴儿的材料有莫列顿双面起绒呢或者羊毛披肩（80×80cm），或者特制的襁褓。这样操作：上面的角向内折，把穿好尿布的婴儿放在单子上（见图1）。下面的角折到婴儿的右肩上（见图2），压在婴儿的肩下。拉紧右边的角盖在婴儿身上（见图3），压在他的身体左侧。然后再把左边的角按照这样的方法盖在婴儿身上（见图4），并且压在身体下面。

1 小心地把婴儿放置在单子上……

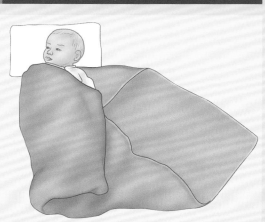

2 下面的角放到他的肩上……

3 右边的角包住婴儿的身体……

4 左边的角掖到婴儿的身下。

维生素 D。可以把维生素 D 药片分成小份，溶解在水里，放在勺子里喂给宝宝喝。在这之后，宝宝每天所需的维生素 D 可以通过晒太阳以及有针对性地选择富含维生素 D 的食物来满足。富含维生素 D 的食物有：含有鸡蛋的面食、人造黄油、鲑鱼和菌类等。

尿布

未来，您和您的宝宝会在一个地方待很久：换尿布的台子。因此，您要在这里创造一个尽可能舒适的环境，设置一个让您和宝宝都感到舒服的实用的台子。不一定非要是一款设计时髦的五斗橱①，一个物美价廉的塑料尿布台也行，在家里现有的五斗橱基础上加一块延长板或者在浴盆上放个支架也是可以的。可清洗的软垫铺上柔软的毛巾可以让宝宝舒适地躺在上面。

哪些款式合适？

您可以在两种尿布之间进行选择：织物尿布，使用后进行清洗，可以重复使用；一次性尿布，使用过就丢弃掉。

织物尿布

可重复使用的尿布由纯棉尿裤以及可拉伸的卷边组成，卷边有按扣或者拉链，可以调节宽度。这种尿布适合体重为

温情时刻

在给宝宝换尿布的时候，您可以和他一起玩耍，亲热或者给他唱歌。您的宝宝也会很开心，因为他可以自由地手舞足蹈，而且还能得到您全部的注意力。终于可以从重重束缚中解放出来，和妈妈或者爸爸一起玩耍，也可以让宝宝的小屁屁呼吸新鲜空气，心灵沐浴芬芳。

3 ~ 17 公斤的宝宝。建议您准备足够 3 ~ 4 天用的尿布。按照大约每天用 6 个尿布的量，应该准备 18 ~ 24 个。除此之外，再给宝宝穿一条缩绒或者羊绒编织的外裤，可以防水。由于外裤不是每次换尿布都需要换的，所以每个大小的外裤准备三四条就够了（直到宝宝变得干净起来，一般来说需要三个不同的型号）。

一次性尿布

这种尿布购买、更换、使用以及丢弃都非常方便。并且有可供新生儿到 25 公斤宝宝使用的不同大小的尿布。值得一提的是那些经过生态测试的一次性尿布。它们使用的塑料很少，至少对环境的污染更小一些。

---

①五斗橱，也叫"五屉柜"，就是有五个抽斗（抽屉）的橱柜。

不同尿布优缺点对比

哪种尿布适合您和您的宝宝？为了让您有一个清晰的了解，我们将两种尿布进行了对比。

	织物尿布	一次性尿布
> 实践 / 使用	成本过高：必须在之前就准备好尿布。	快速：穿脱迅速，清理方便。
> 清洗费用	需要分类清洗、烘干、折叠。	立刻解决：脏的尿布扔掉就完事了。
> 购买	只需购买一次。	每隔几天就要买一堆尿布扛回家。
> 购买费用	高昂的费用（一次）。	购买费用平均分摊到整个用尿布的时期。
> 直到宝宝可以自己大小便的总费用（大约到 3 岁）	相对来说比较实惠：基础装备大约 460 欧元，加上大约 240 欧元的维护费用，有些乡镇会提供尿布补助费。	比较贵：直到孩子可以自己大小便，大约需要 800 欧元。
> 环境承载力	在这一点上比一次性尿布优越很多。	产生很多垃圾。
> 皮肤承受能力	不会伤害皮肤，因为它的材料非常透气。	一直都是"塑料裤子"。
> 舒适性	宝宝的两腿之间有一个厚重的尿布包。	经过改良的尿布非常薄，几乎感觉不到，从外面也看不到。
> 前景：对宝宝什么时候才可以自己大小便的影响	随着年龄的增长，宝宝渐渐感觉到潮湿让他不舒服，因此会更早地学会自己大小便。	由于现在的纸尿裤让宝宝几乎没有什么不舒服，所以尽早学会自己大小便的压力也会更小一些。

黄金折中法

为什么不利用这两种尿布各自的优势呢？越来越多的妈妈为了不伤害宝宝稚嫩的皮肤而选择织物尿布。但是当她们带着宝宝出门的时候，就会使用一次性尿布了。

侧卧的姿势换尿布——这样操作

传统的换尿布姿势是把宝宝的双腿竖直向上抬起，脱掉尿布，给宝宝擦干净屁股。除非宝宝可以自己完成体操中的肩部倒立，否则，他永远都不能自己完成这个换尿布的动作。因此，用侧卧的姿势换尿布是比传统姿势更加自然的选择，而且也受到专家们的推荐。用侧卧的姿势换尿布是翻身的开始，因此，您可以把换尿布当作之后宝宝自己完成从仰卧到俯卧的翻身动作的开始：

> 第一步：请您让宝宝仰卧躺在您的面前，然后给他脱掉衣服，直到看到尿布。打开尿布，用一块湿毛巾擦干净宝宝的生殖器和大腿根部的褶皱。可以用蘸了温水的毛巾，也可以用婴儿油或者乳液浸湿的纸巾。对于女宝宝来说很重要的是：擦拭残留大小便或者润肤霜的时候一定要从前向后，也就是说从私处到肛门，永远不要反过来，否则大小便中的细菌会进入私处，引起感染。您还要注意，把残留的大小便小心地从外生殖器完全擦拭干净。对于男宝宝来说可以这样：小心翼翼地抬起阴囊，也清理一下这下面的部分。这时候您要开始扶着宝宝完成侧卧的姿势，等着他对您要求他翻身的动作做出反应，然后顺势完成它。

> 第二步：从侧面打开尿布，脱掉它。现在您的宝宝就不再躺在尿布上了，您可

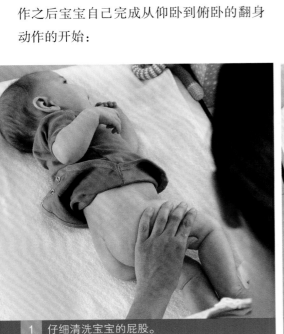

1 仔细清洗宝宝的屁股。

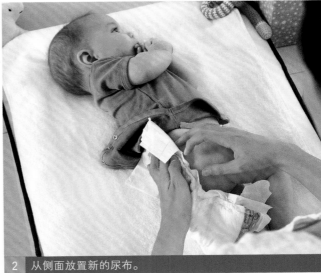

2 从侧面放置新的尿布。

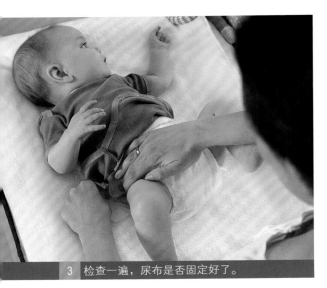

3 检查一遍，尿布是否固定好了。

以扔掉它了。然后好好清洗宝宝的屁股，见图1。

> **第三步**：现在拿出新的尿布，把打开的背面放在原来的尿布所在的位置，见图2。

> **第四步**：帮助宝宝躺回来，包好尿布，见图3。包得既不要太紧，也不能太松。尿布应该紧贴在身上，但是不能太紧。您可以用两根手指在宝宝的腿部和腹部检查一下松紧度。您还要检查一下宝宝的腿部，尿布的边缘不能向内折，否则大小便会流出来。

护理宝宝稚嫩的皮肤

宝宝柔嫩的皮肤比成年人的皮肤要薄5倍，它作为保护屏障抵御外界影响的能力也还没有完全发展好。因此，润肤霜、婴儿油等应该只使用由天然原料制成的产品。

润肤霜和爽身粉

如果您的母亲、婆婆或者奶奶告诉您宝宝的屁股上应该抹润肤霜，请您不要被她们的观点所迷惑。以前，宝宝在每次换尿布之后都会被涂上一层厚厚的润肤霜，成功地让宝宝多方位受伤。现在的趋势是自然，因为健康的皮肤不需要润肤霜。恰恰相反：润肤霜涂得越厚，皮肤的毛孔就被堵塞得越严重。润肤霜的人工添加成分越多，对宝宝皮肤的伤害就越大。再加上尿布里长期湿润温暖的环境，为微生物和细菌提供了滋生繁殖的条件。但是，如果宝宝屁股上的皮肤真的受伤了，那就必须使用大量的润肤霜了，只有这样才能防止大小便进入裸露的伤口。有一种特制的软膏，含有预防发炎的微量元素锌（见第234页）。还有一个建议：即使您非常喜欢给宝宝买东西，也要控制住自己，不要给他买各种形式的婴儿护肤用品。有些润肤霜的量特别大，至少可以使用三年，那时候早就变质了。

到洗澡盆里去

一般来说，在宝宝刚出生后的几天中不需要用洗澡的方式来保持清洁（请等到宝宝的脐带露在外面的部分脱落下去）。但是，一旦宝宝的肚脐完全恢复了，就要为他进行全面清洁了。可以在大的浴缸、婴儿洗澡桶、婴儿澡盆或者浴盆里给他洗澡。您想在哪里给宝宝洗澡是无所谓的，但是您得在给宝宝洗澡的过程中舒服地站着。洗澡水要和体温接近，也就是说要在36℃到37℃之间。您可以把您干燥的手腕放进洗澡水中检验温度。如果您觉得温度很舒服，那么对于您的宝宝来说这个温度也是合适的。如果您想要保证绝对的安全，那么可以使用温度计。如果您想让温度再高一些，那么一定要在把宝宝放进浴盆里之前加热水。在浴盆中加水要加到让宝宝的身体完全浸泡在水里，让他感觉和以前在妈妈的肚子里差不多。如果您是用您的前臂托着宝宝把他放入水中，那么您可以用另一只手拿着毛巾在宝宝的身上游走。尤其需要彻底而又温柔地清洗的地方是耳朵后面、下巴下面、颈背、肩膀下面以及生殖器部位。如果有需要，也可以给宝宝洗洗头发。如果水进入了宝宝的耳朵里，也不要过度惊慌。注意不要让宝宝完全潜入水中。

在婴儿洗澡桶里给宝宝洗澡

　　倡导"像在妈妈肚子里一样安全"的洗澡方式是从荷兰传到德国来的。这种洗澡方式是让婴儿坐在一个透明塑料制成的桶里，这种姿势让他联想起在妈妈肚子里的时候。事实上在刚开始的时候，这种洗澡方式并不好操作（您最好先让助产士给您演示一遍）。但是一旦您的宝宝找到了这样洗澡的乐趣，他就会乐不思蜀了。与传统的在浴盆中洗澡相比，这种洗澡方式

的优点是：您可以让您的宝宝以竖直的姿势洗澡。这样宝宝就不会轻易地从您的胳膊上滑下来浸入水中。洗澡的时候，水可以到宝宝的肩部的高度，这样，他不至于很快就觉得冷了。由于水平面较低，水温可以保持10～15分钟。除此之外，在这样的桶里给宝宝洗澡还有一个好处：即使洗澡桶处于装满的状态也能够轻松搬走。这一点对于产妇来说是很重要的。它的积极的"副作用"是：妈妈可以独立给宝宝洗澡，而不需要别人帮忙。

洗澡——需不需要在水里加东西？

　　一般来说，不需要在洗澡水里额外加东西。如果您想要在宝宝的洗澡水里加东西，那么一定要选择经过生态测试，并且对皮肤没有刺激、含有精油等天然成分的产品。在给宝宝的洗澡水里加东西的时候一定要控制用量。

肚脐的护理

　　新生儿剪断脐带以后，要马上用塑料

洗澡桶：操作起来非常实用，而且能让洗澡变成宝宝的乐趣。在这里洗澡让宝宝觉得像是在妈妈的肚子里一样。

夹子夹住伤口。根据经验，残余的脐带会在7～14天内自己脱落，也有些宝宝更早。关于如何护理肚脐这件事，每个助产士、护士还有儿科医生都有自己的一套护理哲学。总体来说，肚脐是不需要额外护理的。但是肚脐眼，也就是肚子上长出脐带的那个点，必须时刻保持清洁。这一点在宝宝出生后的最初几天尤其重要，因为在这几天中脐带剩余的部分要变干脱落。如果在这段时间中这里不干净了，细菌就会感染肚脐，甚至会通过这里感染体内的器官。如果肚脐发红了，就说明是感染了。如果您不能确定，可以问一下照顾月子的助产士。

通风干燥

护理的目的是保持肚脐的干燥。因此，需要所谓的开放式护理。也就是说，不要把肚脐包裹起来，而是让它暴露在空气中。如果脐带残余的部分被大小便弄脏了，您可以小心地用水或者山金车药液（药店有售）来清理。山金车可以消炎，抑制细菌生长。如果肚脐眼已经出现局部发红的情况，那就需要您使用伤口喷雾（同样在药店有售）进行处理了。但是，一旦发红的地方扩大了，您就需要请助产士或者医生查看了。如果脐带残余的部分已经脱落，在脱落后的最初3～4天内每天用山金车药液擦拭一次肚脐眼。这样可以预防可能发生的炎症。重要的是：您在触摸宝宝的脐带或者肚脐之前一定要先洗手。

在脐带没有完全脱落的情况下给宝宝裹尿布

重要的是，尿布不要覆盖住肚脐。尿布里面潮湿的环境会让脐带干燥脱落的时间变长。除此之外，大小便还有可能会让伤口感染。如果尿布太大，您可以把尿布的边缘向内翻折，不让它覆盖住宝宝的肚脐。

脐肉芽肿

在脐带脱落以后，有时候可能会在肚脐的地方长出增生的组织（脐肉芽肿）。它有可能会渗出血水引起发炎。如果您不

洗澡：最好不要

在脐带残余部分没有脱落之前，宝宝是不可以洗澡的。在这段日子里，要保持肚脐干燥，而不是弄湿它，因为潮湿会给细菌的滋生提供温床。

确定如何来处理，应该向医生和助产士寻求帮助。如果需要他们进行治疗，一般来说会是以下流程：

脐肉芽肿需要用硝酸银销子绑住，它可以腐蚀这种组织增生。这种方法操作起来没有听上去的那么让人紧张。对于宝宝来说，整个处理过程一般只持续不到一分钟，不会给他带来痛苦的。

指甲的护理

宝宝的指甲只需要几天就会长得很长。在此期间，宝宝的指甲已经变得有棱有角的，当他玩自己的指甲或者碰到自己的脸的时候，会在脸上留下抓痕。我们总是听到这种观点：在宝宝刚出生的最初几天以及几周之中，不能给他剪指甲，而是应该把指甲撕下来。这样做就需要避免把宝宝的指甲撕破，否则会导致甲床发炎，不幸的是这种情况经常出现。为了避免出现这种情况，我们建议使用特制的婴儿指甲剪来给宝宝剪指甲。这种指甲剪的特点是它的顶端不是尖的，而是圆润的（在分类清晰的卫生用品商店有售）。重要的是：您

一定要把宝宝的指甲剪直了。经验告诉我们：最好在宝宝睡觉的时候给他剪指甲。在宝宝睡觉的时候他的手是安静地放着不动的，不会把手抽回去。如果给宝宝剪了指甲以后，他还是经常把脸挠破，建议您给他戴上薄薄的棉手套或者给他的小手套上一双薄袜子。

宝宝生命中的最初几天

刚出生不过几分钟的宝宝，会令人们

您最好是在宝宝睡觉的时候给他剪指甲。这个时候他的小手小脚不会乱动。

陷入难以置信的兴奋中去。他们经常会睁大眼睛看着周围的世界，好像要跟我们讲述他们的旅程一样。他们的目光一点都没有害怕，而是充满了信任，好像在跟我们说："嘿，我来啦！原来你长这样啊，我早就听到你说话了。我对你已经很熟悉了。很高兴认识你啊！"

先是非常清醒……

刚出生的婴儿不仅会非常清醒地观察周围的世界，而且已经很好地掌握了吮吸的技能！他们在出生后的半个小时中非常清醒，而且拥有非常强大的吮吸反射：这段时间是非常重要非常宝贵的，这时应该第一次把宝宝放到妈妈的乳房前。这样不仅可以满足他的吮吸需求，还可以让他尽可能地靠近妈妈。

……然后是非常疲惫！

在经历了辛苦的出生和第一次吃奶之后，您的宝宝很有可能就会睡着了。您作为父母也会同样感到疲惫：在过去的几个小时甚至几天中历尽了紧张、辛苦以及把宝宝抱在怀里的幸福感，现在您也需要休息一会儿了。大多数父母在这个时候都会非常满足而又筋疲力尽地看着自己的宝宝。他终于来到这个世界了，看起来这么可爱，睡得这样安稳。在这个时刻，好像一切都会一直这样美好下去。

保持温暖

在宝宝出生后的最初一段时间非常重要的一件事就是要让宝宝处于一个恒温的环境中，只有这样，他身体的各项机能才能在母体之外依然正常运作。因为新生儿只能在一定程度上自己调节体温。如果温度太高，他们就会开始出汗，变成大红脸。如果温度太低，他们的体温也会明显下降。问题在于，宝宝还不能明确表达他们是觉得热了还是觉得冷了。有些宝宝只是继续睡觉，忍受着当前的状态。

弱小的宝宝需要额外的温度

新生儿发育得越好，体重越重，他的体温就越稳定。反过来说，早产儿以及那些比同龄孩子体重轻、体形小的宝宝（SGA=小于胎龄儿），需要额外保温。适合用来

检查温度

尤其是在宝宝刚出生的时候，您需要时不时地就检查一下，看看他是否处于一个让他感觉舒适的温度：根据经验来说，如果宝宝的小脸和手指看起来红润，摸起来温暖，就一切正常。能够准确感知宝宝体温的身体部位应该是他的颈背。如果这里的温度和您温暖的手是一样的，就意味着您的宝宝穿的衣服厚薄合适。您还需要定期检查宝宝的睡床，可以把手伸进他的被子里或者睡袋里感受一下温度。

保温的物品有小的樱桃核枕头（卫生用品商店或者药房有售），把它放入烤箱或者瓷砖壁炉加热几分钟就可以使用了。建议：当您给樱桃核枕头加热的时候，同时在烤箱中放入一个装有水的耐热性强的玻璃杯。这样做可以防止樱桃核爆裂。请您一定不要使用暖水瓶来给宝宝保温。十分令人痛心的是，经常出现由于过热的暖水瓶直接接触皮肤或者暖水瓶没有盖严漏水而烫伤宝宝的情况。

保护宝宝的头部

一般来说，和身体其他部位相比，宝宝的头部接触空气的表面积较大，因此也会更快地散失热量。随着环境温度的变化（冬天比夏天更严重），宝宝的囟门也会让他散失热量。那么，宝宝的头顶为什么会有这个"敞开的门"呢？宝宝出生的时候，他颅骨上的几片骨头需要相互交叠让头部变小，以便于他的头部能顺利通过产道。在宝宝出生后这几片骨头就又回到了原始的状态。这种"技巧"只有在宝宝的颅缝还没有骨质化之前才可以使用。因此，在宝宝的头顶和后脑可以看到两个囟门。在这两个位置保护大脑的不是骨头，而是硬脑膜（Dura mater）。在接下来的几周以及几个月中，囟门会变得越来越小。在宝宝

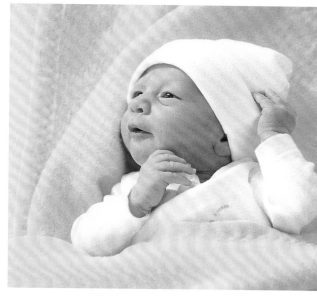

对于新生儿来说，一顶帽子是必需品，因为小宝宝需要保持温暖。

一岁左右[1]的时候，他的颅骨就没有未闭合的颅缝了，也就没有可以摸得到的囟门了。

睡眠需求

大多数宝宝在最初的 12 ~ 24 小时内会因为出生时的疲惫而一直睡觉。有一些宝宝属于比较活泼的类型，在睡了 1 ~ 2 个小时以后就精力充沛了，饿了，想要找妈妈。从现在开始，他需要有规律（每隔两个小时）地吃奶，这样才能为身体提供养分，来维持新陈代谢。在妈妈肚子里的

[1] 后囟最迟 6 ~ 8 周龄闭合，前囟最迟于 2 岁闭合。

时候他还没有存储营养的器官。在出生后最初的几天中，他摄入的营养会立刻被用来维持生命，吃进去的马上就被消化了。这也就解释了这样一个现象：为什么有些宝宝在刚出生的时候总是要吃奶。那么那些出生后第一天都在睡觉的宝宝呢？他们在睡足了以后同样也是只有一件事要做：尽可能快地来到妈妈的胸前吃奶！

胎便

新生儿第一次排便的时候，您会在尿布上看到一些黑色的黏稠的大便，看起来像是焦油，这就是所谓的胎便。它包含了宝宝在子宫内吞下去的所有东西：羊水、死掉的皮肤细胞、肠黏膜、皮脂、胎毛以

在出生之后，许多宝宝都会把第一天用来睡觉，在经历了出生这样艰难的事情之后他们需要休息。

及其他杂物。清理被胎便弄脏了的宝宝的屁股，对于一个新手来说一点都不简单。我们需要一些温水和婴儿油，才能把黏稠的胎便擦下来。在未来的几天中，宝宝大便的颜色会越来越浅，直到 3 ~ 4 天后（也有的在 1 ~ 3 天后）就会出现赭黄色的大便。前提是宝宝吃了足够的母乳或者奶粉。从胎便到赭黄色的大便之间的过渡时期是宝宝生命中很重要的一步：妈妈可以通过这件事得出结论，宝宝已经获得了足够的母乳。

新生儿血尿

在宝宝出生后的最初几天，不仅是他的肠道在清空自己，他的膀胱也会排空自己。如果您在尿布上看到浅红色的尿迹，请不要惊慌失措，这就是所谓的"血尿"①。许多新生儿都会排出这种颜色的小便，男宝宝排出这种小便的概率比女宝宝大。砖红色的小便表明宝宝的肾脏和膀胱在排出毒素，清空自己。除此之外，宝宝的身体还是在暗示他需要马上补充水分（通过吃奶的方式）。

乳房肿胀（奇乳）

许多母乳喂养的宝宝在出生几天之后会出现乳房肿胀的情况。出现这种情况的原因是妈妈的雌激素通过母乳传递给宝宝

①新生儿尿液颜色深，放置后呈砖红色，并不是真正意义上的血尿，红褐色沉淀为尿酸盐结晶。

了。在孕期的最后几周准妈妈会产生一些激素，这种激素会让她们的乳房变大，做好哺乳的准备。这种激素会让新生儿（男宝宝和女宝宝）的乳房也变大。如果轻轻按压宝宝的乳房，甚至会出现乳汁（奇乳）。您不用为此而担心。尽管如此，您也不能去按压或者挤压宝宝的乳房，因为它对压力非常敏感。为了避免衣服对宝宝的乳房产生摩擦引起疼痛，您可以在宝宝的乳头上放置小的棉垫。这种棉垫可以减轻一部分摩擦导致的疼痛，这种疼痛有点像产妇泌乳时的疼痛。您可以向产后护理人员寻求帮助。这种乳房肿胀一般最长持续 1 ~ 4 周。可以用几滴薰衣草油或者凝乳进行冷敷，都可以减轻疼痛。请您一定要在咨询产后护理人员或者儿科医生以后再进行处理。

眼睛有分泌物

许多新生儿在出生后几天会被眼睛的分泌物粘住眼睛：一种黄色的分泌物粘在睫毛上或者挂在眼角，在严重的情况下会让宝宝睁不开眼睛，这是泪腺阻塞造成的。导致泪腺阻塞的很大一部分原因是泪腺狭窄，也有可能是在出生的时候宝宝面部骨骼错位或者黏膜肿胀。一般来说，您小心地擦掉宝宝眼睛的分泌物就可以了。需要

使用药棉蘸上 0.9% 的生理盐水（药房有售），从眼睑的外侧向内侧擦，请不要反方向擦，因为这样会让细菌进入宝宝的眼睛。还可以使用纯植物提取的滴眼液，例如小米草①或者金盏花制成的滴眼液。具体使用方法请您咨询助产士或者儿科医生。如果出现细菌感染，多为单眼严重发红，如果出现这种情况，建议您寻求医生的帮助。医生会在治疗之前决定是否提取分泌物涂片，然后使用抗生素眼药水进行治疗。

鼻塞

有些新生儿在出生后会经常打喷嚏，通常情况下是由还残留在婴儿上呼吸道中的羊水造成的而不是由病毒引起的伤风感冒。如果还有一些小的灰尘颗粒在鼻子里聚集，就会形成鼻屎，堵塞鼻孔。您可以把几滴母乳或者食盐溶液滴入宝宝的鼻腔（见小贴士）。

小贴士：母乳的治愈作用

母乳对于宝宝来说是万能药。如果宝宝出现鼻塞，您可以用滴管向他的鼻孔内滴几滴母乳。母乳还可以治疗宝宝受伤的屁股。

---

① 小米草提取物含黄酮，可消除眼袋、缓解眼部疲劳。

新生儿黄疸

　　所有新生儿在出生后最初几天都会出现或轻或重的皮肤发黄，这是由于胆红素沉积造成的。胆红素是红细胞中的血色素的分解产物。一般来说，血液中的胆红素在婴儿出生后的第 3 ～ 6 天之间最高会上升到 15 mg/dl，到第 10 天会降到正常值（低于 1mg/dl）[①]。要和这种情况区分开的是非生理性的新生儿黄疸，它有可能会受到其他因素的影响而恶化。最常见的原因是母亲的血型和婴儿的血型（母亲是 Rh 阴性血，婴儿是 Rh 阳性血；母亲是 O 型血，婴儿是 A 型血或者 B 型血）不兼容，急性或者慢性疾病。出生时造成的创伤（见第 33 页）也会导致婴儿患新生儿黄疸的概率增加。只要新生儿血胆红素在正常范围内，就不需要进行治疗。但是请您注意给宝宝补充足够的水分，促进排泄大小便，减少胆红素在肠道中的吸收。还有一件事很重要，就是带宝宝多晒太阳，但是同时要注意防晒。自然的阳光可以促进胆红素的代谢。如果在宝宝出生后的第 3 ～ 6 天胆红素值上升到超过了 15 ～ 20 mg/dl，就需要使用光照疗法了。母乳喂养的婴儿有可能会出现一种性质温和的，但是持续时间较长的新生儿黄疸，宝宝的皮肤发黄，但是对身体没有什么大的害处，这种黄疸被称为母乳性黄疸。导致母乳性黄疸的原因还不是很清楚。因此，没有必要停止母乳喂养。

光照疗法

　　在光照疗法的过程中，您的宝宝需要躺在光疗箱中，用遮光眼罩遮住眼睛（防止视网膜损伤），接受一定波长的光线照射进行治疗。蓝色荧光灯可以不经过肝脏，直接把皮肤中的胆红素转变为可以溶解于水的物质，这样，它们就可以通过肠道和肾脏排出体外。

隐睾症

　　这种病指的是男婴一侧或者两侧的阴囊内缺少睾丸。在阴囊中触摸不到睾丸，睾丸大多数是隐藏在腹股沟管内。在少数案例中，完全触摸不到睾丸。根据新的治疗方针[②]，要在婴儿一周岁之前治疗隐睾症。一方面是因为隐睾症会影响男婴的生育能力，另一方面会存在睾丸退化的风险。隐睾症是否需要治疗取决于睾丸缺少的程度。治疗中会使用激素，以针剂或者鼻腔喷雾的形式进行治疗。在某些案例中，还需要进行手术。详情请您咨询儿科医生或者儿童泌尿科医生。

---

① 生理性黄疸：足月儿生后 2 ～ 3 天出现黄疸，4 ～ 5 天达高峰（<12.9 mg/dl），5 ～ 7 天消退；早产儿多于生后 3 ～ 5 天出现，5 ～ 7 天达高峰（<15 mg/dl），7 ～ 9 天可消退。
② 适用于德国。

颅骨畸形

自从人们建议宝宝的父母，为了防止婴儿出现婴儿猝死综合征而让孩子用仰卧的姿势睡觉，德国婴儿的死亡率从 4 : 2000 下降到 1 : 2000。然而，这种睡姿却导致了严重的副作用：颅骨畸形。大约每 60 个新生儿中就有 1 个出现了这种畸形。许多婴儿的头后部明显被压平了，一侧或者两侧畸形也并不少见。因此，不能让宝宝一直采用仰卧睡姿，睡觉期间要变换各种睡姿，如仰卧、侧卧等，在有父母监护的情况下还可以使用俯卧睡姿。

非常常见的患有这种颅骨畸形的婴儿有多胞胎以及借助产钳或者胎头吸引器出生的婴儿；还有那些几乎不动或者头部偏好某一种姿势或者颈椎活动受限的婴儿。大约 80% 的患儿在经过治疗之后可以恢复正常。这种颅骨畸形还有一些可能发生的后遗症，例如听力和视力障碍（视野受限）、学习障碍、语言和行为障碍，患儿出现发育迟缓的概率也会增加。治疗的方法有物理疗法和手法治疗，还可以使用整骨疗法。如果到宝宝六个月大的时候还没有痊愈，您可以考虑使用头盔疗法。

宝宝的皮肤问题

在宝宝出生后的最初几天中，他的身体会经历一系列的调整适应过程，这些内在的过程经常表现在皮肤上。为了让您可以正确地分析自己的宝宝是否得了斑疹，请仔细阅读下列有关新生儿的各种皮肤问题的信息，以及出现这些问题您可以做些什么。

血管瘤

新生儿和婴儿身上会出现的皮肤问题中有一个是非常有名又很常见的问题，就是血管瘤。这种疾病有可能会出现在身体的任何部位，大约 2% 的新生儿会患上这种疾病，女宝宝患病率高于男宝宝。血管瘤指的是微小的或者大量的突出的良性血管肿瘤，有可能是天生的，也有可能是在婴儿刚出生后的几天或者几周中才出现的。一般来说，血管瘤的发展速度在婴儿出生后的第 1 个月到第 12 个月各不相同，会在婴儿一周岁之前进入生长停滞期。面部和尿布包裹部位的血管瘤由于生长速度较快，需要儿科医生进行治疗。90% 的血管瘤患儿，在他们 2 ~ 9 岁时，血管瘤会萎缩变小逐渐消失。大多数不需要进行治疗。

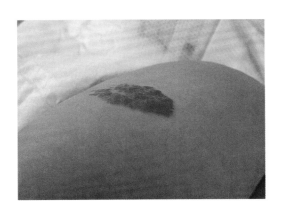

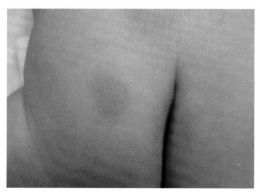

乳痂

乳痂指的是固着在婴儿头部黄色油脂样的痂皮。顾名思义，这种干燥的痂皮看起来像是过度加热后干燥结痂的牛奶一样。乳痂在婴儿出生后的最初几天以及几周中形成，有些特殊的案例中还有可能会一直保留到孩子上小学。50%的婴儿乳痂会在孩子一周岁之前自己消失。形成乳痂的确切原因还不是很明确。可以使用婴儿油（橄榄油也可）或者杏仁油软膏轻轻按摩婴儿头部来去除乳痂。您可以把油抹在宝宝头上过一夜，第二天早上尝试用梳子或者手指甲小心翼翼地去除掉软化的皮屑。可以使用温和的婴儿洗发水洗去婴儿头部的油或者软膏。

粟粒疹

粟粒疹是小的（大头针的头那样大小的）黄白色的皮疹，让人联想到粗粒小麦粉。它主要出现在鼻尖和两侧脸颊上。粟粒疹是一种囊肿，形成于皮脂腺的末端。

这种包囊中装的是角质层而不是油脂，这一点是粟粒疹区别于丘疹的地方。如果用手指轻轻抚摸，会感觉到粟粒疹比较坚硬。粟粒疹不仅仅出现于面部，60%～70%的新生儿还会在牙龈上出现粟粒疹。出现在软腭和硬腭交接的地方的粟粒疹也被称为爱泼斯坦珍珠。粟粒疹还会出现在牙槽中。粟粒疹有可能和新生儿痤疮同时出现，同时消失。这也是为什么这种皮肤变化不需要额外治疗的原因。但是千万不要按压或者挠破它。

蒙古斑

蒙古斑指的是婴儿出生时就有的青黑色的边缘界限不明显的色斑，多见于背部下方。即使在刚开始的时候这种斑块让人很不舒服，也没有必要担心，因为这种色素沉积是完全不会对身体造成损害的。根据经验，这种斑块会在第一年中逐渐变淡，最晚到青春期前就会消失。正如它的名字，这种斑块来源于蒙古。蒙古斑不需要进行

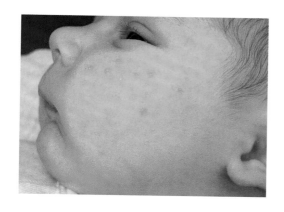

治疗。

新生儿痤疮

这里指的是小的发红的脓包和丘疹。新生儿痤疮可能从婴儿一出生就可以看到，一般来说出现在婴儿出生后的 2 ~ 4 周，在几周之后又会消失。如果算上温和的疾病形式，那么新生儿痤疮在 20% 的新生儿中都会出现。脓包大多数出现在面部，尤其是脸颊，出现在额头的情况要少一些，不会出现在上身。这种疾病的原因是婴儿的雄激素形成过多而造成皮脂腺分泌过多，雄激素水平在接下来的几周中会有所下降。而婴儿出生后突然下降的雌激素水平刺激了婴儿的激素分泌，导致脓包"发芽"。注意：千万不要按压这些脓包。在这个时期，您也不要给宝宝的脸上涂抹润肤霜或者药膏。这种疾病不需要特殊的治疗，只有特别突出的脓包需要进行预防感染的治疗。婴儿痤疮的发病率明显低于新生儿痤疮，婴儿痤疮发生于 3 ~ 6 个月大的宝宝，

比新生儿痤疮更严重一些。

新生儿皮疹

足月出生的婴儿中大约有 60% 会在出生后第二天和第三天出现这种皮肤病。出现的形式是小的脓包、丘疹以及红色的斑点，主要出现在上半身，手掌和脚掌一般没有。发病原因可能是没有发育完全的免疫系统对皮肤病菌产生的过激反应。根据经验这种皮疹会在 14 天后自行消失。没有必要针对这种疾病进行特殊的治疗。

脂溢性皮炎

这种皮肤病的特点是皮肤发红并且有潮湿的皮屑。发病初期出现于面部以及长有头发的部位，之后会扩散到上身、皮肤褶皱以及尿布包裹的部位。这种皮肤的变化出现于宝宝出生后的第 3 ~ 6 周，和神经性皮炎相反，这种皮炎显现出来的时间更早，而且没有瘙痒的症状。症状会在几周到几个月后消失，只需要使用保湿的皮

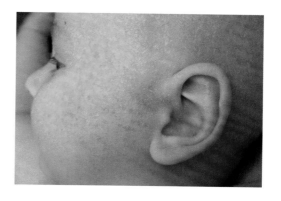

肤护理品即可。还可以使用含锌的润肤霜。头部的痂皮可以在前一天晚上涂上婴儿油或者杏仁油软膏，第二天使用婴儿洗发水洗掉。只有非常严重的情况下才需要特殊的治疗。详情请咨询儿科医生。

下的痕迹。

鲜红斑痣

这种皮肤问题表现为边缘界限明显的红色斑点，是血管聚集在一起引起的。40%的新生儿会出现这种皮肤问题。常见的发病部位是颈背和脑后部，也会出现在面部中线上，也就是两只眼睛中间，从额头到鼻子的部位。鲜红斑痣并不是突出于皮肤的，而是和皮肤位于一个平面。按压它的时候颜色会变白。一般来说，鲜红斑痣会在一年之内消失。颈背部的鲜红斑痣会持续几年。这种皮肤问题的名字来源于以前的传说，传说中有一种鹳[1]，是它们把婴儿叼到人间的。婴儿颈背部的红斑被人们解释为送子仙鹤叼着孩子飞到人间时留

皮肤干燥

助产医生可以根据婴儿皮肤的颜色推断出这个婴儿是足月出生还是早产。那些早于预产期几天甚至是几周出生的婴儿，大多数身上会有一层可以起到保护作用的胎脂。几天之后这一层胎脂就会消失，婴儿的皮肤就会变得敏感并且有褶皱。一般来说，接下来婴儿的皮肤会变红，看起来好像是被太阳晒伤了一样，干燥皲裂。在宝宝的腹部、腿部或者脚上还有可能会有皮屑，少数部位甚至还会有死皮脱落。您不用担心。针对皮肤非常干燥的宝宝，您可以使用纯天然的婴儿油进行按摩，例如杏仁油、橄榄油或者牛油果油（药店、自然用品商店或者分类清晰的卫生用品商店

---

[1] 相当于送子仙鹤。这种皮肤病的德语名字是 storchbiss，Storch 是"仙鹤"的意思，Biss 是"咬伤"的意思。根据字面意思，这种皮肤病是送子仙鹤咬伤了婴儿留下的痕迹。

有售）。您可以把这些婴儿油和一滴玫瑰精油混合在一起（可以放在盛煮鸡蛋的蛋杯中）。在您把这些混合油涂到宝宝身上之前，需要您用热水浸湿双手。然后在您的手中将几滴油搓热，再轻轻抹到宝宝身上，稍加按摩。这样做对于宝宝来说有多方面的好处：它可以保护宝宝的皮肤不再出现皲裂，而且您的宝宝还享受到了让他放松身心的按摩。

我怎样才能知道我的宝宝需要换尿布了？

当您闻到宝宝"办大事"了，就得马上给他换一块新的尿布了。如果没有大便，您应该3～4个小时给宝宝换一次尿布，这样，他的屁股才不至于长时间处于潮湿的环境中。装满大小便的尿布非常沉，不仅会让宝宝感到非常不舒服、让他的屁股受伤，还会使他的体温迅速下降。除此之外，您还应该在宝宝每次吃完饭之后给他换一次尿布，因为这样可以为他建立吃饭和排泄之间联系的认识。

在给男宝宝换尿布的时候需要把他的包皮向后推吗？

不需要。刚开始的时候包皮还非常紧，大多数时候只能看见一个非常小的开口。您大力向后推会导致他疼痛受伤，甚至会出现伤口导致感染。

我的朋友会在给她的宝宝换上新尿布之前用暖风吹干宝宝的屁股。这样做有意义吗？

有意义的，如果您在之前用大量温水给宝宝洗干净了屁股，但他的屁股还没有干，这时候就需要用暖风吹干。宝宝一般都喜欢被暖风吹干，气流温暖舒适，而且

吹风机还可以发出有趣的声音。但是一定要注意：如果您把吹风机拿得很低，您的宝宝在这个时候尿出一道弧线，吹风机进水后会导致触电。这个常识不应该让您放弃使用吹风机给宝宝吹干屁股，而是让您知道，把吹风机拿得离宝宝远一些再给他吹干屁股有多么重要。或者您可以把自己的手挡在吹风机的出风口处，这样做还有一个好处，就是您可以感觉一下吹风机的温度是否合适。

为什么婴儿护理用品种类繁多，价格各异，却都有同一个检验标志（比如说经过有机测试"值得推荐"）？

价格的定位有多种原因，例如质量保证、科技研发、制药过程等。有机品质的产品价格较高，因为它们只使用自然的原料，这些原料为和厂家有种植合同的经过他们检验的有机生态植物。因此，种植和护理这些植物的花费要比普通的植物多。

我应该怎么样、在哪里给我的宝宝洗澡，最关键的是多久给他洗一次澡？

不一定非要为宝宝准备婴儿用的浴盆。准备一个宝宝专用的浴盆肯定比较实用，但是一个小的洗脸盆也是可以的。因此，有些妈妈直接把自己的宝宝放进盥洗盆里。

最近几年也有了一种小的婴儿洗澡桶。宝宝在这种洗澡桶里会觉得特别舒服（详情请见第43页）。在40年前，婴儿还是每天都要洗澡的。但是今天专家们建议，婴儿每周洗1～2次就够了。在洗澡水里添加浴盐或者其他沐浴露也是没有必要的。如果您还是想使用这一类产品，那么请您选择那些没有防腐剂和人工合成香精的产品。

我听说，使用产钳或者胎头吸引器助产对婴儿损伤很大。是这样吗？

我们可以这样表述：使用产钳或者胎头吸引器分娩不可能不给您的宝宝留下任何痕迹。使用这些器具分娩在宝宝出生后的最初几天会有明显的痕迹。许多使用产钳出生的婴儿耳朵和太阳穴之间会有红蓝色的斑块。而大多数使用胎头吸引器出生的婴儿头部会有所谓的"出生肿瘤"——一个圆形的网球大小的红蓝色的斑块。除此之外，宝宝的整个头部由于吸力的作用被拉长了。许多父母看到这幅景象都吓了一跳，但是也不需要担心：这个大疙瘩多会在1～2天后自行消失。在一些例外情况中，这个大疙瘩可能会充血，形成一个大的血肿（头皮血肿）。但是使用胎头吸引器出生的婴儿中只有0.5%～3%的人会出现这种血肿，并对疼痛非常敏感。很明显许多婴儿都不想给出现血肿的一侧头部造成负担，因此会选择另外一边作为他偏好的姿势。即使使用助产仪器留下的痕迹很快就消失了，您也要注意，您的宝宝有可能会头疼。因此请您在对待宝宝的头部的时候一定要小心谨慎。采用顺势疗法的助产医生会给宝宝服用一次三粒的山金车C30药丸。针对这种治疗方法，请您咨询您的儿科医生。另外，许多头部有血肿的新生儿还会患上严重的新生儿黄疸（见第50页）。

我总是发现宝宝的鼻子里有硬痂（鼻屎）。需要给他挖出来吗？如果需要，要怎么操作呢？

只有当这种硬痂妨碍到宝宝的正常呼吸时，您才有必要把它清除掉。它是否妨碍到了宝宝的正常呼吸，您是可以听得出来的。清除这种硬痂的方法并不复杂：取一片化妆棉，从中间撕开，呈两片薄薄的棉片。手指蘸水，把其中的一片化妆棉捻成一条细线。把它的一头插进宝宝的鼻孔，并且来回戳动。幸运的话，您就可以把鼻屎"钓出来"。也可以使用面巾纸。请不要直接用您的手指去挖鼻孔，因为宝宝的鼻黏膜有可能会被您弄伤。

产褥期

随着第一个孩子的出生，父母开始了一段新的人生。从现在开始，
他们要学会认识宝宝的需求，理解他发出的各种信号。与此同时，
妈妈还必须经历一系列身体上的变化。从现在开始到宝宝 8 周大
之间的这段时间被称为月子，一个特殊时期。

产褥初期："纪念"分娩

孕妇分娩后的最初10天被称为产褥初期。产妇和婴儿经历了分娩的辛劳，可以利用这段时间好好休息、恢复体力、治疗伤口，母乳也在这段时间开始产生。妈妈和宝宝都要学习，如何在母体之外继续维持他们之间的那种亲密的关系。

腹部

生完孩子以后，产妇的腹部摸起来和以前不一样了，非常柔软，大腹便便像是发起来的面团一样。如果您用手指使劲按压腹部，手指几乎都陷入柔软的腹部褶皱中了。许多产妇在分娩后第一次起身下床走动的时候都会不自觉地收腹，因为她们感觉，如果不收腹，肚子就有可能垂下来。在分娩后的几个小时以及几天之中，腹腔发生了很多变化：所有内脏器官都重新回到了自己原来的位置并为此感到欣喜。

您的腹部外观也发生了一些变化，尽管肚脐和耻骨之间的那条深色的线（妊娠线）依然清晰可见。如果您在怀孕期间由于肚子变大而产生了肥胖纹（所谓的妊娠纹），那么现在您的皮肤很容易就会变成波状的。但是不用担心，还是可以有所改变的。那条棕色的线会在几天后慢慢消失，下次怀孕的时候才会再次出现。妊娠纹虽然不会完全消失，但是颜色会变淡。

您可以这样做

使用精油按摩腹部（例如孕妇精油）可以帮助您重新唤醒腹部肌肉。您可以在床上躺着或者沐浴的时候在腹部以打圈的形式按摩腹部，或者用两根手指拉住腹部褶皱部位的皮肤进行按摩。这样可以刺激血液循环。在分娩后的最初几天，您可以俯卧在床上，因为这样可以减轻私处和骨盆的压力。您可以在髋部下面放上一个软垫让臀部变高，再把头部也放在枕头上，您的身体就可以得到很好的放松。这种姿势可以放松腹壁，同时促进子宫回缩，排出恶露。

产后恢复指日可待？

耐心，耐心！没有人期待您可以在离开医院的时候就拥有平坦的小腹或者生完孩子马上就可以穿上您最爱的那条紧身牛仔裤。您的肚子在怀孕期间一点一点变得越来越大，到分娩之前已经达到最大限度了，它也需要时间，才能一点点变小。这样说是有道理的：十个月形成的，需要十个月才能恢复。为了让腹部变小，您可以学做从第72页开始的产褥期体操。

私处

几乎每一位生孩子的女性，尤其是第一次生孩子的女性都会感到私处有擦伤。由于组织扩张，几乎所有分娩女性的阴唇附近都会有小的擦伤或者撕裂的伤口，很有可能还会肿起来。也许您还有更大的伤口，例如私处撕裂或者侧切。不管是否有伤口，您的下体在这段时间内需要更多的关注和精心的护理。

私处缝合伤口的护理

为了让宝宝的头部出来得更容易一些，阴道口必须扩张到最大。不管是侧切还是撕裂，私处伤口的缝合都会很疼。疼痛程度以及持续时间的长短取决于很多因素：伤口的长度和深度、缝合技术以及个人伤口的恢复速度。同样具有个体性的就是每个人对伤口疼痛的感知。有机会您可以抽出时间自己观察一下自己的私处。您可以选择在浴缸里或者床上进行这项工作。您可以选择一个舒适的姿势，然后把一面小镜子放在两腿之间。当您观察私处的时候，之前只是通过感觉来感知的伤口和疼痛就会变得具体化了：阴唇还肿得厉害吗？有发红吗？或许您还有痔疮？缝合的伤口有多大，线是什么走向的，伤口边缘是什么样子的？实际上，在观察之后，许多女性都会非常吃惊，这种吃惊是积极的。因为私处伤口的真实情况大多与感觉到的疼痛程度不相符，没有那么严重。更令人吃惊的是伤口的恢复堪称"神速"，以至于有经验的助产士和医生都对私处的恢复速度感到吃惊。

什么可以促进恢复的过程？

现在需要做的是：让您的私处放松！

如果不按压或者拉扯伤口，它会更好地愈合。因此请您在分娩后的最初几天中避免私处着地地坐着，甚至不要盘腿端坐。为了让伤口缝合的部位不受到任何压力，您应该侧卧。这一点适用于顺产，也适用于剖宫产。

圈型坐垫

为了在坐着的时候不给私处造成压力，以前人们建议产妇坐在橡胶的坐垫上，例如吹起来的游泳圈。现在不再这样建议了，因为这样坐着也会给私处伤口缝合处造成不必要的压力。把毛巾卷起来，围成圆圈，坐在上面可以缓解疼痛。产科医生建议产妇在分娩后的最初几天如果有可能尽量不要坐着，而是躺着！您坐得越少，伤口恢复得越快。

寒冷

任何肿胀遇到冷敷都会更快地消肿。因此您可以尝试给您的私处冷敷。您可以使用冷敷包（装有凝胶的药包，药店有售），但是不要直接把它放置在伤口上，因为这样会有过度降温的危险。您可以用一层薄薄的纱布或者毛巾包裹住冷敷包。在诊所里，您可以每隔几个小时就向医生要一个新的冷敷包。给那些在家中修养的产妇一些小建议：您可以把一条干净的毛巾在干净的冷水中浸湿，然后放入冷冻袋，连同冷冻袋一起放入冰箱的冷冻区，放置一会儿，在它完全冻住之前取出来。您还可以在冷冻袋中装满水，封住开口，放入冰箱的冷冻区，冻成冰以后取出放在伤口上。但是要注意，一定要在外面包裹一层毛巾以后再放在伤口上，否则就会有过度降温的危险。

空气

任何伤口都是暴露在空气中的时候恢复得更快。但是对于私处的伤口来说这一点并不容易做到，因为这个部位大多数时候都是包裹在无纺布里面的。这种持续潮湿温热的环境会妨碍伤口的愈合。正因为如此，您需要时不时地让您的私处享受一次"空气浴"。您可以不穿内裤躺在床上，最好是在身下垫两层毛巾（由于恶露），然后把双脚放在叠高的垫子上。如果需要，可以盖一个保暖的床单，床单可以像帐篷一样撑起来遮在双腿上方。请您在购买卫生巾的时候注意，要选择那些尽可能少地含塑料的产品。没有这一层衬，空气可以更好地流通，有利于伤口的愈合。

山金车

山金车可以让伤口消肿。山金车精华（药店有售）对没有受伤的皮肤（如血肿）也有帮助，因为它有消肿和促进血液循环

的作用。您可以用山金车精华浸湿纱布，然后放置在私处。

坐浴

从分娩后的第四天或者第五天开始，可以使用坐浴的方式减轻伤口疼痛了。重要的是：一定不能早于这一天清洗私处，因为这样会让缝合材料变软，伤口有可能会裂开。但是，即使私处没有缝合的伤口，坐浴也有助于身体恢复。如果您想要进行坐浴，请先在浴缸里放热水，然后坐在里面泡 10 ~ 15 分钟。放水的多少如何掌握呢？您坐在浴缸里面，水深到您的肚脐的位置就可以了。水中可以放栎树皮、洋甘菊或者海盐（每升水一茶匙）。请您问一下您的产后护理员，您的情况适合使用哪种。在许多案例中被证明有效的混合药物是：西洋蓍草、天竺葵、薰衣草、土耳其玫瑰和蓝甘菊。在这个问题上，药剂师也可以为您提供帮助。

冲洗

很有可能，伤口在排尿的时候会有灼热的疼痛感。为了减轻这种疼痛，您可以在排尿的同时进行冲洗。您可以在上厕所之前准备一个大一些的容器（0.5L ~ 1L），装满干净的温水，再滴上几滴金盏花精华（药店有售）。当您上厕所的时候，从上面把这些温水自两腿之间慢慢倒下，让它流向您的私处。用这种方式可以冲走伤口

处的尿液，减轻灼热的疼痛感。除此之外，这样冲洗还可以让您在如厕结束后有种清新舒适的感觉。

润肤霜

为了让私处的组织结构变得更加柔韧，可以在分娩后 4 ~ 6 周开始给私处按摩。您可以使用私处按摩油或者去疤凝胶或者去疤油（药店有售）。

从什么时候开始好转？

根据伤口受伤程度的不同，您能够在 5 天之后开始感觉到明显的好转。根据经验，许多女性在 10 ~ 14 天以后就感觉不到私处伤口有问题了。

剖宫产缝合的伤口

关于"剖宫产"①这个概念的产生，有多种不同的版本。最有说服力的一个版本应该是这样的，罗马帝国的皇帝尤利乌斯·恺撒出生于公元前 100 年或者 102 年，是第一个以这种方式出生的人，虽然这种说法很有可能也只是个传说。有一部古罗马法律是这样写的：死去的孕妇应该被剖腹，取出婴儿，这样做是为了挽救婴儿的生命，或者至少把母亲和孩子分开来安葬。

现在的剖宫产是一种手术措施。伤口大约 15 厘米长，位于阴毛区域上方。产科医生把这个区域叫作"比基尼区域"，他们的意思是说，生完孩子以后妈妈们穿上比基尼就几乎看不到这一道伤疤了。以前要在伤口上厚厚地包扎一层，然后贴上大的敷料，现在人们更倾向于只在伤口上贴一个敷料，只贴一天，之后就让伤口暴露在空气中。

充满敬意的一瞥

对于大多数妈妈来说，第一次看到自己的伤口是一种混合了不安和尊敬的感觉。总是有一些女性承认，刚开始的时候根本不敢看自己的伤口。还有一些女性则对伤口的走向非常感兴趣，会立刻想要看看它。但是想看到却没有那么容易，因为大多数时候伤口被刚分娩完还没有恢复平坦的大肚子遮住了。您可以使用镜子来观察伤口：把它放在剃掉毛的阴毛区域上方。用来缝

---

①剖宫产的德语是 Kaiserschnitt，由两个单词 Kaiser 和 Schnitt 组成，Kaiser 指的是皇帝，Schnitt 指的是切、割。

合皮肤层的线通常是透明的，由塑料①制成的，没有必要拆线，而是在 8 ~ 10 天之后自己溶解掉。不同的手术医生会在伤口处使用不同的引流方法。一根细细的橡皮管从伤口伸出来，和一个引流袋相连，剖宫产切口中的分泌物会顺着引流管流入引流袋内。一天②之后，伤口里没有东西再流出来的时候，就可以撤掉这根橡皮管了。

"温柔的"剖宫产

现在一种"温柔的"剖宫产正在流行，也就是 Misgav Ladach 式剖宫产。这种手术方法中的形容词"温柔的"是相对的，因为这种"耶路撒冷方法"或者"Misgav Ladach"式剖宫产一点也不温柔。这两个名字源自耶路撒冷这个城市以及这个城市中的一所医院，这种剖宫产的方式来自这所医院。

一点也不温柔

传统的剖宫产是用手术刀和剪刀"锋利地"切开肚皮和子宫，而 Misgav Ladach 式剖宫产主要是医生用自己的双手"不锋利地"扒开每一层组织层：手术医生先在产妇皮肤上切开切口，然后小心地用手逐层扒开产妇的组织层，一直到看到子宫。子宫也是只用手术刀切开一个短短的切口，

然后用手指扒开到能够让孩子出来的长度。在缝合伤口的时候，医生相信人体血管、肌肉和神经自身的弹性。因此，他只缝合子宫被手术刀切开的那一段和最表层的皮肤层，被撕裂开的腹膜以及腹部肌肉组织不需要缝合。这种手术方式也省掉了传统剖宫产使用的引流管。"温柔的"剖宫产的优势在于手术时间短，对血管（失血较少）和神经的伤害小，对止疼药的需求较少以及术后恢复较快。

如何处理缝合的伤口

开始的时候需要每天都检查伤口。负责治疗的医生会定期查看伤口，关注伤口的恢复情况。接下来的几天最好是劳逸结合，休息和运动结合，但是要控制运动量。即使您感到疲惫和虚弱，还是要定期去厕所。一方面，可以排空膀胱，同时排出恶露，促进子宫回缩，避免形成余尿。另一方面，每天运动还可以预防下肢血栓形成。除此之外，还能保持稳定的血液循环。但是不要匆忙行事：您会被病房护士搀扶着走出第一步。

应对压力

在最初的两天，大多数妈妈还感到有

① Kunststoff，德语为塑料、有机材料。事实上国内缝合线主要为医用羊肠线和薇乔可吸收线。
②具体请遵临床医生医嘱。

剧烈的疼痛，因此她们在起床、把宝宝从他的小床上抱起来、给他喂奶、换尿布等事情上，都需要别人的帮助。但是，从第三天开始，大多数的妈妈就会开始自己照顾孩子了。

促进消化

在怀孕期间，您的肠道被不断长大的宝宝挤到了上面。宝宝和羊水、胎盘都排到体外以后，子宫变小，肠道又有空间扩张了，又回到了它原来的位置。

从什么时候开始好转？

做了剖宫产手术的产妇一般要在医院待 4 ~ 5 个晚上，如果有需要，还可以待更长时间。剖宫产的伤口基本都恢复得很快，一周之后就只剩下一道细细的线和一些血痂了。通常来说，如果这个部位受到按压，还是会有疼痛感。伤口上面和下面的皮肤有可能会麻木一段时间，在极少出现的情况中甚至会永远都没有感觉。大约在分娩后的第四天，大多数产妇都可以小心地弯腰了，再过 3 ~ 4 天，就会明显见好。

产后阵痛

人们可能会认为孩子生出来了，分娩过程就结束了。实际上，只有当胎盘完全娩出的时候，产科医生才结束任务。只有到了这个时候，人们才会恭喜你做父母了。

然而对于妈妈来说，分娩还远远没有结束，因为还有产后阵痛。

如何应对产后阵痛

为了搞明白哪些方法适合用来减轻产后阵痛，人们首先要搞明白产后阵痛是如何产生的。在孕初期，子宫只有一个拳头大小，然而在临近分娩的时候就会变成篮球那么大。当婴儿出生之后，子宫必须重新回到原来的大小。这个过程就要借助产后阵痛来完成。产后阵痛就是产褥期女性可以感觉到的子宫肌肉收缩。根据经验，那些第一次生孩子的女性不会感到有很明显的产后阵痛。疼痛的程度会随着分娩次数的增加而增加，有时它的疼痛程度甚至可以和分娩时的疼痛相较。

疼得厉害怎么办？

一位女性生的孩子越多，在治疗产后阵痛的时候就越应该使用止疼药，至少在医院里是这样的。许多女性都很乐意接受止疼药。但是这些药和哺乳没有冲突吗？产科医生的意见是一致的：药物的有效成分不会进入母乳。如果将止疼药的用量控制在一定范围内，就不会影响到婴儿。无须顾虑，勇敢去做，如果您觉得止疼药可以缓解疼痛，那么您就可以毫不犹豫地接受它。

止疼药

您应该如何应对产后阵痛？要么忍着，要么吃止疼药。通常来说，第一次生孩子的女性不吃止疼药也可以挺过去。但是，如果您生了第二个或者第三个孩子，医院很有可能会给您提供止疼药。实践证明，栓剂是有效的。

温暖，还是温暖

在产褥期，您应该在手边常备一个暖水袋。除此之外，羊毛腰带也是很有用的，不得已的情况下还可以用羊毛围巾代替。温暖可以缓解痉挛，温暖的下体是减轻疼痛的前提条件。

从什么时候开始好转？

坦白来说，您需要耐心。产后的第一天到第二天您会感到非常疼，但是通常在3～4天之后疼痛就会减弱了。在大约一周之后大多数的产妇就几乎感觉不到疼痛了。一个小小的，但是非常重要的安慰：产后阵痛越严重，子宫回缩幅度就越大，恶露出现得就越少。

子宫回缩

在分娩之前，子宫已经到了肋弓的位置。但是分娩后几小时内它就会借助产后阵痛缩小成一个球，可以在肚脐附近感觉到并且触摸到它。从这个时候开始，它每

如果产后阵痛非常严重，您可以放松下来享受一杯药草茶。

天都会缩小大概一根手指的宽度。产后护理人员每天都会检查产妇子宫的位置。她为您做检查的时候，也是一个和她交流的好机会，您可以向她咨询，您适合哪种促进子宫回缩的方法。

什么可以促进子宫回缩？

下列方法可以帮助子宫回缩：

经常哺乳

正是在此处，激素间的相互配合让我们窥到大自然是如何安排分娩及分娩后的

时间的：给孩子喂奶促使产妇的身体产生催乳素和催产素，这两种激素可以促进乳汁的分泌（见第 164 页）。后者还负责子宫的收缩与产后阵痛。您给孩子喂奶的次数越多，子宫回缩的速度就越快，产后阵痛消失得也就越快。这一点很多产妇都能感觉到：只要孩子一吃奶，她们就会有产后阵痛。

以俯卧的姿势放松

请您利用分娩后到泌乳之间的这段时间，尽可能多地以俯卧的姿势放松自己。您可以在腹部垫一个小枕头来抬高体位。这个姿势会对子宫产生压力，有利于子宫回缩，并且可以促使血流出来，放松私处（见第 59 页）。

清空膀胱

请您按时去厕所清空膀胱。充盈的膀胱会阻碍子宫的回缩。请您不要等到感到尿急的时候再去厕所，而是尽可能每 2 小时去一次。问题是：分娩之后经常会出现排尿困难，膀胱未排空导致余尿的形成，从而增加了产后膀胱炎的患病率。因此，您可以尝试一种最佳的坐姿，通过下面的小窍门尽可能排空您的膀胱：请您端坐在马桶上，背部挺直，把两条腿打开到最大，然后前后晃动骨盆。用这种方法就可以清空膀胱了。

从什么时候开始好转？

大约在 10 天之后，您就无法从体表触及子宫了，因为它已经回到自己原来的位置，回到骨盆里了。

恶露

胎盘的作用是在怀孕期间把母体中的营养成分运输到胎儿的身体里。胎盘的大小约为两个手掌那么大，附着在子宫内壁上。在分娩之后，胎盘会借助产后阵痛从子宫内壁上脱落下来，并且排出体外（被称为"胞衣排出"）。胎盘从子宫内膜上剥落后，会留有一个创口，创口处会不断流血，直到愈合为止。这些流出的血液和一些黏膜的碎片一起被排出体外，形成了所谓的恶露。一般来说这会持续 6 ~ 8 周[1]，出血最严重的时间是分娩后最初的 3 ~ 4 天，慢慢会消失。在分娩后的最初几天，血是鲜红色的，

---

[1] 人民卫生出版社第七版《妇产科学》中，恶露持续 4 ~ 6 周。

这表示伤口还是新的。当您去厕所的时候，会看到私处流出来的血。您躺着的时候，它们在子宫内汇聚，现在它们以一摊一摊的形式流出体外（让人联想起一块一块的肝脏）。请您不要惊慌，这是非常正常的。请您如实告诉您的产后护理师。她会再为您检查一次子宫，查看子宫回缩的情况。还可以确保没有出现恶露阻塞排不出的现象。当第一波恶露排出以后，它的颜色也会发生一些改变：几天以后，会从一开始的鲜红色变成玫红色，并且黏液的成分增多了，在大约一周之后会变成棕色。另外，如果恶露经常几个小时都未排出，而在您哺乳、上厕所或者下床走动的时候突然又流出来了，这是完全正常的。

观念的转变

在几年之前，如果一个妈妈让宝宝睡在自己的被子里，助产士们会发出惊呼的，因为那时人们还认为恶露具有非常高的传染性。恶露中的细菌会引起乳腺炎。人们认为，产妇在上完厕所以后总是洗不干净手。而且，没有性生活就不会好好洗一次澡。最近几年，人们慢慢改变了观念，不再认为恶露具有非常高的传染性。然而事实上，它和其他有机物质一样，对于细菌来说是一个很好的温床。因此，在这个时候卫生保健尤其重要，每次上完厕所以后好好洗手是您的义务！而且，您要注意，不要让宝宝睡在您的屁股躺过的位置。

如何处理恶露

分娩之后您会流很多血，所以需要使用很厚的无纺布当作卫生巾。最好是一次用两个，前后相连使用以增加长度。因为这种卫生巾太厚了，传统的内裤会觉得很紧，大多数诊所都会为产妇提供一次性内裤。重要的是：开始的时候要每 2～3 个小时更换一次卫生巾。一方面，潮湿温暖的环境会阻碍私处伤口愈合；另一方面，恶露在接触到空气之后不久就会变得非常难闻。根据经验，过不了多久您就会希望下身变得干净清爽。

冲洗

如果您每一次上完厕所都用温水冲洗私处，您的舒适感会得到提升的。最好在上厕所之前用塑料瓶或者量杯装满温水，在上厕所的过程中从前面私处上面把水倒下去。然后轻轻擦干身体。

从什么时候开始好转？

在 3～4 周之后，恶露就会呈现出黄色。到这个时候，它在量上基本就减少到可以使用传统内裤的程度了。

轻微产后忧郁

大多数情况下，轻微产后忧郁会在产

妇分娩后的第三天前后出现，称为"泪之谷"。似乎从现在开始整个气氛都发生改变了：刚才还欢天喜地的呢，孩子终于出生了，疼痛结束了，宝宝躺在您的怀里，亲朋好友的美好祝福也来了。然后呢？然后，只需要一个小小的起因，也许是茶水太烫了，也许是宝宝的连脚裤裤脚那里太大了，或者伴侣说错了一句话，然后您的眼泪突然就流出来了。这到底是怎么了呢？

小贴士：伴侣的帮助

当一个孩子呱呱坠地，突然之间，他为所有与他相关的人带来了一个崭新的不同于往日的局面。妈妈的情绪像是旋转木马一样，受激素的支配。孩子的爸爸最好可以掌控整个局面。他必须做好准备，要意识到他将要面对什么。例如，从现在开始，妈妈也许会满面泪痕地坐在他面前，其实并没有一个真正值得她哭的原因。重要的是：爸爸不要让自己陷入一个解释的困境（为什么刚才跟同事打那么长时间的电话或者为什么买个东西要那么久），因为这样做是行不通的。都是激素惹的祸，是它们让妈妈的情绪失控了。您在这种情况下要做的是：让妈妈知道您是爱她、关心她、理解她的。在这个时候，一个拥抱就像是心灵的"万能药"。表扬一下妈妈，对她怀孕生孩子所做的一切进行认可，几句话的作用将会非常巨大！这时候不需要解决矛盾的技巧，需要的是倾听和理解。

现在，产妇体内激素水平变化非常快：负责维持怀孕的激素迅速下降，负责促进泌乳的激素一下子从 0 狂飙到 100。这种激素的巨大波动会造成产妇的情绪波动，而产后筋疲力尽的感觉更是雪上加霜，如果再算上产后阵痛、私处伤口的疼痛……在这种时候，一点小事都会成为压垮骆驼的最后一根稻草。还有一些因素可以加重轻微产后忧郁：对于责任的恐惧，从现在开始要永远都对眼前的这个小东西负责任了。而且类似"我会是一个好妈妈吗？""我们的夫妻生活会怎么样？"或者"我以前的工作怎么办？"的想法也接踵而至。简而言之：孩子出生了，怀孕期结束了，但是家庭生活才刚刚开始！

如何应对轻微产后忧郁

您要学着接受自己情绪上的大起大落，当您想哭的时候就大声哭。您的情绪和激素像在坐过山车一样大起大落，还有谁愿意或者已经陪您一起坐在车厢里？您的伴侣可以在这个时候给您非常大的帮助。您也可以向您的助产士寻求帮助，和她谈心。她了解了您的情况以后会给您提供帮助的。

从什么时候开始好转？

通常来说，轻微产后忧郁在一两天之内就会结束，在一些个案中，也有再持续 1～2 天的。如果这种坏情绪持续了好几周，并且伴有其他身体上的病痛，例如头疼或者血液循环方面的问题，就有可能是产后抑郁症了。产后 10 ~ 30 天出现的抑郁症或者精神病尤其需要重视！如果出现这种情况一定要向助产士或者妇科医生寻求帮助。

产后抑郁症

产后抑郁症的医学术语叫作 postpartale Depression （拉丁语中 post 是在……之后的意思，partus 是分娩的意思）。产后抑郁症会出现在分娩后的第一年和第二年中的任何时间。典型的表现是：无精打采、经常感到悲伤、对孩子有非常矛盾的感情、内心空虚、易怒、身体上的病痛，例如颤抖、心口疼、头晕、失眠以及害怕和恐慌。产后抑郁症要严肃对待，及时治疗。

激素变化产生的其他影响

这个时期激素的剧烈变化不仅会影响子宫的回缩和乳汁的形成，还会带来一些副作用。其中有一些是我们女性不想要的。

脱发

"再这样下去，我的头上就一根头发都剩不下了！"产后护理人员经常听到这句话。幸运的是，她们可以给产妇一些安慰：产后脱发一般来说与激素的变化有关。分娩之后，雌激素大量减少以及胎盘激素的消失是导致脱发的主要原因。有时候缺铁也会加重脱发。但是不用担心，虽然现在您掉了很多头发，但以后还会长出来的。给头部按摩或者每天早晚内服一些二氧化硅或者钙粉（药店有售）也会促进头发的生长。

新的浓密的头发

激素的变化也有可能对头发的生长产生积极的作用。许多产妇在产褥期非常开心，因为产后她们的头发比之前明显浓密了。还有可能出现：以前是直发，生完孩子突然变成卷发了，或者反过来。

从什么时候开始好转？

一般来说，分娩后 4 ~ 6 个月的时候脱发最严重。在同一时期，产妇的内分泌开始变得正常起来，脱发现象也开始好转。

汗水大爆发

总是有一些产褥期女性觉得自己虽然是年轻的妈妈，但是却像更年期妇女一样：她们出汗非常多，夜里甚至需要全身都换一遍衣服。由于在怀孕期间身体蓄积了很多水分，现在这些水分要通过全身的毛孔离开身体了。

从什么时候开始好转？

一般来说，严重的出汗最迟会到分娩

后的第 2 ~ 3 周，之后就消失了。

肠道和消化

分娩之后，肠道又有了扩张的空间：它又重新回到自己原来的位置了。这期间，它有可能会工作得有些迟缓。产后什么时候第一次大便，取决于您产前有没有灌肠。如果产前进行了灌肠，那么您会在产后第三天左右第一次大便，如果没有灌肠，第一次大便的时间会提前一些。

害怕上厕所

许多私处有伤口的产褥期女性都害怕在上厕所的时候太用力会让新缝合的伤口崩裂开。但是，这种想法是错误的，因为如果不定期清空肠道，它就会被越来越多的排泄物占满。长此以往，肠道内的东西会越来越坚硬，清空肠道的工作也会变得更加痛苦。

如何应对消化问题

您可能害怕在上厕所的时候使劲儿，当您战胜了这种害怕，多喝水，并且保证正确的饮食，就可以让肠道重新恢复正常运转。

液体

您需要补充水分来促进乳汁的形成。同时，还必须要把由于出汗增多而流失的水分算进去。哺乳和出汗会让身体流失掉大量的水分，结果就是肠道内的存留物变得干燥。因此您应该注意，每天的饮水量要提高到 2 ~ 3 升，可以喝矿泉水和药草茶。

正确的饮食

现在建议大家不一定非要摄入富含膳食纤维的食物，例如过量的全麦食品、生的素食品或者十字花科的蔬菜。一方面，纤维会在肠道中膨胀，增加大便量。另一方面，过量摄入富含膳食纤维的食物会导致您和您的宝宝腹胀。更重要的是给身体补充更多的水分，保持大便的柔软度。合适的水分来源有不加二氧化碳的矿泉水或者不加糖的茶水。考虑到您在分娩的时候流失的血液，您的身体现在还缺少重要的

小贴士：泻药

泻药有助于消除便秘。在怀孕和分娩之后，其实肠道并没有消极怠工。更多的是由于产妇心理上有一种保护意识，不想给自己的下身施加挤压力。因此，那些口服的泻药帮助也不大，问题恰恰出现在肠道的另一端。除此之外，口服泻药还会进入母乳，造成婴儿腹痛和腹胀。您需要咨询产后护理人员。她会鼓励新妈妈鼓起勇气排空肠道，并让新妈妈认识到，只有让括约肌重新正常运作，才能让排便不再成为新妈妈的困扰。

小贴士：温柔的帮助

如果您害怕上厕所，那么您可以通过灌肠的方式清空您的肠道。

矿物质镁和钾。这两种矿物质负责让肠道运动起来，运输肠道内的存留物。因此，现在您应该多吃一些富含钾和镁的食物，例如土豆、肉类、荚果①、西红柿和香蕉，镁元素主要存在于浆果②、坚果、谷物、肉类和香蕉。那些没有办法或者不想通过食物来补充电解质的人，可以偶尔吃一些镁元素药片。但是这种药片不能作为健康饮食的替代品。

腹部按摩

每天给腹部进行按摩，就好像是在邀请肠道重新活跃起来一样。除此之外，按摩腹部还有利于促进子宫回缩，帮助您对您的腹部重新恢复自信。您可以使用好闻的按摩油来按摩腹部，还可以使用产妇按摩油或者婴儿护理油。您可以用温暖的双手按照顺时针或者逆时针的方向围绕肚脐轻轻按摩腹部。

痔疮

肛门外侧结节状的组织被称为"外痔"，它是一种肛门静脉瘤。根据突出程度不同，可能会有强烈的瘙痒感，让患者无法端坐和走路，或者在上厕所的时候非常疼痛。静脉有可能会裂开，导致在上厕所的时候看到鲜红色的血。有些女性在怀孕之前没有这方面的问题，生完孩子突然就患上了痔疮。一般来说，痔疮是怀孕期间增大的子宫压迫痔静脉使血液回流受阻以及分娩期间大力挤压造成的。

您可以这样做

重要的是：每次上完厕所以后都要彻底清洁外生殖器。之后涂上用北美金缕梅和桃金娘制成的软膏，可以促进血管消肿。请您咨询您的助产士。除此之外还要注意：多喝水，保持大便的柔软度。只有这样，

会阴三度裂伤

如果您有会阴三度裂伤，也就是会阴撕裂一直延续到了括约肌，那么情况就比较特殊了。这种情况需要特殊的护理，您需要和助产士以及照顾伤口的医生商量。

---

①荚果是单心皮发育的果实，例如大豆、豌豆、蚕豆等。
②浆果是由子房或者联合其他花器发育而成的柔软多汁的肉质果，例如葡萄、猕猴桃等。

才能保证上厕所的时候不需要太用力。如果产后痔疮肿得严重，您可以进行温水坐浴。另外，您还可以用一些有目的性的练习来锻炼您的骨盆底部，增强组织强度。

手关节

不同的运动和姿势会让您的关节感受到牵引力甚至是刺痛，有可能会非常严重，以至于您的手都握不住东西了。总是有产妇提到这种症状以及与此相关的疼痛。有可能是因为肌腱以及韧带承受压力过大。还有可能是因为激素的变化导致韧带和肌腱变得松弛了。

如何应对疼痛

请您注意手关节的姿势，尤其是在给孩子喂奶的时候，您会长时间处于一个以前没有过的姿势，让手关节也长期处于一个它不适应的姿势。这种姿势以后还会在喂奶的时候经常出现。矫形外科医生会给那些极端案例开一种药膏和夹板，用来防止关节受到太大的压力。但是您最好还是自己留意，您会做哪些新的让关节不适应的动作，如果可以的话，不要再做这些让您的关节不舒服的动作了。

产褥期体操

产后第二天开始，新晋奶妈就可以，而且应该开始做产褥期体操了。这种简单

1 呼吸 10 次。

的练习可以促进新陈代谢和血液循环，预防血栓的形成（这一点对于剖宫产的产妇来说尤其重要）。但是在分娩伤口没有恢复之前，锻炼身体是不能被提上日程的。

所有事都要按部就班，不能急于一时

您什么时候会感觉到身体状况不错，可以开始做体操了，取决于您分娩时受伤的程度。例如，如果您会阴侧切或者撕裂非常严重，那么您就需要多给您和您的身体几天休养的时间。如果您顺利分娩，感觉身体状况还不错，那么您就可以在产后第二天开始做下列练习了。

1 平躺在垫子上，保持脊椎挺直。双腿伸直，略打开，脚尖放松向两侧打开。双手放在腹部，左手放在左胸部下方。闭上双眼，有意识地呼吸：鼻子吸气，嘴巴吐气。在吸气的时候注意感受肺部和膈肌的扩张，胸部以及腹部鼓起。

2 现在慢慢坐起来，小心地用身体的一侧支撑地面，双腿伸直并拢。

上身向后倾斜，双手支撑地面，骨盆

交替向左和向右旋转。收紧腹部，这个动作会收缩骨盆底。这个练习的目的是让您的骨盆重新恢复知觉。

3 现在背朝下平躺，双腿伸直，双臂放在身体两侧。双脚交叉。

这组练习的重点是让肌肉绷紧并且保持这种状态：身体放松，用鼻子吸气，嘴巴吐气，重复呼吸几次。在下次呼气的时候，下半身从下向上依次收紧肌肉：首先是双脚，其次是小腿、大腿，最后是臀部。保持这种收紧的状态十秒钟，在此期间自由呼吸。

4 继续保持平躺的姿势。屈右腿，用右脚支撑地面。左腿伸直向上举起，直到与右侧大腿平行。左脚绷紧 5 ~ 10 秒钟。

放松左腿，左脚的脚趾向前伸。换方向，练习右腿和右脚。

变形：开始的姿势同上，举起的那一只脚脚尖伸直。以脚腕为中心转动脚掌。之后放松举起的这一只腿，换腿重复练习一次。每一只脚练习 20 次。

多才多艺的骨盆底

一方面，骨盆底的肌群需要非常稳固（在怀孕的时候，整个胎儿的重量都要靠它来支撑），另一方面也要柔软、有弹性。因为盆底肌被尿道、阴道和肛门的出口截断了，所以它是不连续的。清空膀胱和肠道的时候，骨盆底的肌群必须非常松弛。盆底肌在产程中表现出良好的伸展性：它

2 向左转和向右转分别做 10 次。

3 重复 10 ~ 15 次。

4 每一只脚重复做 10 次。

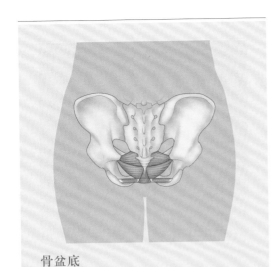

骨盆底

多年以来，骨盆底都没有受到人们的关注。这太不公平了，因为它在女性的身体内有非常重要的作用。骨盆底由多层肌肉和筋膜构成，封闭骨盆出口。骨盆底肌群实际上构成了盆腔的底部。它的存在让盆腔脏器不会从骨盆骨骼之间"掉出来"。它像一个吊床一样，承担着膀胱、肠道以及子宫等内脏器官的重量。

非常柔软且有弹性，甚至可以让一个孩子从这里通过。

分娩之后的骨盆底

由于孩子的重量以及激素的变化，分娩之后的骨盆底扩张得就像一条没有了弹力的橡皮筋一样。如果它一直保持这个状态，那么产妇的内脏器官就会慢慢下沉。这会导致一个严重的后果：尿失禁，而且会出现在咳嗽、打喷嚏或者任何一种身体

用力的时候。但是，这些情况不是一定会出现的。因为大自然自有安排：肌肉如果能够得到及时有规律的锻炼，还是可以恢复它的弹性的。因此，您应该尽早开始做产妇体操，并在几周以后继续进行恢复训练。

避免不必要的负重

产后您需要注意，一定要避免不必要的负重。抱孩子的时候尽可能高地贴近身体。这一点也适用于搬举其他重物。您在站立的时候，尽量双腿打开与髋部同宽，膝盖略微弯曲，背部挺直。当您想要把躺在小床上的宝宝抱起来的时候，也要采用这个姿势站立，因为这个姿势会对骨盆底肌群产生积极的影响。另外，略微弯曲的膝盖以及稍微分开的双腿可以让您站得更稳。

产褥期扩展体操

为了有目的性地对您的骨盆底肌肉系统进行训练，从产后 10 ~ 14 天开始，您应该在每天的锻炼计划中加入下列两个练习。

1 通过"四肢式"的练习，可以放松骨盆底肌肉。

双膝跪地，双手打开与肩同宽，撑住地面。

头部放松，自然下垂。

深吸一口气，感觉到气流一直到达骨盆底。

呼气的时候绷紧下身肌肉（尿道、肛门、阴道），像猫咪一样拱起背部。所有空气都呼出的时候，放松下身肌肉。骨盆底放松，再次吸气。

请您继续以同样的节奏进行这个练习：进行深而放松的吸气，收紧骨盆底，然后慢慢呼气。

2 "电梯练习"需要您脊背挺直平躺在地面上。弯曲双腿，让脚后跟尽量贴近臀部。做 2 ~ 3 次深呼吸。在最后一次呼气的时候收紧骨盆底肌肉，骨盆倾向躯干方向。

请您想象着耻骨折向肚脐，肚脐向后靠近背部的姿势。重要的是：不要让脊背离开地面！

保持这个姿势 10 秒钟，同时均匀地呼吸。

恢复练习

从分娩后的第六周开始，新妈妈们就要开始做产后恢复练习了。和产褥期体操不同的是，产后恢复练习不仅需要锻炼骨盆底肌肉系统，还需要锻炼肌肉的力量，改善您的身体状况和协调能力。

家里的小练习

请您抽出时间做这个重要的练习，最好是每周 2 次，每次 20 ~ 30 分钟，坚持几周。您练习的次数越多，强度越大，您

1 从初始姿势开始……

1 肌肉收紧放松重复 6 次。

2 保持姿势 10 秒钟，重复 6 次。

1 原地踏步走！

2 重复10次。

的骨盆底就会越强健，您身体的自我感觉就会越好，整个身体的健康状况也会越好。

热身

为了防止在练习中出现肌肉拉伤，请您在练习之前先做热身运动。请您播放一首轻快的音乐，开始热身。

1 请您在原地踏步，甩开双臂，尽量抬高膝盖。您可以把大腿抬到与地面平行的高度吗？请您试着保持速度，持续1～2首歌的长度。您应该出汗了吧！

2 如果您在原地踏步的练习后还没有出汗，可以用躺在地上原地骑单车的练习继续热身。这个练习包括10次向前骑，10次向后骑。

短暂地放松

在原地骑单车后，您应该先放松一会儿。您可以把双脚放回到地面，让它们放松。请您伸展手臂和双腿，以仰卧的姿势拉伸全身。之后收紧臀部，然后放松，重复几次。这样可以放松臀部肌肉。现在您已经为接下来的4个练习做好了准备工作，这四个练习可以锻炼骨盆底肌群。

现在开始

3 请您背部着地平躺，弯曲双腿。双臂放在身体两侧。保持均匀的呼吸。现在您可以一步一步让身体收紧：呼气的时候让您的骨盆向前倾斜（阴部／耻骨向着肚脐的方向），收紧腹部以及阴部。在这个过程中不要忘了继续保持呼吸。

现在脚后跟用力，让您的上身从肩膀开始慢慢从地面上抬起来。请您继续保持均匀的呼吸。

继续收紧骨盆底，让您左手的手指沿着左腿的方向在地面上爬行，一直到左脚，然后慢慢返回。先将上身放回地面，放松

3　每一侧重复 5～10 次。

4　重复 20 次。

骨盆底，将骨盆也放回地面，双腿伸平。接下来换右手做这个练习：手指沿着右腿的方向在地面上爬行，一直到右脚。

4　背部着地，平躺在地面上，双腿尽可能地靠近臀部。接下来让您的膝盖分别向两侧打开，像蝴蝶打开翅膀一样。用这个姿势收紧私处肌肉。要达到最好的效果，您可以想象着用您的私处夹起东西来。

放松肌肉，然后再次收紧。这样重复练习 20 次，之后伸直双腿，放松全身肌肉。

5　背部着地平躺在地面上，弯曲双腿。将双臂放在身体两侧。保持均匀的呼吸。

现在您可以一步一步让身体收紧：呼气的时候让您的骨盆向前倾斜（阴部 / 耻骨向着肚脐的方向），收紧腹部以及阴部。在这个过程中不要忘了继续保持呼吸。

用脚跟支撑住地面，将臀部和上身从地面上抬起。重要的是：收紧的不是臀部，而是阴部和骨盆底部肌肉。双臂放在身体两侧，身体的重量集中在脚踝和肩膀。请您确认您的右侧身体稳固地支撑在地面上，

5　每一侧重复做 6 次。

6　重复 2 次。

然后抬起左腿，让左侧的大腿和右侧的大腿平行。保持这个姿势几秒钟，保持均匀的呼吸。

现在先把上身放到地面上，然后是骨盆和双腿。抖一抖双腿，放松一下，然后换方向练习另外一条腿。

6 跪坐在地面上，臀部坐在小腿上。让腹部尽可能贴近大腿，然后双臂向前伸直。手指也要伸直。用这个姿势伸展一下。

现在屈曲肘关节，把您的双臂放在小腿两侧，手指和双臂指向前方。保持头部与躯干成直线。然后像猫咪走路那样，双臂交替向前爬行。

用双手支撑地面，从跪姿到四肢着地。再重复一遍这个练习。

产后避孕

产后大约 6 周的时候，您应该去看妇科医生，让他为您做检查。即使您觉得身体挺好的，没有问题，也不要放弃这个预约。这次需要检查血液、尿液、血压和体重。接下来体格检查，查看您的子宫是否完全回缩。一般来说，这个时间点也是您的妇科医生和您一起讨论未来合适的避孕方法的时候。

有哪些避孕方法？

有很多不同类型的避孕方法：

> 激素类的方法：它可以抑制排卵，阻止

珀尔指数

美国医生雷蒙·珀尔在 20 世纪 30 年代发明了一种用来比较不同避孕措施的统计学标准：珀尔指数。珀尔指数是 100 名女性一年中出现意外怀孕的概率。听起来有些混乱，其实就是 100 名女性在一年中使用同一种避孕措施或者 50 名女性在两年内使用同一种避孕措施（以此类推）发生意外怀孕的人数。珀尔指数代表的是避孕措施的安全性。例如：珀尔指数为 1 代表一年中 100 名使用这种避孕措施的女性中有 1 人意外怀孕。珀尔指数越低，代表这种避孕方式的安全性越高。

子宫内膜的增厚，或者改变宫颈黏液的形状，进而导致不孕。

> 机械类的方法：一些障碍物（避孕套或者避孕环）可以阻止精子进入卵子。

> 化学类的方法：它的有效成分可以杀死精子或者限制精子的活动性，导致不孕。

产后最有效的避孕措施是激素类的方法。它的珀尔指数（见方框）位于 0.1 到 3 之间。机械类避孕方法的珀尔指数分别是 1（铜丝节育环）、2 ~ 12（避孕套）以及 1 ~ 20（避孕环）。化学类避孕方法不适合被当作唯一的避孕措施（珀尔指数 3 ~ 21），如果结合机械类避孕方法一起使用，它就更加可靠一些了（例如可以杀死精子的凝胶加上避孕环），但是有些成分会进入母乳，因此不推荐哺乳期的妈妈使用这类方法。

接下来的 2 页对不同的避孕方式进行了一个简单的总结，包括它们的作用机制以及优缺点。

各种避孕方式一览表 [1]

产品	作用机制	优缺点	适用人群
避孕药丸（复方药剂）	抑制排卵以及子宫内膜的形成。	这种避孕方法允许自然的性生活。激素有可能导致副作用，例如头疼或者体重增加。	所有健康的女性。不适合哺乳期女性（激素有可能会通过母乳影响到婴儿）、吸烟的女性、超重的女性，有形成血栓的危险。
迷你避孕药（单方药剂）	孕激素阻止排卵，改变子宫内膜以及宫颈黏液栓。	有可能进行自然的性生活。缺点：有些药剂有非常精确的服用时间要求，最新的药剂已经没有这样的要求了。连续用药有可能会出现不规律的出血。	适合哺乳期女性以及想要用激素类避孕方法的女性（已经证明激素对宝宝没有影响），以及所有无法接受雌激素药剂的女性。
含孕激素的节育环	它可以释放激素，以这种方式让宫颈黏液栓变厚，减少子宫内膜的增厚[2]。	这种节育环的有效期是5年。月经明显减少。两次月经之间可能出血。需要定期进行超声检查。	所有已经分娩过的健康女性。
三个月注射	有效期是3个月。开始时抑制排卵，之后形成宫颈黏液栓，阻止精子进入。	可以进行自然的性生活，但是注射激素有可能会有副作用。不能提前中断。如果长时间使用，在停用以后，重新开始排卵最长可能要等一年的时间。	理论上适合哺乳期女性，因为只是注射了孕激素。但是，实践中却是不常用的，因为还有其他负担更小的避孕方法。适合不想再要孩子的女性。
避孕棒（由医生植入上臂皮肤内）	它释放的激素可以阻止排卵，改变子宫内膜。	有效期为3年，可以随时取出。缺点：造成月经不规律，还有可能出现痤疮和头疼。	适合哺乳期女性，因为经查明不会对婴儿造成影响。不适合有其他避孕药丸问题的女性。
阴道避孕环（直径为5.4cm的可拆卸的细环）	像是塞入止血栓一样，在体内保留3周。含有激素。取出后有1周的经期。	不需要定期使用，可能出现激素含量较少的情况。阴道有可能会有压迫感，还有可能在不注意的时候被排出体外。	适合能够接受激素类药剂的女性。不适合哺乳期女性和吸烟的女性。

---

①此表适用于德国，与国内情况略有不符，仅供参考，若有疑问，请咨询医生。
②受精卵需要增厚的子宫内膜将自己包裹进去，完成受孕的重要步骤：着床。如果子宫内膜未增厚将会影响着床，从而中断受孕。

产品	作用机制	优缺点	适用人群
避孕贴（1周1次，贴在腹部、臀部或者上身，使用3周之后停用1周）	向皮肤释放激素。阻止排卵，改变宫颈黏液。	不需要每天都使用。如果避孕贴掉下来了，必须在几个小时之内重新贴上。危险：头疼、体温升高。	适合能够接受避孕药丸的女性。不适合哺乳期女性和超重的女性，因为可信度不高。
避孕套	精子被"接住"。	预防传染病的唯一有效方法，没有化学或者激素的负担，经济实惠。材料有可能断裂，引起过敏，带上避孕套有可能会影响性交。	适合想要其他避孕措施以外的辅助手段的女性。
避孕膜（直径为6~10cm的乳胶薄膜，大小型号要由妇科医生或者在妇女健康中心测量后决定）	避孕膜抹上可以杀死精子或者阻止精子的凝胶，然后把它推入到宫颈前。可以阻止精子进入。	几乎没有化学和激素的负担。在性生活前2小时使用（性交不中断的情况下）。只针对一次射精有效。	适合哺乳期女性，因为没有激素。适合拒绝激素类避孕措施的女性。不适合子宫下垂的女性。
宫颈帽（必须由妇科医生放置，它会紧紧贴合在宫颈，比避孕膜贴合牢固）	它可以关闭宫颈口，阻止精子进入。	化学负担小，没有激素负担。可以在性生活前2个小时使用。找到合适的大小并不简单，操作的时候需要熟练和技巧。	适合哺乳期女性，因为没有激素。适合所有拒绝激素类避孕措施的女性。
避孕囊（鸡蛋大小的硅胶帽，推至宫颈前）	精子进入子宫的道路被堵死。	不需要额外注意尺寸大小。可以在性生活前数小时使用，在性生活后48小时内取出即可。缺点：性生活中有可能会觉得它碍事。	适合哺乳期女性，以及所有拒绝激素类避孕措施的女性。适合那些周末才在一起的伴侣们。
铜丝节育环（由妇科医生放置在子宫内）	有可能是靠异物的存在来达到阻止受精卵着床的目的。	节育环可以在子宫内保留2~5年。没有激素负担。需要监控，经常出现痛经以及经期变长。发炎以及输卵管妊娠的发生概率增加。	适合哺乳期女性，因为没有激素。除此之外还适合那些拒绝激素类避孕措施的女性，也许之后还想要孩子或者停止计划生育的女性。
生理周期计算器	其中一些是计算尿液中的激素含量，另外一些是借助体温数据计算易孕期。	女性了解自己的生理周期，知道在哪一天有必要采取避孕措施。缺点：费用高。	适合那些想要知道自己在哪一天有必要采取避孕措施的女性。不适合哺乳期女性。

耻骨和肚脐之间棕色的妊娠线在生完孩子以后还会有吗?

它只会存在几周。它是您怀孕期间激素变化的一个标志。头发颜色比较深,眼睛是棕色的女性身上的这种色素的沉积是最明显的。最晚在您身体各项激素达到平均值,孩子断奶,您的第一次月经期到来时,这条妊娠线就会变浅。一般来说,分娩 6 个月后它就会消失了。

我的腹部有很多妊娠纹。它们会消失吗?

很可惜,不会的。妊娠纹出现是因为您的肚子不断变大,某些部位的结缔组织必须继续扩张直至断裂,在这些部位就出现了妊娠纹。开始的时候是深玫瑰色的,之后会变成淡紫色,然后颜色会消退。可以安慰您的是:在分娩之后这些妊娠纹会变成棕色,不会那么明显,一眼就看得见。

会阴撕裂和会阴侧切,哪一个恢复得更好一些?

在这个问题上,助产士的意见是统一的[①]:撕裂大多数情况下比侧切恢复得快,出现并发症的情况也更少。另外,还有一些科学检查证明了,会阴撕裂的女性产褥期的痛苦比侧切的女性少一些。虽然撕裂的大小不同,有时候会需要费很大力气去缝合,但是之后的恢复阶段,问题会比侧切少一些。但是,在某些个案中有时也会更加倾向于侧切,例如,如果宝宝的头部非常大,使用产钳或者胎头吸引器,或者出于医学原因必须让分娩过程顺利结束的时候。除此之外,产妇主动用力分娩阶段的长短起了重要的作用:这个阶段时间越长,会阴撕裂的危险程度越高。

如果恶露一周之后就停止了,该怎么办?

出现这种情况有多种原因,肠道胀满(产妇长时间没有排便)会妨碍子宫恢复到自己原来的位置。还有可能是因为子宫折叠。重要的是要搞清楚确切的原因是什么,因为恶露无论如何都不能停止得太早了。请您一定咨询您的产后护理人员。

分娩之后我的体重会减轻多少公斤?

我们可以这样说:一个婴儿的平均体重大约是 3300 克,胎盘大约是 600 克,羊水大约 500 克,子宫的增重在 1000 克左右。这些重量加起来大约是 5.5 公斤。分娩之后,

---

①适用于德国。国内由于多种复杂因素,以会阴侧切为主。选择哪种分娩方式,建议您咨询产科医生,考虑自身情况,自行权衡选择。

您的体重会减轻这些。剩下的那些是组织液、增加的血液量、乳房增加的重量以及身体增加的脂肪和蛋白质含量。这一部分加起来大约有 6.5 公斤。

生完孩子以后容易出现健忘，是真的吗？

不能一概而论。事实是：许多产妇在分娩后的前几周都会抱怨自己无法集中注意力。这也不奇怪，因为她们确实有很多事要做。所以出现忘了某个电话号码或者购物清单的情况也很正常。大多数情况下，这都是一个短暂的状态。健忘有可能是贫血或者甲状腺功能减退的表现。为了找出原因，您可以在下次体检的时候让医生帮您抽血检验。

我想要减掉怀孕期间增加的体重。哪些食物比较适合减肥？

完全没有！请您不要现在开始节食计划，刚生完孩子还不是正确的时候。如果您要给孩子喂奶，现在甚至还需要补充额外的热量。节食意味着您要放弃某些食物，

大多数时候这不会给您带来好心情。现在您正要适应孩子出生后的新情况，就不要再用节食来给自己增加额外的负担了。目前您要关注的是您的孩子以及和谐的家庭生活。当一切都协调得差不多了，给孩子喂奶的事也顺利进行，您晚上有足够的时间睡觉了，如果您还有其他空闲的时间，再开始节食或者有规律的运动减肥吧。

当我看自己的身材的时候，总是怀疑，我还能不能恢复到怀孕以前的身材了。我重拾往日苗条身姿的可能性有多大？

您要这样想："来用了十个月，去也需要十个月。"这句话说的是您的肚子。只要您注意保证平衡健康的饮食，几个月以后您就可以恢复到原来的身材了。至少在哺乳期以及哺乳期结束后的最初几个月中，您会变得比以前更加有女性的魅力。当前最重要的是让您的激素水平恢复正常。在给孩子断奶以后，您还有的是时间来恢复身材。多样性的健康的饮食，以及多吃新鲜蔬果对您的身体非常好。

从乳儿到幼儿

宝宝在出生后的第一年中成长得非常快，在他的一生中没有其他时候可以像这段时间一样迅速成长。您作为宝宝的父母可以陪伴他度过这段时光，您将惊奇地发现，您的宝宝是如何从一个手无缚鸡之力的乳儿变成一个活泼可爱的幼儿。

 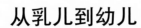

第 1 个月

欢迎你来到我们的地球，你这个小不点儿！尽管他看起来那么柔软，那么需要保护，但您的宝宝已经有了许多能力，可以保证他能够生存下来。然而他最爱的姿势还是会让他想起在妈妈肚子里时的美好时光。

您的宝宝是这样成长的

即使是经过 40 周的孕期足月分娩的孩子在一定程度上也可以说是"早产儿"，因为新生儿基本都还"不成熟"，百分之百依赖于妈妈的照顾。和其他哺乳动物相比，人类的新生儿在学习进步方面还差得远呢！例如，一只小牛犊在出生后几分钟之内就能学会自己站起来走路，而人类则需要一年甚至更长的时间才能完成这一步。然而，刚出生的婴儿也已经具备了很多惊人的能力，这些能力为他们未来的生活提供了保障：剪断脐带以后，宝宝就可以自己呼吸，保持稳定的体温，进食以及把无法消化的废物排出体外。

吮吸和吞咽也是宝宝出生后马上就拥有的本领。如果这两种本领需要学习才能掌握，他们早就饿死了。

从原始反射到有意识的行为

婴儿的原始反射是与生俱来的，它们会逐渐被有意识的行为取代。也就是说：神经系统发展得越成熟，大脑起作用的时候越多，婴儿早期的原始反射就会退化得越多。负责掌控人类行为的是神经系统，尤其是大脑。大脑和脊髓一起构成了中枢神经系统。它的基础是神经元。每一个神经元最多可以和其他 10000 个神经元有联系，它们之间的联系多到我们无法想象。

重要的原始反射

> **觅食反射：** 只要您抚摸宝宝的一侧脸颊，他就会把头转向这一侧，然后开始吮吸。

> **吮吸反射：** 触碰宝宝的嘴角，他就会张开嘴，开始吮吸。觅食反射和吮吸反射在宝宝 3 个月大之前都是存在的。

> **抓握反射：** 当您把一根手指放到宝宝的手掌中，他会马上抓住它。而且在这个过程中他经常会弯曲自己的胳膊，好像是在做引体向上一样。有时候他的手抓握得非常牢固，甚至有那么几秒钟可以承受住自己身体的重量。原因是：在远古时代，宝宝必须抓住妈妈的外衣挂在妈妈的身上。这种能力也被称为达尔文反射。它最晚在宝宝 5 个月的时候就会消失。

> **围抱反射（摩罗反射）：** 当宝宝有了要坠落的感觉的时候，他首先会张开自己的双臂，然后马上向胸前合拢，好像是想要自己抱住自己似的。海德堡的儿童医生摩罗博士在 1918 年发现了这种原始反射，它最晚会在宝宝 6 个月大的时候消失。

> **游泳反射：** 宝宝趴在地上，双腿弯曲，这个时候如果您触碰他的双脚，他就会借力蹬腿，好像是想要向前游动一样。这种原始反射最晚会在宝宝 3 个月大的时候消失。

> **行走反射：** 当宝宝直立，双脚接触到地面的时候，他会抬起脚，弯曲膝盖，向前迈出一步。这种原始反射在宝宝大约 3 个月大以内是存在的。

有目的地促进一些联系

在宝宝出生的时候所有神经细胞就已经存在了，同时存在的还有神经元之间的联结（或者神经通路）。但是，新生儿大脑的重量只有 350 克左右，这个重量是成年人大脑的四分之一左右。6 个月以后，宝宝大脑的重量已经达到成年人大脑重量的 50% 左右，在 2.5 年之后，这个数据是 75%，5 年之后已经是 90% 了。这说明了，通过促进宝宝各种感官的发展来建立更多的新的神经联系是多么重要的事情。因为，感觉器官受到的刺激越多，神经系统就会产生越多的联系，您的宝宝也可以越早地

开始进行有意识的行为：例如用手抓东西，从俯卧的姿势变成仰卧的姿势或者抓起勺子送到嘴巴里。

宝宝的感觉器官

在宝宝出生后的最初几天中，他必须用所有的感觉器官来适应新的生活环境。他在昏暗的充满羊水的子宫里生活了很多周，一直等待着出生的这一天……

听觉

宝宝出生之前，还在妈妈肚子里的时候就听到很多声音了，例如血液流动的声

音，妈妈心脏跳动的声音，妈妈肠胃里的声音，还有来自外界的声音。在他出生后最初的几天中，他的耳朵有可能被羊水或者胎脂堵住了。但是用不了多久他就可以听到非常宽的波频：他可以听到身边大人低低的嘟囔声，可以听到鸟儿的啼叫声，走过地毯的脚步声，还有钟表发出的嘀嗒声。对于他来说尤其熟悉的是妈妈的声音，在出生后的 12 小时内，他就可以把妈妈的声音和其他声音区分开。总体来说，宝宝

这些挂件挂在宝宝身体上方大约25厘米的地方，他就可以看清楚它们的形状了。

们喜欢温柔的高音，那些低沉的粗大的（男人的）声音会让他们吓一跳。

视觉

在所有感官中，视觉发展得最晚。在黑暗的母体中它几乎没有受到任何的光照刺激。在出生之后，宝宝必须首先适应周围环境变亮这件事。现在，宝宝的视力相对来说还比较差，他只能看见距他 25 厘米远处的东西。这个距离恰恰是他在吃奶的时候和妈妈的脸之间的距离。所有与他相距 25 厘米以上的东西，在宝宝的眼睛里都是模糊的。在宝宝 4 周大的时候，他的视力和一个成年人的夜间视力差不多。宝宝看得最清楚的是对比鲜明的较大的物体，例如白色背景上的黑色轮廓。因此，他更喜欢观察那些线条以及轮廓清晰的物体，而不是那些彩色的混乱的图画。就颜色而言，宝宝可以区分红色和黄色，但是还无法区分蓝色和绿色。还有那些淡而柔和的色彩，宝宝很有可能也无法清晰地区分。

有趣的是：在宝宝出生后的最初 4 ~ 6 周，大多数宝宝哭的时候是不会流眼泪的。导致这种现象的原因是：负责流眼泪的神经通路还没有完全开始起作用。

嗅觉和味觉

科学家经过研究得出结论：新生儿一出生就拥有非常灵敏的嗅觉。宝宝出生后

小贴士：妈妈的味道

作为妈妈，在宝宝出生后的最初几天以及几周中，您最好不要使用香水，这样就不会刺激到宝宝的嗅觉器官。按照造物主的安排，您的宝宝是通过您身上的气味来记住您的。您的气味让宝宝感到舒适，会给宝宝的鼻子带来更多的快乐，这是任何一种香水都没有办法做到的。

第一次被放到妈妈的肚子上的时候，就记住了属于妈妈的特殊气味。几天之后，宝宝也记住了妈妈乳汁的味道，可以将它和其他陌生的乳汁区分开。因此，宝宝在黑暗中也可以找到通往妈妈乳头的道路，只要追随着妈妈乳头发出的气味信号就可以了。出生两天的宝宝已经会对一些比较强烈的气味做出反应了，他们会使劲挥舞自己的小胳膊小腿，呼吸和脉搏也会变快。嗅觉和味觉是紧密相关的。宝宝一出生就可以区分开四种基本的味道：甜、酸、苦和咸。另外，婴儿不仅拥有比成年人更多的味蕾，而且分布的范围更广。味蕾主要分布在舌头上。

触觉

宝宝每一平方厘米的皮肤上有大约六百万个细胞和神经纤维。这也就解释了，为什么皮肤是一个非常敏感的器官，可以准确地感知所有触碰。宝宝出生之后马上就通过触碰和外界进行交流：他被抓住，被抚摸，被紧紧地抱住。这些皮肤接触是必需的，因为它们可以给宝宝传达一种安全感。在给宝宝按摩的时候发生的充满爱意的触碰会让宝宝感觉非常好，因为他感受到了被爱。这是发展原始信任的一个重要的基础。在出生后的最初几周中，婴儿依赖于父母的爱和照顾。他有越多感官上、身体上以及精神上的好的经历，对他的成长就越有利。

一次次进步

在宝宝满月的时候，他控制自己头部姿势的能力变强了。如果他是仰卧在床上，他会试图把自己的小脑袋从床上抬起来。如果是趴在床上，他现在可以抬起头来几秒钟了。如果他是坐着的（这个年龄的宝宝尽量不要让他坐着！），他现在已经可以让自己的小脑袋保持直立一会儿了。如果您拿着一个物体放在宝宝的视野内，现在他能够盯着这个物体看了，如果您拿着这个物体来回晃动，他的目光还会追随着这个物体的运动。他对光和声音有了明显的反应：他会皱眉头，眨眼，挥舞自己的小胳膊小腿，如果他觉得烦了，还会扯着嗓子大声哭喊。

带着孩子重返职场

克劳迪娅（37岁），特莱莎（3岁）
和路易莎（10周）的妈妈

在我的第一个女儿特莱莎出生之前，我是一名全职的儿科医生。我当时计划在她出生之后休息一年。但是四个月之后，我的老板问我是否愿意偶尔出来工作一下，我就陷入了矛盾之中：一方面，我不确定每天把这么小的孩子交给别人几个小时能不能行；另一方面，我也很想做一些除了当妈妈之外的事。刚开始带孩子的几个月对于我来说太有挑战性了。特莱莎经常大声哭喊，白天睡觉几乎每次都不超过半个小时。给她喂奶也不像我想象的那样顺利。很快我就意识到，仅仅是待在家里当妈妈这件事是不能满足我的。因此我接受了老板的提议，首先每2周工作几个小时。我很幸运地找到了一个帮我带孩子的保姆。很可惜，刚开始的时候并不顺利：虽然特莱莎并不是一个对母乳十分执着的孩子，但是她对奶瓶也兴趣不大。最初每天由保姆照顾她3～4个小时，在这段时间里她完全拒绝从奶瓶里获取食物。我们当时想，是不是喝粥会好一些，因此很早就开始给她喂辅食。她慢慢适应了吃粥，从那时候

开始一切就开始正常运行了。所有人都松了一口气。当特莱莎18个月大的时候，我开始每周工作20个小时。搬家后，我们给特莱莎换了一个保姆，她在保姆那里有了很大的成长，尤其是在社交方面。这让我很安心，因为有规律的工作也让我感到非常快乐。当然也有着急的时候，我坐在车里，一边骂，一边踩着油门，因为去接特莱莎又要迟到了。我请了一个小时工来帮我做家务。我自己根本无法想象，仅仅因为做家务就放弃工作。

在此期间我又当妈妈了，10周之前我生下了我们的第二个女儿路易莎。现在除了晚上有点累以外，我们已经互相适应得很好了。4～6个月之后我计划再次重返职场，每周工作15～20小时。

您可以这样用游戏的方式促进宝宝的成长发育

根据经验，大多数宝宝在出生后的最初几周中会睡很多觉。刚开始他需要通过睡觉来缓解出生给他带来的疲惫，而接下来的几天中他需要时间来"着陆"。当您的宝宝吃得饱饱的，满足地躺在您的面前，他睁着大大的眼睛好奇地看着周围的世界，这时您会感叹他清醒的这段时光是多么美好。您可以利用和他在一起的时光，找出让你们都感到舒服的交流方式。

触摸让他感到快乐

许多宝宝都喜欢在放松的状态下，享受被温暖的手充满爱意地按摩的感觉。不一定要做足全套工作。当您轻轻抚摸宝宝的手心、脚心或者他的肚子和背部的时候，就会对他产生积极的影响了。或者您可以时不时地数一数他的脚指头：当宝宝脱了衣服，躺在换尿布的台子上的时候，您可以逐个抚摸他的小脚指头。

您一边唱着古老的童谣，一边数他的手指头，也能给他带来快乐：

他掉进水里了，他把他救上来了，
他哄他上床睡觉，
他给他盖上被子，这儿的这个小家伙，
他又把他叫醒了。

视野中的运动物体

如果您想刺激宝宝的视觉，可以在这个时期使用一些几何图形（圆形、三角形、矩形），这些图形最好是黑色或者红色，放在白色的背景上。宝宝一般会关注那些可以运动的物体：挂在他的小床上或者放在尿布台上的会动的物体会首先被他发现，然后他就一直盯着它们看。您可以时不时地更换一下这些小玩具，这样就可以用游戏的方式促进孩子视力的发展。请您在孩子面前慢慢地安静地晃动这些小玩具，否则会吓到他。运动物体和宝宝的眼睛之间的距离最好是在 25 厘米左右。

"睡吧，小宝贝，睡吧"

还有什么是比躺在妈妈（爸爸）的怀抱中被她（他）摇晃着入睡更美好的事呢？如果您在哄他入睡的同时可以给他唱歌或者哼唱一个悠扬的旋律，宝宝会从中获益更多。没有必要每天唱一首新的歌曲。恰恰相反：如果您给宝宝重复唱同一首歌，过不了多久他就可以习惯这个旋律了。这个情景就会慢慢成为一种仪式，用不了多久宝宝就会知道接下来的旋律是什么样的。

"听，是谁在发出声音！"

您可以通过制造各种不同的声音来刺激宝宝听力的发展。您可以在宝宝的耳边或者他的身后轻轻晃动拨浪鼓，这样可以促使他转过头来寻找声音的来源。同样适用的还有纸袋子发出的窸窸窣窣的声音或者小铃铛的响声。但是有一种声音是宝宝最喜欢听到的：妈妈的声音，而且是各种版本的妈妈的声音。您可以用各种不同的

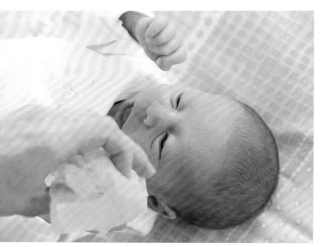

听！薄纸或者拨浪鼓非常适合被用来刺激宝宝的听觉器官。

音调跟宝宝说话，给他读一个小故事或者唱一首美妙的歌曲。宝宝很喜欢挂在尿布台上会动又会响的小玩具。另外，因为他经常能够在这个地方得到爸爸妈妈的爱抚，听到他们跟他说话，所以宝宝很快就能熟悉这个地方。很快宝宝就能意识到，在这个地方他可以获得爸爸妈妈所有的关注。而能够活动的小玩具发出的声音也属于这个美好的地方，于是这种声音也会受欢迎。如果您打开一个八音盒，并且把它放在宝宝的小床上，大多数的宝宝都会对它非常感兴趣，并且认真地倾听八音盒发出的声音。打开八音盒就可以成为哄宝宝入睡这个仪式中的一部分以及一天中的一个重要的时间点。（有关仪式如何帮助您的宝宝顺利过完一天，您可以查看第114页。）

小贴士：延续性

研究证明，宝宝对他周围的面孔观察得非常仔细。他们不仅可以记住妈妈的气味，还可以记住许多特征，例如脑袋的形状，发型或者面部轮廓。如果您在宝宝出生后不久换了一个新发型，那么宝宝就有可能在第一眼看到您的时候认不出您了。

问题与回答

我在触摸我的宝宝之前，必须给自己的双手消毒吗？

不是必需的。尽管在医院里助产士或者照顾婴儿的护士推荐您给双手消毒，但这种做法主要适用于您住院期间。毕竟医院里有很多病毒、细菌和病原菌分布在门把手上、文件上、床上或者空气中。除此之外，在拥挤狭小的空间里还有很多陌生的人进进出出。您回到家以后，这种消毒就没有必要了。当然，您在触摸宝宝之前要保持双手的清洁。用肥皂洗手就可以了，尤其是每次上完厕所或者摸完宠物之后。

我听说，宝宝出生后的最初2周不能外出。是真的吗？

只要外面的气温不低于零下20℃，就不影响您带着刚出生几天的宝宝外出。新鲜的空气和阳光对于宝宝来说是一种慰藉，而且大多数的父母也很希望能够外出。关键是，您要根据外面的气温来给宝宝穿上相应的衣服。"夏天宝宝"必须要忍受30℃的高温，因此带他们外出的时候要在童车上撑起遮阳伞。气温高的时候，宝宝的尿布外面穿一件紧身连衣裤就可以了，可以不戴帽子。如果外出的时候宝宝在童车里睡着了，您可以给他盖一条薄薄的被子。一定要记着装上蚊帐。在很多卫生用品商店或者婴儿用品专卖店都可以买到蚊帐。如果幸运的话，您还可以在那里买到里面有紫外线过滤器的纯棉的毛巾，这个东西在炎热又曝晒的天气外出时非常有用。

如果您的宝宝是在冬天出生的，在气温零下的时候，您要想带他外出散步，那么一定要在童车里带上羊皮制成的或者用鸭绒填充的暖脚套。如果您能在外出之前用加热过的樱桃核抱枕给宝宝取暖，他会感到非常温暖舒适。除此之外，您还应该给宝宝在连脚裤外面穿一件厚厚的夹克，给他戴上冬天用的手套、帽子和围巾。如果外面在刮风，那么您需要把童车的车篷拉起来挡风。如果有必要，您还可以给宝宝的脸上抹上一些润肤霜（卫生用品商店和药店有售），这样可以防止寒冷的天气伤害宝宝稚嫩的皮肤。

给宝宝做臀部超声到底是做什么用的呢？

儿科医生或者矫形外科医生给宝宝做臀部超声检查的目的是检查宝宝髋关节的发育情况。在做检查的时候所使用到的声波对健康没有害处。优点是：借助这个检查可以在髋关节发育不良的早期就发现这种疾病。婴儿的髋臼构造异常会导致宝宝球形的股骨头无法在髋臼中找到一个支撑点，这种疾病被称为髋关节发育不良。总体来说，女宝宝的患病率比男宝宝高7[①]倍，左侧患病率比右侧高。如果有家族史，也就是说父母也患有这种疾病，或者出生时胎位不正，例如臀位，也会增加婴儿的患病率。

---

① 此为德国数据，根据人民卫生出版社第八版《外科学》，我国男女患病比例约为1：6。

第 2 个月

现在，您的宝宝每天都在练习控制自己的身体。当他俯卧的时候，他已经可以把他的小脑袋抬起 45 度角了，有些宝宝甚至可以维持这个动作 10 秒钟了！

您的宝宝是这样成长的

如果宝宝坐着的时候背部可以直起来一些的话，说明他的背部肌肉变得强壮了。宝宝在坐姿的时候也可以支撑住自己的头部几秒钟了，然后还是会没有力气地垂下去。注意，在这个时候还是避免让宝宝坐着！

如果宝宝是仰卧的姿势，尤其是在睡觉的时候，很多时候他会把脸转向一边。等他醒了，他的小腿就会有力地蹬来蹬去，小胳膊也会不停地挥舞。慢慢地，他会松开小拳头，摊开手掌，并且开始用眼睛追随他身边出现的面孔和物体。

也许您已经确认了，宝宝在出生后的前 4 ~ 6 周哭的时候没有眼泪（见第 88 页）。那么现在您就迎来了眼泪滚滚而来的时期。幸运的话，还可以看到宝宝的第一次微笑。

肌肤之亲

即使是非常小的孩子，身体交流也是非常重要的。他们最爱的事就是光着身子躺在爸爸或者妈妈裸露的身体上。无论何时，您都可以尽情享受这种亲密的两人世界，只要您有时间有兴趣，并且想要同宝宝共度这段美好的时光。

专心，警觉，健谈

现在您的宝宝可能会盯着某个物体看了，还会追着运动的物体看。他的耳朵也会注意到一些声音了：如果他听到一个声音，他会用眼睛去寻找声音的来源。宝宝不仅可以听到一些声音，还会发出属于自己的声音。除了大声哭喊，现在他还会喃喃学语了。有些宝宝已经可以喃喃地用不同的音阶发出一些元音了，不过很少能够听到辅音。宝宝会嘟囔，尤其是在睡觉前和睡醒后。这不仅听起来非常好听，尤其是他嘟囔着撒欢儿似的欢呼，而且还有一些重要的作用。宝宝用这种方式锻炼自己的声带，还可以练习听说的能力。

第一次微笑

对于大多数父母来说，有一个时刻是永生难忘的。就在第六周左右他们和自己的宝宝说话的时候，经历了一个绝妙的瞬间：嘴角先是颤动，然后向上翘，直到爸爸妈妈的脸庞被宝宝大大的微笑照亮。这是一个非常重要的时刻，因为宝宝的第一次微笑表明，从现在开始，他可以有意识地和外界进行交流了。

我们认识吧！

您的宝宝完全能够把那些他喜欢的信任的人和陌生人区分开。因为现在宝宝已经可以认出那些反复出现的模样了：他可以通过父母的脸来辨认他们，因为他每天都看到他们。他可以感受到每天给他爱抚的手，可以听出每天跟他说话的声音，可

以认出每天抱着他的人，还可以嗅出爸爸妈妈的气味。科学家甚至认为，哺乳时的妈妈会散发出一种特定的气味，这种气味也存在于怀孕期间的羊水中。

第一次微笑：对于很多父母来说都是一个终生难忘的时刻。

PEKiP [①]：孩子和父母的双赢

汉娜（1岁3个月）的妈妈拉瑞莎（34岁）和玛雅（1岁3个月）的妈妈艾琳娜（35岁）带着她们的女儿一起参加PEKiP活动小组。

拉瑞莎： 宝宝出生后的最初几周还那么小，什么都不会，只能躺在那儿。但是，我们是可以通过玩具或者简单的平时用的物品刺激他们的触觉的。

艾琳娜： 我很感谢那些童谣、运动游戏以及那些根据宝宝的年龄，利用不同的游戏促进他们成长的想法。让宝宝俯卧，在他面前放置一面镜子，让他观察自己，我觉得这个建议非常棒。

拉瑞莎： 或者把他们放到儿童戏水池里，让他们在板栗堆或者纸片里游泳。在这里可以尝试很多我们在家里绝对不会做的事情，因为对于一个孩子来说这样做太浪费了，或者我们根本就想不到这个主意。PEKiP真的非常棒，因为它让孩子们很早就可以和同龄人进行交流了。它也让我收获了很多。这是我参加的第一个由妈妈和孩子们组成的小组，孩子们都和我的女儿差不多大。

艾琳娜： 在第一轮游戏中，除了促进宝宝的成长，我们还看到每一个妈妈都面临着差不多的问题，大部分都是完全正常的，也因此摆脱了之前的担忧。

拉瑞莎： 我们组里不仅仅有第一次当妈妈的人，还有一些妈妈已经有好几个孩子了，她们可以给出很多建议，给我们传授她们的经验。

艾琳娜： 在这里还可以学到很多东西。例如，怎样正确抱孩子，如何帮助宝宝完成俯卧姿势，如果宝宝完全不喜欢爬该怎么办，母乳喂养和添加辅食等。每次和妈妈们见面对于我和我的宝宝来说都非常有帮助。我可以看到参加这个活动让玛雅有了多少进步。这段时间玛雅学会了很多，她所有的感觉器官都得到了锻炼。有时候玛雅会这样看着我，好像在跟我说："嘿，看呀，咱们在这里真好，太棒了，PEKiP！"

拉瑞莎： 随着宝宝年龄的增长，她们对这个小组的感情也越来越强烈。这一点我们可以很明显地感受到，尤其是当我们每周私下再见一次面的时候。我们的孩子们互相都认识，并且已经成为朋友了，妈妈们也是。

①布拉格－父母－孩子－（早教）课程（Prager–Eltern–Kind–Programm），简称PEKiP。

您可以这样用游戏的方式促进宝宝的成长发育

随着年龄的增长，宝宝会动用他所有的感官对周围世界进行越来越多的感知。大多数宝宝这个时候都很喜欢被抱着，好奇地观察周围的世界。例如他会盯着妈妈美丽的脸庞，或者观察那些玩具和会动的毛绒玩具。

我会模仿你所有的行为

几乎所有孩子在这个年龄都喜欢模仿大人做鬼脸。您可以让他面对您坐在您的大腿上，这样他就可以看到您了。请您用轻柔的声音和宝宝说话。如果您冲着他微笑、挤眉弄眼或者伸舌头，他很有可能会尝试着模仿您。相应地，如果您也模仿他发出的声音，宝宝会非常开心，因为他觉得您在和他进行交流。回声游戏是一个非常神奇的游戏，您和宝宝可以重复对方发出的声音。这种游戏方式好像把宝宝放在了一面镜子前面，让他更好地认识自己。

抬起头来，小宝贝

宝宝出生后的最初几周中，他的小脑袋占了身体重量的四分之一左右。因此，宝宝还需要费力地去练习抬头这件事，也就不奇怪了。请您让您的宝宝俯卧，他可以用这个姿势来试着把头部抬起来几秒钟。他可以锻炼自己的肌肉，而且还有了一个

观察周围世界的新视角。俯卧可以促进宝宝运动机能的发展：通过这个姿势他可以学会抬头和转头，在接下来的几周中这个姿势还可以激发他向前爬行的积极性。但是根据经验，不是每个宝宝都喜欢这个姿势的，因为俯卧的姿势是非常累人的。如果您的宝宝恰恰属于不喜欢俯卧的孩子，那么您可以给他一个小小的诱惑：请您在他的对面趴下，用温柔友好的声音鼓励他。您可以对着他做鬼脸、唱歌或者通过给他看一个小玩具来吸引他的注意力，也许还可以把您的手表拿给他看。还有一个好办法：您仰卧在床上，让宝宝趴在您的肚子上。这样，他就可以直接和您面对面了。这样的小游戏可以让宝宝暂时忘记抬头这件事有多费力。

锻炼鼻子的小练习

人类所有的感觉器官中，嗅觉是发展得最快的。鼻子里有1000多个嗅觉感受器，它们可以识别出无数种物质的细微差别，前提是要对嗅觉进行相应的训练。所以，不要犹豫，有机会就给宝宝闻一些温和的气味，例如薰衣草香包或者新采的鲜花。

一切尽收眼底

在宝宝一岁之前，他们喜欢被抱着，因为在爸爸妈妈的臂弯里他们感到很安全，同时也可以观察周围的世界。有很多

抱孩子的游戏可以刺激宝宝感觉器官的发育。例如，您可以把宝宝扛在肩膀上，让他用他的双臂支撑。这个姿势让宝宝有一个非常好的视角，并且还可以学习如何让自己的头部保持平衡。还有一个好办法：您可以把宝宝背对着您抱在您身前，让他坐在您的手臂上，背靠着您。这样会让宝宝感觉有依靠，学习如何让自己的头部保持平衡。

看呀，是什么在蹦蹦跳跳！

在宝宝的床上或者换尿布的台子上方挂一些尽可能简单一些的可以晃动的小玩具，只要它们不让宝宝过分兴奋，都是可

您可以好好利用换尿布的时间，来跟宝宝做游戏或者亲热一会儿。

以的。除了这些可以晃动的小挂件，还可以给宝宝一些有趣的弹簧小玩具，让它们在宝宝身边跳来跳去。只要轻轻碰一下这个玩具，它就会上蹿下跳。比较受宝宝欢迎的还有挂在宝宝上方的比较轻的球或者气球，当他手舞足蹈的时候可以用手或者脚碰到这个球。但是要注意的是，气球不要挂得太低，以致离宝宝的头部太近。因为气球如果离宝宝的头部太近的话，会让他有一种受到压迫的感觉。

和爸爸妈妈亲热让宝宝感到幸福

宝宝温暖柔软的皮肤会引诱我们去爱抚他亲吻他。您应该接受这种诱惑，只要有机会就爱抚亲吻您的宝宝。在换尿布的时候，宝宝不仅非常享受您亲吻他的小肚子，还很喜欢您的手指在他身上游走的感觉。您可以按摩一下他的脚后跟，用一条干毛巾轻轻拂拭他的背部，挠一挠他的颈背，轻轻抚摸他的头部，小心翼翼地给他梳一梳头发。所有这些都能促进宝宝的血液循环和新陈代谢。除此之外，科学研究证明，经常得到爱抚和按摩的宝宝比其他宝宝拥有更多的神经联系。换句话说，爱抚可以让宝宝变得更聪明。

问题与回答

通常来说，婴儿会增重多少，长高多少？

一般来说，新生儿的平均身高是52厘米，平均体重是3400克，根据经验，男宝宝一般会比女宝宝稍微高一点、重一点。在宝宝出生后的最初三天中，体重一般会减轻一些[①]，不仅因为他丢失了部分水分，清空了肠胃（排出了"胎便"），还因为他经历了出生时的辛苦劳累，需要通过睡觉来恢复体力，喝奶比较少。但是一般来说再过一周宝宝就能恢复到出生时候的体重了，并且他的体重会从这个时候开始逐渐增加。笼统地说，一直到宝宝百天的时候，他每周增加的平均体重是200克。就身高而言，宝宝在前3个月平均每个月会长高3厘米。但是您要知道，没有哪两个孩子是完全一样的，因此，宝宝身高的增长在1~5厘米都是正常的。在宝宝周岁的时候数据大概是这样的：孩子们比刚出生时平均增重6公斤，长高25厘米。

宝宝出生之后骨头相对来说还比较柔软，是这样的吗？

是的，因为虽然长骨（例如大腿和上臂）中间的骨头已经发育成熟了，但它的两端由软骨[②]构成。这样也有好处，因为造物者如此安排也是有道理的，宝宝的骨头比较柔软，不易骨折，例如在出生的时候。也是出于这个原因，宝宝的头骨也没有完全长好，因为他在通过产道的时候头骨两侧受到挤压可以互相重叠，只有这样才能保证他顺利通过产道。只有经过矿物质沉积，宝宝的骨骼才能变得坚硬，大约在孩子15岁的时候，骨骼的发育才算是完成了。

我家宝宝的头顶有一个凹陷处，那里一直在跳动。这到底是什么啊？

这是宝宝的大囟门（Fontanelle）。这个单词来源于法语，意思是"小的源泉"。宝宝的头部一共有两个囟门：比较大的那个呈菱形，位于额头和顶骨之间；小一点的那个囟门是三角形的，位于脑后部，颈部上方一手宽的位置。这两个位置的颅骨还没有完全长好闭合。

那个浅浅的凹陷处是宝宝的颅缝。有些父母担心宝宝大脑的这些位置没有受到颅骨的保护。不用担心：囟门处有一层坚硬的硬脑膜（Dura mater）可以保护大脑。囟门会慢慢闭合：大多数情况下小囟门会在3个月以内骨化，大囟门一般在宝宝一周岁的时候闭合。

[①]根据人民卫生出版社第八版《儿科学》，生理性体重下降的下降范围为3%~9%，超过10%需找出具体下降原因。

[②]骨骺，会不断骨化使长骨变长，也就是让宝宝长高。

医生诊断我家宝宝患有脐疝。这是什么意思？

脐疝指的是肚脐附近的腹部皮肤向外膨出。新生儿的腹壁内侧有一个天然的脐带出口，一般来说在宝宝一岁之内会自己闭合。但是，在这之前，这个部位是腹壁的一个薄弱区域，由于腹腔压力，这里的皮肤有可能会向外膨出。从表面观察，可以看到一个隆起的疙瘩，或小（坚果仁大小）或大（柑橘大小），少数甚至会更大。这个疙瘩内部是内脏，确切地说是肠子。腹壁收紧、受到按压或者宝宝在哭闹的时候，肚脐附近的隆起会更加向外膨出。一般来说，脐疝是不疼的，在宝宝3岁之前会自己恢复。只有脐疝非常大或者内脏被卡住[1]的时候才需要治疗或者手术。幸运的是，这种情况很少见。

我家宝宝每到傍晚的时候就会变得不安，开始哭闹，总是要吮吸我的乳房，但是实际上并没有吃奶。他这是怎么了？

有些宝宝有自己固定的"哭闹时间"，大多数是在 18：00 ~ 22：00。如果宝宝没有类似头疼、肚子疼等身体上的疼痛，那就有可能是他在加工消化这一天的经历。也许他仅仅是想要发泄一下自己的坏情绪，因为这一天对于他来说太累了或者压力太大了。也许他这一天经历了太多的喧闹和忙碌，现在已经精疲力竭了。宝宝哭闹找不到确切的原因，这种情况是十分常见的。有时候，什么原因导致宝宝哭闹的并不重要（前提是可以确定不是器质性的原因）。比起追究宝宝哭闹的原因，更重要的是在这个时候给予他安慰和充满爱意的话语。

婴儿对讲机真的那么重要吗？它属于宝宝的"基础装备"吗？

这取决于您的居住条件。如果宝宝在楼上睡觉，您在楼下忙碌，那么婴儿对讲机就很有必要了。基本上，婴儿对讲机是给了父母们一种安全感，让他们觉得时刻就在宝宝的睡床旁边。只要宝宝一醒来或者一开始哭，爸爸妈妈就知道了。但是这种安全感也有缺点：一方面，完全没有必要一听到风吹草动就急忙赶到宝宝身边，您完全可以给宝宝一些清醒的时间。只有当他觉得没有您就不行的时候，才会大声哭喊。另外一方面，已经得到证实，不少婴儿对讲机会对宝宝造成辐射。德国商品检验基金会证实，许多机器设备都会产生过多的电磁波辐射。

---

[1]腹壁薄弱区像一个圆环，压力升高时肠腔或其他内脏器官从圆环中向外膨出，腹压降低时又会回到腹腔。但有些时候，可能会被圆环卡住不能回到腹腔。

第 3 个月

在第 3 个月中,宝宝颈背肌肉发育得非常强健有力,俯卧的姿势对于他来说已经是非常舒适的了。宝宝可以用前臂支撑地面,头部可以抬起来并且保持住几秒钟。从这个角度看到的世界完全不一样啊!

您的宝宝是这样成长的

小手攥成拳头,然后松开,这样长时间地练习之后,现在成果是这样的:一些宝宝 3 个月大的时候就已经可以把双手举到胸前了,当他们可以转动双手,用一只手抓住另外一只手的大拇指塞到嘴里去的时候,他们会特别开心。宝宝知道了自己的手指摸起来是什么样的,然后就意识到:"这根手指是我的!"

和我一起玩!

如果您的宝宝有了这样的顿悟,那么就到了手指游戏的时间了。这种游戏不仅可以锻炼他双手的灵活性,同时还可以促进他的语言能力。因此,当您的宝宝跟您"说话"的时候,您一点也不用觉得奇怪。您会听到 a、e、i、o、u 这样的元音以及一些简单的辅音,例如,您可能会听到这样有趣的发音:"ej – eje"、"ej – di"或者"ö – we"。

仰卧是状态最佳的姿势

现在您的宝宝仰卧的时候有可能会非常活泼好动。他会非常开心、手舞足蹈地挥舞着小胳膊小腿。慢慢地,他就想要自己决定躺着的姿势了。当他趴着的时候,有可能会翻身变成仰卧的姿势,即使这时更多的是偶然事件。从现在开始,您的小宝贝会非常活泼好动,在尿布台上给他换尿布的时候，您一定要格外注意！

世界你好，我在这儿呢！

在刺激视觉的时候，耳朵里面维持平衡的器官，更确切地说是装有淋巴液的半规管，起了很重要的作用。借助它的帮助，宝宝可以正确地分析眼睛接收到的信息。当您让一只球在宝宝的眼前跳上跳下，宝宝内耳里面的半规管会告诉大脑，并不是宝宝的脑袋或者身体在弹跳，而是球在弹跳。现在宝宝很有可能在进行越来越多的尝试，试着和他周围的世界进行交流。有些妈妈会特别惊讶地看到自己的宝宝非常紧张并且聚精会神地盯着其他人看。一旦宝宝认出这个人是自己的妈妈或者他喜欢的人，他就会喜形于色，手舞足蹈。宝宝在用这种方式告诉您，他想要什么：他不想再一个人待着了，他想要参加社交活动。在他感到无聊的时候，很有可能就会开始哭。如果这时他被抱起来了，那么世界就又恢复平静了。只要您能理解宝宝给出的信号，那么尽管他还不会说话，也可以达到交流的目的。他现在也会有目的性地使用自己的声音了：当他生气或者感到饥饿的时候就会喊叫；当他感到疼痛的时候就会哭得很伤心；当他心情特别好的时候，他就会开心得撒欢儿；当他对某件事表示不同意的时候，就会开始哭闹。

您可以这样用游戏的方式促进宝宝的成长发育

由于宝宝的双手越来越多地处于张开而不是握拳的状态了，所以现在做一些手指的游戏会给他带来很多乐趣，尤其是把游戏和一些美妙的旋律结合起来。用不了多久您就可以发现您的宝宝最爱的旋律是什么。您不要犹豫，可以多学几首歌，这样可以给宝宝带来更多的乐趣。

您可以变换花样，用彩色的手指套来逗宝宝。

《十个会跳舞的小人儿》

这首儿歌以及相应的手指游戏非常受宝宝们的喜爱。这一点也不奇怪，因为宝宝可以看到您把小丑形状的指套套在手指上，让它们在空中翩翩起舞。许多宝宝看到五颜六色的小人儿敏捷的舞姿，听到这首儿歌的旋律的时候都会非常开心，很快就会参与进来。下面几节歌词就是出自《十个会跳舞的小人儿》。

十个会跳舞的小人儿跳来又跳去，十个会跳舞的小人儿不觉得困难。（双手左右摆动）

十个会跳舞的小人儿跳上又跳下，十个会跳舞的小人儿重复了一遍又一遍。（双手上下摆动）

十个会跳舞的小人儿转圈圈，十个会跳舞的小人儿一点都不笨。（双手转圈摆动）

十个会跳舞的小人儿爱玩捉迷藏，十个会跳舞的小人儿不见啦。（双手藏到背后）

十个会跳舞的小人儿大声喊"呼哈"，十个会跳舞的小人儿又来啦。（双手从背后拿到前面来，并且开心地晃动）

手球和足球

您可以给一个橡皮球绑上绳子，让它在宝宝的上方晃动。刚开始的时候宝宝只是用眼睛盯着这个球看，过不了多久他就会尝试着用手去抓或者用脚去踢这个球了。如果您的宝宝抓住了这个球，接下来很有

可能会把它塞进嘴里，这种行为对于这个年龄的孩子来说非常典型。因此，现在不要给宝宝玩气球！绿色和平组织发现，德国本土很多气球都含有大量的亚硝胺类物质。这种物质可能引起严重的器官病变。

摇李子——经典的手指游戏

您可以用您的右手给宝宝介绍您左手的每一根手指，或者他的手指。您可以一个一个地介绍：

这是大拇指（大拇指），

它在摇李子（食指），

把它捡起来（中指），

一起拿回家（无名指），

这个小家伙，把它们都吃啦（小指）。

荡秋千

宝宝们喜欢被摇晃。他们尤其喜欢坐在您的腿上，面对着您，然后被您晃来晃去。很多宝宝也喜欢被放在一个被子上晃来晃去，好像躺在吊床上一样。这个游戏必须由两个大人一起完成。您可以把一个被子或者床单铺在地上，然后把宝宝放在中间。每个人抓住床单的两个角，把宝宝举起来，然后开始晃动。请您仔细观察宝宝的反应。如果他很喜欢这个游戏，您可以摇得更高一些。

参观房间

您可以在锻炼宝宝视力的同时带他参

观他的生活环境。您可以抱着他在家里转一转。您可以给他解释墙上那幅画画的是什么，和他一起闻一闻花香或者把他抱到镜子前面。用童车推着他出去也可以看到很多东西，比如风中摇晃的树木和飞舞的树叶。

背部练习

也许您的宝宝会在趴着的时候感到很兴奋，因为他可以"鸟瞰"这个世界。您可以通过把您的前臂垫到宝宝胸腔下面的方式，帮助宝宝把头抬得更高一些，这样他也可以趴得更舒服一些。还有一个好办法：您可以把一个被子或者毛巾卷起来放到宝宝的胸腔下面。

问题与回答

我的宝宝现在已经三个月大了，但是他的双手还经常握拳。这很糟糕吗？

基本上宝宝的手在三个月大的时候主要处于张开的状态。当宝宝握拳的时候，他的大拇指不应该被其他手指包裹起来，而是应该在食指上面的。如果您的宝宝不是这样，有可能是肌肉紧张导致的，也就是说这种姿势表明宝宝的肌肉长期处于紧张状态。这种情况有两个问题：第一，哪一部分肌肉长期处于紧张状态？第二，您可以做些什么来帮助宝宝放松肌肉？如果医生或者理疗师（例如整形科医生）通过刺激（例如轻轻按压穴位或者温柔地按摩）宝宝的这部分肌肉，成功地让它放松了，说明您的宝宝很有可能还处于婴儿早期，也就是说他的肌肉紧张程度和一个月大的宝宝的肌肉紧张程度一样。如果是这种情况，那么很简单，宝宝只是需要一些时间来走出这个状态。医生很有可能会要求您在大约 4 周之后再带宝宝来检查。

如果宝宝的肌肉不能通过接受刺激而得到放松，那么儿科医生会让您带他去看神经科医生，他可以解释宝宝肌肉紧张的原因。因为持续的肌肉紧张存在着肌肉和肌腱变短从而导致运动机能发育不全的危险。通过专门的练习（根据 Bobath 技术或者 Vojta 疗法）可以改善运动机能。

我家宝宝被诊断为舌系带过短。这是什么意思?

舌系带是一种黏膜皱襞,它连接着舌头下面和口腔底部。大约 5% 的新生儿都有舌系带过短的问题。在个别案例中,舌系带过短导致舌头前伸时舌尖看起来好像被分为了两部分。舌系带过短多会限制舌头的灵活性,导致婴儿无法正常吃奶。

如果不进行治疗,还会影响到宝宝学说话,因此有必要进行系带切开术。这是一个局部麻醉的小手术,给婴儿做这个手术非常简单。只要舌头可以很容易地触碰到上腭,一般来说在喝水、吮吸和吞咽的时候就不会出现困难,也就没有必要做手术。

我家宝宝总是把头偏向一边。针对这个现象我该做些什么?

您可以尝试着让宝宝喜欢上另外一边。从现在开始,您可以在宝宝不经常转向的一边跟他说话,尝试引起他的注意。您可以跟他说话或者给他唱歌,给他看一个玩具或者其他比较有趣的东西。有些宝宝就会被吸引,然后把头转向您所在的一边了。您在一天中多进行几次这样的练习,不久之后就不存在宝宝"最爱的一边"了。如果您的宝宝无论如何都不放弃自己喜欢的那一边,您可以跟儿科医生描述一下情况。

医生可以通过检查来确定宝宝是否患有颈部关节交锁或者肌肉挛缩。

晚上应该让宝宝开着灯睡觉吗?

不应该。宝宝在有灯光的房间里无法自然地安睡。恰恰相反,灯光会让他醒过来。原因是:可以让人疲惫的激素美拉酮宁(又称为褪黑素)只有在足够黑暗的环境下才可以产生。周围环境越亮,产生的褪黑素越少。不拉窗帘的话,窗外的星星和月亮会给房间带来足够的自然的光线。没有必要强迫宝宝必须用眼睛去感知那些他已经熟悉了的床上的东西。如果宝宝的房间里非常黑暗,伸手不见五指,您可以放一个小夜灯,靠它来辨认方向。或者您可以把房间的门留一个小小的缝隙。但是这些光线是为您准备的,而不是宝宝。

第 4 个月

大多数宝宝在接下来的几周中会更深地意识到，这双手是属于自己的，用这双手可以做很多非常棒的事。除此之外，宝宝会对自己的声音越来越感兴趣，他会尝试用各种不同的声调哼唱歌曲。

您的宝宝是这样成长的

目前最受宝宝喜爱的就是他自己的双手了：它们如此温暖柔软，如此灵活，而且随叫随到。根据经验，在接下来的几周中，大多数宝宝都可以做到把双手举到面前，把手指塞进嘴巴里，以及把双手交叠放在肚子上。现在进入了"用手抓"的时期，因为宝宝的嘴巴和双手的配合越来越精准。

一切以嘴巴为中心

现在，所有被宝宝抓在手里的东西他都要马上检查一下，而且最喜欢用嘴巴去检查。不管是自己的手指还是妈妈的大拇指、口水巾、积木块或者咬咬胶，所有东西都要放在嘴里检查一下。这样是非常好的现象，因为宝宝正是通过这种方式来认识世界的：这个东西尝起来怎么样？它摸起来是什么感觉的，坚硬还是柔软，温暖还是冰冷？它会试图逃跑吗？但是被他拿来仔细检查的东西不仅仅是这些。所有静止的东西都值得探索一番，例如妈妈的鼻子。那些无论如何都不肯进到嘴巴里的东西，宝宝就会去舔它。有些宝宝在吃奶的时候会变得非常好奇，等待的时间里他会尝试着去吮吸妈妈的脸颊、耳垂或者下巴。

感觉器官的锻炼

手指现在是宝宝非常喜欢的玩具，也许它还兼职宝宝的安抚奶嘴。对于宝宝来说，手指在嘴巴里的感觉并不陌生。一方面，大多数宝宝在妈妈肚子里的时候就已经做了很多次吮吸手指的练习了，他们对手指已经非常熟悉了；另一方面，手指随时想要就能拿起来用，而且温度刚刚好。有些父母不喜欢孩子吮吸手指，因为他们觉得这不卫生。其实，把手指放进嘴巴里，吮吸，吞咽，这些对于宝宝来说都是非常重要的经历，因为它让宝宝第一次了解到了生活的滋味。对味觉至关重要的还有灵敏的鼻子。在每一种味道进入嘴巴接触舌头之前，它们都会释放一些气味分子，首先进入宝宝的鼻子，给大脑一个相应的反馈："这个味道不错"或者"这个不好吃"。还有一件事是经过了科学证明的：嘴巴里的神经末梢向大脑传递信息的能力比手指上的触觉小体强三倍。

语言训练

宝宝的嘴巴还可以做一些非常棒的事：他会嘟囔着说话。他会高兴得撒欢儿欢呼，上下嘴唇互相摩擦挤压，发出类似"m""b"或者"w"的辅音，创造出自己的声音。

灵活性增加了

如果您让宝宝趴在床上，很有可能他现在已经可以用自己的前臂支撑身体了。一些宝宝现在对某些物品产生了渴望，如果他看到了这个东西，他就会尝试一切可

征求意见

如果您在宝宝满四个月的时候发现以下一种或者几种情况，那么您就需要向您的儿科医生征求意见了：

> 您的宝宝总是保持某一个姿势不动。
> 姿势和运动总是用一侧完成。
> 坐着的时候，可以保持头部直立的时间短于一分钟。
> 围抱反射（摩罗反射，见第 87 页）还是会出现。

能的方法去靠近这个东西。他的运动有可能是简单的游泳的动作，也有可能像是疯狂地用手脚划船的动作。尽管如此，您的宝宝还是喜欢仰卧，因为这个姿势不那么累人。如果您鼓励他坐起来，现在他已经可以很好地保持自己的头部直立并且可以随意转动它了。他的背部也越来越能够挺直了。如果您把他举过您的头顶，他可以伸展开胳膊和腿，并且能够抬起头了。

您可以这样用游戏的方式促进宝宝的成长发育

"触摸、爱抚、按摩，这就是宝宝的食物……这些食物就是爱。"（弗莱德瑞克·莱伯耶）

这种美妙的感觉简直无法用语言形容。触摸对于任何年龄段的孩子来说都很重要，所以越早开始越好。因为在轻松的氛围中

进行婴儿抚触对于宝宝和您来说都是非常神奇的时刻，它可以建立宝宝和妈妈（或者爸爸）之间的亲密的信任感。所以，只要您有时间，就应该让您和您的宝宝享受这种美好的感觉。

温柔的婴儿按摩

按摩是爱抚的一种特殊形式，您可以用这种方式给予宝宝安全感、放松和爱。科学研究证实，温柔的触碰可以刺激宝宝分泌更多的成长激素；还可以刺激宝宝的心血管功能，促进皮肤和肌肉的血液循环；宝宝的整个消化系统也会受到刺激，尤其有利于腹胀的宝宝。另外，按摩的过程中宝宝和父母之间会产生一种非常亲密的关系，这对原始信任的产生有着非常积极的作用。而且不用担心：没有必要接受专门的按摩训练，因为温柔的抚摸和充满爱意的触碰是给宝宝按摩的基础。构成一组按摩的手法非常简单，很容易学会。您最好在您家附近参加一个宝宝按摩班。您可以在那里认识其他的宝宝和他们的妈妈。在那里您将在一个温暖的环境（大约25℃）中接受指导，学习如何使用按摩油温柔地抚摸宝宝。如果您没有机会参加这样的按摩班，那么您可以买一本介绍婴儿按摩的书，这对您也会有帮助的。

妈妈，神奇的变声器

您可以通过向宝宝展示不同的响声和音调来刺激他的听觉。您可以吹响卷纸的纸筒，用喇叭说话或者只是吹口哨，这都很容易做到。您可以变换声音跟宝宝说话，这就足以让大多数的宝宝感到非常好玩了。您可以试一试，先大声地说话，然后小声嘟囔，或者再换成尖细的声音。您可以向宝宝展示一下您多变的声音，就很有可能会收获宝宝惊讶的目光，他会觉得：我的妈妈好神奇啊！

这是什么？

您可以向宝宝展示各种不同的玩具，并向他演示怎么玩这些东西：这个小勺子非常光滑，感觉凉凉的，可以用它在桌子

请您经常为宝宝进行温柔的按摩。

上敲敲打打，还可以放进嘴里去。这个塑料的咬咬胶却是温暖又柔软的，可以在手上任意翻折。积木块有棱有角，非常坚硬，可以一块一块堆起来。

旱地游泳

现在宝宝可能会喜欢趴着玩。那么您可以利用这段时间，观察一下宝宝是如何用这个姿势慢慢开始学会爬的。这也是非常神奇的一幕，您可以鼓励宝宝保持这个姿势几分钟：您可以把您的手表、小玩偶或者其他有趣的玩具放在他面前两个手掌宽的地方，他会尝试着去抓这些东西。这个练习是非常累的，因为它需要宝宝的背部肌肉非常强壮。您可以经常让宝宝练习一下。

笑一笑，十年少

这说的是您可以经常逗宝宝笑。有些宝宝喜欢被轻轻地挠痒痒，另外一些则喜欢在房间里"飞行"，还有一些宝宝坐在爸爸妈妈的膝盖上被摇来摇去的时候会笑弯了腰。您可以找出您的宝宝最喜欢的方式，然后重复这些可以给宝宝带来欢乐的动作。笑也可以让宝宝（还有妈妈或者爸爸）的肌肉放松，从而得到精神的放松和愉悦。

给我讲故事吧！

那些经常听爸爸妈妈讲故事的宝宝会学习得很快，而且较少在说话的时候犯错。只要您有兴趣，都可以让您的宝宝参与到您所做的事情当中，并且和他说话。您可以跟他说说，刚才跟谁打电话了，您需要买什么东西，晚饭会吃些什么等。您给他的刺激越多，以后他就会变得越健谈。

在超市的货架上有一些婴儿食品标签上写的是"四个月以后"。但是我想给宝宝喂奶至少到他六个月大的时候。他现在就需要吃这种米糊了吗？

不是的。您可以现在就开始给宝宝添加辅食，但不是必须（相关信息详情见第161页起）。对于宝宝来说，前六个月没有什么食物比母乳更好了，因为母乳符合宝宝身体所需营养的理想比例，并且容易消化。作为母乳的替代品，可以选择模仿母乳成分研制的婴儿乳制品。除此之外，一般不再需要额外的食物了。请您不要受到婴儿食品制造商的迷惑，现在时机还不成熟呢。

我家宝宝手里有什么都往嘴里塞。我需要担心他被传染上病毒或者细菌吗？

要具体情况具体分析。理论上您应该让宝宝在一个无菌的环境中长大。有些妈妈（主要是第一次做妈妈的人）会把孩子照顾得无微不至，让他们生活在一个没有细菌的环境中。但是这样做并不完全是正确的。因为越多的细菌挑战宝宝的免疫系统，他就会成长得越强壮。也就是说：您的孩子玩别的孩子接触过的东西并不会对他造成什么伤害。当勺子掉在家里的地板上的时候，宝宝还是可以把它拿起来放进嘴里的。但是，如果您的宝宝喜欢吮吸客人的手指，那么就需要注意了。请您不要

犹豫，一定要拜托客人在接触宝宝之前先洗手。

我家宝宝总是把他的安抚奶嘴掉到地上。每次我从地上拾起来都要清洗一次吗？

如果安抚奶嘴掉到地上了，不是必须马上进行消毒的。如果奶嘴只是沾到了一根绒毛或者头发，并没有其他脏东西，您只需要把它弄下来就行了，宝宝是可以继续把奶嘴塞进嘴巴里的。只有当奶嘴掉进脏东西里、沙土里或者有灰尘的地板上，您才需要把它放在水龙头下面用清水彻底清洗干净。请您注意：永远不要用把奶嘴放进自己嘴里舔舐干净的方式来"清洁"奶嘴。因为您口腔内的细菌（主要是念珠菌）比地板上的灰尘对宝宝的健康产生的危害更大。

我家的大孩子感冒了。我们可以让他抱小宝宝吗？还是要避免让他接触小宝宝？

基本原则是：每一次成功挺过去的感染都会使宝宝的免疫系统变得更加强壮。因此，没有必要把宝宝保护得太好，过分地强调卫生，甚至隔绝他和其他人的接触。相反，科学研究证明，那些免疫系统总是需要与细菌和异体蛋白（例如花粉）做斗争的孩子（例如在农村长大的孩子），从长期来看，比那些几乎在无菌的环境中长大的孩子明显健康很多，过敏的概率也小

很多。这个问题的答案是多层次且比较复杂的：没有必要不让患了感冒的哥哥姐姐去接触小弟弟小妹妹，因为毕竟他们是生活在同一个屋檐下的。他们是可以抱小弟弟小妹妹的，没有问题。只是您需要注意，不要让大孩子直接冲着宝宝咳嗽、打喷嚏或者因为太爱宝宝了而亲吻他，甚至是舔他。对于这种兄弟姐妹之间的爱意的表达，还有的是时间呢，等孩子感冒好了就可以了。

我家宝宝最喜欢坐在婴儿摇椅或者婴儿提篮里看着我们。三个月大的宝宝最长能保持这个姿势坐多久？

在宝宝还没有能力自己移动或者变换到自己喜欢的姿势之前，婴儿摇椅是一个理想的选择，宝宝在这里可以有一个更好的视角，例如在爸爸妈妈的看护下把他连同摇椅一起放在桌子上之类的。除此之外，婴儿摇椅是一个给宝宝喂饭的好地方。可以把他放在摇椅里绑上安全带，围上围嘴儿，这样您就可以解放出双手来了。但是在这里还需要强调一点：我们推荐，几周大的婴儿每天在婴儿摇椅里不要待超过30～60分钟，而且一定要在有大人在旁边看护的情况下！如果大家没有听取这个建议，会导致宝宝身体畸形，尤其是腰椎。放在汽车里的婴儿提篮也是这样。宝宝年龄越大，可以在里面待的时间越长。半岁大的宝宝可以在里面躺半个小时到一个小时。

宝宝如果在大床上睡觉，他有可能会感到害怕吗？

会的，一张对于他来说太大的床，可以自由活动的空间过大，会让他感到害怕的。这很好理解：在怀孕期间，宝宝生活在温暖黑暗的子宫里，在最后几周那里甚至非常拥挤。这种拥挤的感觉对于宝宝来说是非常熟悉的，但是宽阔的感觉他并不熟悉。因此晚上让宝宝睡在一个温暖柔软的小床上，不要给他太多自由活动的空间是很有必要的。您可以把哺乳垫放在宝宝的头部，这样可以让小床变得更小一些。研究表明，宝宝如果感觉到周围的界限，他会睡得更好（相关信息见"襁褓"，第38页）。如果您的宝宝属于婴儿猝死综合征（SIDS）的危险人群（更多信息见第225页），那么您就需要放弃使用额外的界限了。

第 5 个月

很多 5 个月大的宝宝都可以以俯卧的姿势抬起头来坚持几分钟了。我们的旱地游泳小将有可能会自己从俯卧的姿势翻身变成仰卧的姿势了。

您的宝宝是这样成长的

这时候也有很多聪明的宝宝可以反过来，从仰卧的姿势翻身变成俯卧的姿势了。这是一个非常重要的进步。根据经验，这种灵活性并不是宝宝在这个年龄必须做到的，因此如果您的宝宝在接下来的几周里没有学会翻身，您也不要感到失望。每个孩子都需要时间。而这跟"正常"或者"不正常"完全没有关系，而是独一无二的，只是和宝宝的个性有关的。

调动全部感官

宝宝的感觉器官每天都在成长发育。您的宝宝现在可能已经会通过您的"音调"来判断您目前的心情了。也要提防他的眼睛：所有在他身边的东西，他都要检查一下。现在对于宝宝来说参与就是一切，恨不得能够上桌吃饭！

抬起头来

很多宝宝在这个月都可以保持良好的头部姿势了。如果您把宝宝放在那儿扶着他坐着，现在他可以自己抬着头保持几分钟了。如果您把他放在您的膝上来回晃动他的身体，一般来说，现在他可以很好地保持头部平衡了。

把手递给我……

如果您向宝宝伸出手，他肯定会牢牢

抓住您的手。力度大到可以让他抓着您的手从躺着的姿势坐起来。这个时候您要非常小心地拉着宝宝坐起来。

有些宝宝现在已经喜欢用一只手来抓东西了。如果您的宝宝经常使用左手，并不意味着他就会变成左撇子。因为他们可以随时改变自己主要使用的那一只手。如果您的宝宝比较喜欢使用左手，那么请您不要试图去改变他。根据经验，这样做是没有益处的，因为被迫做出的改变在以后会导致孩子出现成长方面的问题。

站起来！

在这几周中您的宝宝可能会尝试着学习用他的腿站立。如果您用双手扶住宝宝的腋下，让他的双脚接触到地面，他现在可以自己站立几秒钟了，他会伸直双腿，用脚趾支撑住地面。

灵敏的触角

宝宝感知事物的能力也在不停地发展。在此期间，他已经可以通过您的面部表情和声音的音调判断您的心情了。他可以感受到，您是压力很大，还是很开心，是生气了还是心情很好。尽管他听不懂你们对话的内容，但是他对你们的低声细语也是有鉴别力的。

坐着——但是要正确！

宝宝只有在躯干肌肉受到足够的锻炼，神经系统可以协调重力、肌肉活动以及两者之间的相互平衡的时候，才能学会自己坐着。但那是在您的宝宝努力练习学会如何翻身以后了。但是，给宝宝周围垫上软垫，把他放在沙发角落里是不能让他学会自己坐着的。

您可以这样用游戏的方式促进宝宝的成长发育

越来越多的宝宝在这个年龄喜欢上运动游戏了。不论是用舌头舔别人的脸，还是被爸爸抱着（小心谨慎地）抛向天空，或者在熟悉的妈妈的膝上开心地蹦蹦跳跳，所有这些都会给您的小宝贝带来无穷的乐趣。

日常的玩具

宝宝对于把所有东西都放进嘴巴里尝一尝这件事的偏爱，在这个月也没有减弱。对于宝宝来说，一个东西多贵并不重要，重要的是它是否可以发出"叮叮当当"或者"窸窸窣窣"的声音。这个"玩具"最好较轻，而且容易抓握，这样宝宝就可以把它从一只手递到另一只手。符合这个标准的有喝空了的酸奶杯（注意：只能使用没有锋利棱角的酸奶杯）、（皮）手套、（新的）指甲刷、勺子、打蛋器等。根据经验，一把（耐摔的）带手柄的小镜子也会受到我们的小小发现家的喜爱。

让事情变成一种仪式

对于这个年龄的宝宝来说，很多重复性的行为都可以变成有意义的仪式了。您可以用这种方式给宝宝每天的日程安排确立一个框架。用不了多久他就知道了：如果妈妈或者爸爸总是在重复某一种行为方式，那么我也要遵守这个游戏规则。例如，如果您在晚上哄宝宝睡觉的时候重复给他唱同一首催眠曲，就会让这一切成为一种

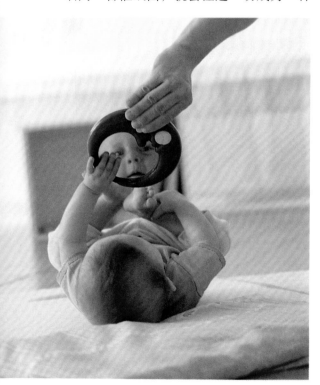

宝宝喜欢看镜子里的面孔，对镜子里的面孔感到非常惊讶。

仪式。根据经验，仪式可以帮助很多宝宝理清这一天从早到晚应该做的事情。在理想的状态下，他不久就会知道：妈妈或者爸爸一开始哼唱这个旋律，就是要睡觉了。

捉迷藏

您可以跟您的宝宝玩捉迷藏，但是要保证您一直在他的视野范围内。您可以用双手、毛巾或者一张纸遮住脸跟宝宝玩捉迷藏逗他开心。当您一边大声说着"你好"，一边拿开遮住脸的东西时，再次看到您的脸肯定会让宝宝非常开心。

舌头表演

对于很多宝宝来说，看到爸爸妈妈用自己的舌头做出各种花样也会让他们感到非常神奇。您完全可以试一试，看看您的宝宝有什么反应：伸出您的舌头，让它在嘴唇上舞动，然后飞快地把它收回到嘴巴里。有些宝宝对这种舌头的表演非常感兴趣，也想做得和您一样好。

举高高

很多宝宝都非常喜欢被举到高处（一定要注意安全）在空中转圈圈。当他们被举到空中转圈圈时，大多数的宝宝都会欢欣鼓舞，开心得撒欢儿。

雨伞秀

您坐在地上，把宝宝放在您的膝盖上。然后打开一把尽可能大的伞，给宝宝讲一讲雨、太阳和月亮。宝宝会好奇地抬头看，并且认真听您说话。

翻身小帮手

您的宝宝对翻身这件事没有很大的兴趣？那么您可以使用下面的小窍门来鼓励他：当宝宝以仰卧的姿势躺在您面前的时候，您可以给他一个婴儿手抓环。如果他用右手抓住了这个手抓环，您需要从左边用可以发出声音的玩具来引诱他向左边看。现在您要拉住他的手抓环，轻轻拉动它。如果宝宝愿意，现在他就可以不费太大力气地向左侧转身，或者是翻身变成俯卧的姿势了。

在这里一定要注意安全：宝宝们喜欢被爸爸高高举到空中的感觉。

宝宝有必要参加游泳课程吗?

是的，婴儿游泳课完全有必要，因为根据经验很多宝宝都喜欢在妈妈的臂弯里到水下去玩，他们会很开心。在婴儿游泳课上，教练会告诉您应该如何在水下抱孩子。如果您有恐水症，那么就不要参加了。在水里来回运动可以看作是一种对身体的温柔的按摩。除此之外，可以改善宝宝对身体的感知、放松肌肉。水可以刺激运动能力的发展，训练宝宝的感官。但是研究证明，参加游泳课程的宝宝在第一年中会比不参加游泳课程的宝宝更容易发生腹泻。多数时候是轮状病毒导致了这种现象。这种病毒抵抗外界的能力非常强，对消毒剂有很强的抵抗力，因此它们甚至可以在水中存活。

我要带宝宝去游泳池的时候需要注意些什么?

一般来说，宝宝要达到九周或者十周大的时候，才可以被带去游泳池。除此之外，他还要能够抬头和保持这个姿势。宝宝需要的水的温度是 34℃ 左右，这样他们才能放松肌肉。因此，您要提前询问您所选择的游泳馆，他们是否有暖泳日。年龄稍微大一些的宝宝（十个月以上的）在 29℃ 到 30℃ 之间的水中也会感觉到很舒服。您和宝宝最多只能在水里待 30 分钟。尿布作为宝宝的贴身装备，在水里是不合适的：它会吸收很多水，变得很重，它产生的阻碍多于它产生的保护作用。相反，有塑料内衬的游泳裤可以很好地控制宝宝的大小便。还有一件事非常重要：虽然氯可以让游泳池中的水质保持清洁，但是会导致一部分宝宝的皮肤变得非常干燥，或者还有可能眼睛发红。后者一般在几个小时之内就会自己消退了。针对皮肤干燥，可以使用婴儿润体乳。您还可以选择那些不加氯而是使用臭氧或者盐来清洁水质的游泳池。这些游泳池的水对宝宝的皮肤要好一些。如果您的宝宝是早产儿，那么您需要等到他的发育情况达到 9 ~ 10 周大的婴儿的时候，再带他去游泳。

我的宝宝已经五个月大了，但是他并没有准备用手去拿一些东西或者想要去抓什么东西。我应该对此感到担心吗?

不用。实际上，确实有一些孩子，他们不想用手抓的方式去认识周围的世界，而是更喜欢以被动的姿态去观察周围的环境。这并不糟糕。但是最晚在他六七个月大的时候，如果情况还是这样，您可以带他去医院进行儿童保健检查，儿科医生会针对他的抓握能力进行检查的。他会首先给宝宝的一只手递一个东西，然后再给另外一只手一个东西。然后他就要开始检查，您的宝宝是否有能力同时用双手握住两个东西并且坚持几秒钟。如果您的宝宝不能做到，那么有可能表示他发育迟缓。但是您是可以预防这件事的发生的：您可以为宝宝提供各种不同的新玩具（毛绒玩具、饭勺），鼓励他去抓这些东西。这样宝宝肯定会发现乐趣，原来自己的手可以做这么多事情呢。

我的宝宝应该多久大便一次？大便这件事有什么规则吗？

成年人的大便是一件比较因人而异的事，婴儿的大便也是这样的。有些宝宝可能 1 天会大便 1 次或者多次，另外一些宝宝可能 1 周才大便 1 次，而且没有腹痛或者便秘。对于所有宝宝来说，有一个粗略的标准值：对于母乳喂养的婴儿来说，每天 4 次到每周 1 次大便都算正常。如果一个孩子获得了足够的热量，他的大便就会有规律的，也就是说，也有可能是每周 1 次。如果您的宝宝大便的次数比 1 周 1 次还少，或者您的宝宝在没有大便的日子里变得非常不安，长时间哭闹，那么您就要向儿科医生进行咨询了。那些吃婴儿乳制品长大的孩子，大便次数在 1 ~ 3 天 1 次都是正常的，因为奶粉确实会导致便秘，您也可以从宝宝坚硬的大便看出这一点。

我的宝宝皮肤上有一些红色的小斑点。我担心它有可能是神经性皮炎。

神经性皮炎或者过敏性皮炎是一种没有查明原因的皮肤疾病，这一点很重要。皮肤上出现红斑有很多的原因（遗传因素、环境因素、过敏、心理压力或者饮食因素），要做出确切的诊断非常困难。因此，我们诊断神经性皮炎时需要谨慎。仅仅一个干燥的皮肤点不能诊断是神经性皮炎，只有当多个症状同时出现，才可以考虑是神经性皮炎：典型的症状是皮肤干燥，有鳞屑（主要出现在面部、腘窝、肘窝和手腕），发作时会痒，发红，感染。神经性皮炎患者眼睛下方经常有双层眼皮。

第 6 个月

现在您的宝宝会有目的性地去抓那些他感觉有趣的东西。如果您把一个玩具递到他的面前，他很有可能会兴奋地张开双臂，仔细观察一下这个玩具，用双手抓住它，然后把它送进嘴巴里。

您的宝宝是这样成长的

现在宝宝趴在床上的时候，已经可以用手臂撑住床，让身体向上抬起了。在做这个动作的时候，他的双手是打开的。如果您试着抬起他身下的毯子，他也许已经知道用身体抵住毯子来保持平衡了。在此期间，几乎所有孩子都可以在卧姿和坐姿的时候控制自己的头部了。除此之外，在卧姿和坐姿的时候把头部从一个方向转向另一个方向，对于他们来说也不成问题了。非常聪明的宝宝现在已经可以从卧姿变成坐姿了，但这只是少数情况。

我也有话要说！

从现在开始，您的宝宝会越来越积极地参与到他周围的环境中去，尤其想要参与到交流当中去。他现在会自言自语，也喜欢和别人对话。他们尤其喜欢的音节是"gaga"或者"dada"。这些短的音节会被他们串起来用。而且在此期间，他们的第一声"mama"也会如期而至，这会让妈妈们非常开心。

下落的乐趣

如果宝宝发现了一个有趣的玩具，经过努力终于把它拿在了手里，他会仔细研究这个东西，翻来覆去地观察它，当然也会塞进嘴巴里去。他们会把这个玩具从这一只手递到另外一只手里。如果由于疏忽把玩具掉到了地上，宝宝会津津有味地观察玩具掉落的过程。那些非常机灵的宝宝会对这个游戏产生很大的兴趣，他们会再次让玩具掉落来观察它掉落的过程，这会给他们带来很多乐趣。

幽默感和音乐感

这个年龄段的宝宝很爱开玩笑逗乐。大多数宝宝都喜欢被大人逗，跟他们互相逗趣。特别开心的时候他们会满面红光，好像永远都玩不够似的。有时候，您一来到宝宝的身边，他就要求您开始跟他玩。

听这个年龄的宝宝唱歌是一种特别纯粹的快乐，因为大多数时候宝宝们可以用不同的声音发出"尖叫"。宝宝的这种音乐表演经常会在早晨睡醒之后作为"早安曲"送给爸爸妈妈。

开始吃粥！

在这几周中，很多妈妈都非常期待开始给宝宝喂粥作为辅食。因为根据经验，很多这个年龄的宝宝一提到食物就会变得非常没有耐心。他们经常等不及要吃东西。最好是在宝宝满 6 个月以后，您可以开始在母乳之外给他添加辅食。如果宝宝刚开始的时候吃下去的辅食非常少，您也不要生气（辅食相关的信息详情见第 195 页）。开始吃辅食对于宝宝来说是一个非常大的变化。他必须得学习如何从吮吸转换到咀

感官训练

宝宝的感觉能力也在飞速进步：当他心情好的时候，这个地球的小公民会希望参与到所有事情中去，到处看一看。当您吃饭的时候，他更喜欢坐在您的膝上，而不是坐在自己的童车里。但是把宝宝抱在腿上的时候一定要注意，所有他能够着的东西他都想要检查一下：盘子、餐具、食物、桌布。这些东西还会被宝宝放进嘴里，因为他们想要动用所有感觉器官来感知这个世界：这个东西尝起来怎么样？闻起来什么味道？摸起来什么感觉？它会发出声音吗？您能够保证安全的东西都可以让宝宝去尝试，因为这对于他的各种感觉器官来说是一个很好的锻炼。

嚼。在最初的几天中有可能出现这种情况：有几勺粥从宝宝的嘴里流出来了，因为他的舌头把食物向前推出来了，而不是向后咽。但是不用担心，大多数宝宝只需要几天就可以适应用勺子吃粥了。

您可以这样用游戏的方式促进宝宝的成长发育

宝宝的各种感觉器官都在随着时间的流逝而变得越来越灵敏。您的宝宝可以越来越明确地表达自己喜欢什么，不喜欢什么。请您多多发挥您的创造力，带他踏上认识世界的探险旅程！

认识世界

水摸起来是什么感觉，用脚踩在草地上是什么样子的？刷子刷东西是什么感觉，拨浪鼓是什么声音的？您的宝宝现在开始动用所有感觉器官，准备好认识新事物了。现在他在向您发出请求，因为只有在您的帮助下他才能继续锻炼自己的感觉器官。如果季节条件允许，您可以让宝宝光着脚丫去草地上。当小草在宝宝的脚底下挠痒痒时，他也许会想要知道，到底是什么在他的脚下。足浴也是可以让宝宝感到非常兴奋的事。您可以在小盆或者宝宝游泳池中装满温水，然后小心翼翼地把宝宝的双脚放进去。足浴可以给很多孩子带来乐趣，宝宝们会开心地在水里扑腾小脚丫，让水花四溅。

手指的舞蹈

手指游戏很受宝宝的喜爱，他们在这个游戏中可以听到儿歌或者童谣，同时认识自己的身体。有这么一些深受大家喜爱的儿歌，例如：

一个人呀上楼梯（用两只手指在宝宝的胳膊上向上走），敲敲门（轻轻敲敲宝宝的额头），哎呀呀（轻轻拉一拉宝宝的耳朵）——他的小鼻子（轻轻拉一拉宝宝的鼻子）。

荡秋千

几乎所有宝宝都喜欢一边荡秋千，一边唱歌。下面的这个游戏是一个非常经典的游戏，您需要让宝宝坐在您的膝上，和您面对面。您的双手穿过他的腋下，抓牢他，一边摇他，一边唱下面的歌谣，开始的时候慢一些，后面越来越快：

大钟嘀嗒嘀嗒响（慢慢地小心地前后晃动）。小钟嘀嗒嘀嗒响（比刚才略快地晃动）。怀表嘀嗒嘀嗒响（比刚才略快左右晃动）。教堂的大钟当当响（慢慢地前后晃动）。挂钟布谷布谷响（上下晃动）。沙钟沙沙地响（用双手轻轻地从头到脚抚摸宝宝，好像沙子在他的身上流动一样）。

老鼠跑到哪里去了？

轻轻地给宝宝的全身挠痒痒也能给他带来乐趣。您需要把宝宝放在膝上，用双手轻柔地挠他痒痒。许多宝宝都喜欢在这个过程中听爸爸妈妈讲故事，例如爸爸或者妈妈的双手是两只小老鼠，在宝宝的身上跑来跑去，还在这里玩捉迷藏。

从这只手到那只手

在这几周中，您可以给宝宝的一只手里塞一些有趣的东西，来锻炼他的协调能力。这个东西是一直在宝宝的这只手里还是被他换到了另外一只手里？还有一个好方法：您可以试着和宝宝做交换。您需要科学家证实，宝宝最喜欢在吃过饭以后以及晚上玩游戏。您可以利用这一点，在相应的时间安排和宝宝的游戏。

向宝宝提供一个物品，用它来换宝宝手里拿着的东西。他会跟您换吗？还是在犹豫？

金属箔纸发出的"噼噼啪啪"的响声

救生毯属于您的汽车急救箱中的必备物品。在任何一个建材市场都可以买到。它不仅可以发出漂亮的银色或者金色的光，当我们把它弄皱的时候，还可以发出"噼噼啪啪"的响声。把救生毯铺在地上让孩子玩，有些孩子会玩很久，根本停不下来，您的孩子也许就是这样的。一旦宝宝开始动手拉动救生毯，它就会发出"窸窸窣窣噼噼啪啪"的声音，有些宝宝马上就会入迷了。与铝箔不一样，救生毯是撕不坏的。

提示：如果您想试试这种救生毯，那么一定要在宝宝身边看着他。对于有些宝宝来说，这种"噼噼啪啪"的声音会让他们感到害怕，而不是给他们带来乐趣。除此之外，您在购买的时候还需要注意，这

可以发出"噼噼啪啪"响声的玩具：耐撕扯的救生毯。

个救生毯不能往下掉一些亮片，宝宝有可能会误吞下这些小亮片。

121

我一个朋友的宝宝是母乳喂养的，我的宝宝是吃奶粉的，她们是同龄人，她的宝宝比我的宝宝重两公斤。为什么说母乳喂养的孩子比吃奶粉的孩子体重增加得多却不需要担心？

母乳喂养的婴儿不会有储脂。也就是说，虽然产生的脂肪细胞可以看得出来，它会以婴儿肥的形式出现，但是不久就会被身体消化掉。基本上那些母乳喂养的孩子以及吃奶粉长大的孩子都是根据他们的需求来喂养的。也就是说，只有在他们饿了的时候妈妈才会给他们喂奶。不一样的是，那些喝配方奶粉的孩子会显得格外强壮一些。也许他们需要减少摄入量。因为喝配方奶粉的孩子存在一个危险，就是脂肪细胞长年累月在身体中积累，他成年之后如果摄入的热量过多，这些脂肪只会越来越多。请您咨询您的儿科医生。

只要我带着宝宝坐到饭桌前，他就会去抓所有他能抓到的东西。这是一个应该开始给他增加辅食的信号吗？

请您不要对宝宝这种突然袭击式的抓东西感到生气。当宝宝们在餐桌前想要把面包、面条拿在手里的时候，他们的父母总是会认为，到了该给他们添加辅食的时候了。实际上他只是对他周围的世界感兴趣而已，他会用他的手和脚去认识这个世界，他还会用同样的热情去抓啤酒杯、圆珠笔或者遥控器。他对盘子的追求其实和他的消化系统是否成熟之间并没有什么关联，更多的是体现出他在积极地参与到家庭生活中去。

宝宝从第 6 个月开始就长牙了，是吗？

非常有可能会是在这个时候开始长牙。根据经验，首先长出来的会是下面的两个门齿，之后是上面的门齿。如果您的宝宝长牙长得慢，您也不需要担心。长牙再晚几周甚至几个月都是正常的，有些孩子在周岁的时候还没长牙呢。

我的宝宝对翻身没有兴趣。我可以做些什么来帮助他练习这个运动，并且让他对此感兴趣吗？

您可以把您的宝宝面朝上地放在一床被子上或者一块浴巾上。您只需要抬起被子的一侧，宝宝就会由于重力而翻滚成俯卧的姿势。您也不需要担心他的小胳膊被压在肚子下面了怎么办。您的宝宝会自己把胳膊从肚子下面抽出来的，这样他才能用两只胳膊支撑住身体。

大一些的哥哥总是把自己的安抚奶嘴塞到比他小的宝宝的嘴巴里。这样做很糟糕吗？

您需要试着阻止他，让他不要再这样

做了。因为共用的奶嘴不仅有可能带有致龋细菌，还有可能传播其他有害菌，例如疱疹病毒。同样也适用于成年人：奶嘴只能放在孩子的嘴里，也就是它的小主人的嘴里，即使是为了舔干净它，也不可以放进另外一个人的嘴巴里。

什么时候我可以带我的宝宝去骑自行车？

要看您给宝宝提供的坐的地方是什么样的：如果是装在车子后座上的那种座椅，需要等到宝宝能够不需要别人帮助地长时间自己坐着的时候。另一方面，这种座椅只有在宝宝的身高达到一定高度的时候才可以使用。这种座椅为了保证安全会用安全带固定住宝宝的双腿。但是这个措施只有在宝宝的腿足够长可以踩到脚踏板的时候才能起到保护安全的作用。而大多数孩子要达到这个程度需要一周岁以后了。携带宝宝骑自行车的第二种可能性是把他放在自行车拖车①里面。几个月大的宝宝就可以被放在里面了，但是前提条件是宝宝被固定在婴儿提篮里面，然后把婴儿提篮固定在自行车拖车里。婴儿提篮可以在自行车用品商店购买或者您可以去跳蚤市场购买二手的。

我的宝宝有时候会斜视。我应该针对这件事做些什么吗？

在前 6 个月不需要您做些什么，因为眼睛的平行校准功能还需要慢慢自行调整适应。但是，如果在 6 个月以后还有一只眼睛向内、向上或者向一边偏的情况，那么您就需要带宝宝去看眼科医生了。看起来无大碍的轻微眼睛斜视如果不进行治疗，也是会发展成视力障碍的。

婴儿用品商店有卖婴儿跳跳椅的。这个东西的评价怎么样？

跳跳椅是一种秋千，孩子坐在一个篮子里，双腿从篮子底部伸出去。整个篮子挂在一个弹簧上，宝宝的双脚接触到地面以后，就可以自己跳上跳下了。这个东西的问题在于，宝宝的脚在地面上只是蜻蜓点水的一顿。因为跳跳椅在设计的时候并不能根据每一个宝宝的腿的不同长度进行调节，这就会导致他们只是用自己的脚趾轻轻掠过地面。正是这种姿势（用脚趾接触地面）有可能导致脊椎的损伤，让他们容易出现不良的姿势。

---

①自行车拖车，是一种特殊的婴儿车，可以通过连接装置稳固连接在成人自行车后面，德国常见，国内较少。

第 7 个月

在这个月大多数宝宝都会发现自己的小脚丫们可以灵活地活动，可以被抓在手里，甚至可以塞到嘴巴里去。也许您的宝宝在这段时间里已经开始学着自己站立了，当然是在您的帮助下。

您的宝宝是这样成长的

许多宝宝在满 7 个月的时候都可以从仰卧姿势翻身变成俯卧姿势了。从这个角度来看世界，看到的是完全不一样的东西。他们可以感受到他们身下的地面的质地（瓷砖地面、木地板或者地毯）。宝宝们可以看到面前有一些东西是他们伸手就可以抓到的，从"青蛙"的视角看妈妈，她怎么那么高啊……

小小探险家

宝宝趴着的时候会尝试着去抓所有他可以抓得到的东西。激动的时候他会挥动小胳膊小腿，好像在"旱地游泳"一样。这个练习可以帮助宝宝锻炼他的肌肉，并且向我们展示着，他想要动用所有可以使用的肌肉来达到自己的目的。这是一个非常明显的信号：宝宝体内的探险家精神苏醒了。如果宝宝手里拿着一个东西，现在他已经可以用一只手把它举到肩膀的高度，而只用另一只手支撑着地面。

你是我的一部分！

这个年龄的很多宝宝都意识到自己有脚了，而且还有脚指头，脚指头居然还会动！宝宝躺着的时候会非常好奇地去抓自己的脚，如果没有衣服和尿布的阻碍，他会非常成功地做到这一点。如果他抓住了脚丫，它们也就成了宝宝好奇的对象，并且也会被送到嘴巴里去。当爸爸妈妈在一旁惊讶地看着宝宝做出如此高难度动作的时候，宝宝则正在津津有味地舔自己的小脚丫。宝宝就是用这种方式来了解自己的脚丫是什么感觉的。

小心，桌边的宝宝！

只要宝宝一坐到桌边，他面前的所有东西就都有可能处于危险状态了。他在桌上看到的所有东西对于他来说都非常有趣，尤其是盘子、碗、刀、叉、勺子和筷子。宝宝只要经过努力终于把它们拿在手里了，就会把每一样东西都放进嘴巴里尝一尝，而且它们最终都会掉到地上去。最晚到现在，您的宝宝已经理解了松手和掉到地上去之间的关系，而且认为他应该通过实践来验证这一点（见方框）！

救命啊，妈妈走了！

您的宝宝逐渐意识到，当爸爸妈妈离开房间的时候就说明他们走了。之前，宝宝对爸爸妈妈的感知就是他们在自己的身边，他们不在自己身边的时候，宝宝也不会想他们。这个情况从现在开始就会发生改变：在接下来的几周中，只要您一离开房间，您的宝宝就会意识到，虽然您还在，但他看不到您了。只要他意识到这一点，就会觉得自己被抛弃了，因为他想您，想要您再回到他的身边。而且他还知道，他不能追在您的身后跟着您。这种状况让

> **上上下下的享受**
>
> 如果您的宝宝非常热衷于让东西掉到地上，并且在您把掉到地上的东西捡起来之后，他会发出开心的叫声，那么您一定要和他玩一会儿：您不要觉得他把东西掉到地上是为了让您生气，他只是想让您跟他一起玩耍。大脑中的许多非常重要的神经联系就是通过这种方式建立起来的。

他感到害怕。他想回到爸爸妈妈的身边，因此就会用大声哭喊的方式召唤您回来。

允许怕生

以这个意识为起点，宝宝在第7个月左右会出现怕生的现象。也就是说，您的宝宝在看到陌生人的时候会变得羞怯退缩，如果陌生人向他靠近，跟他说话或者想要抱他，他甚至会开始哭。

小话痨

当宝宝心情好，身体好，或者在自己熟悉的环境中自己玩的时候，他最喜欢"说话"了。在此期间，他已经有了自己最好的保留剧目了。他会把一些元音、"err"以及其他音放在一起，用到刚刚和爸爸妈妈的对话中。听起来就像是这样的："eee, ha, ha, he, e-pa-pa, da-da, ma-mam-mam……"

您可以这样用游戏的方式促进宝宝的成长发育

接下来的几周是宝宝跟同龄人慢慢建立联系的好时机。您的宝宝会变得越来越好动，越来越仔细地观察他周围的人。

引诱他翻身俯卧

那些还是更喜欢仰卧而不太喜欢翻身俯卧的孩子，也许需要一个小小的"引诱"。您可以在积木块或者一个较大的木球（最好是中间有一个洞可以用来固定绳子，大小合适，不能让宝宝把它吞下去）上拴上一条绳子。借助这条绳子把这个物体拿到宝宝的头旁边，和他的视线处于同一个高度，直到他注意到这个物体。宝宝一旦表现得对这件物品感兴趣，您就可以慢慢地来回晃动这个物体了。宝宝肯定会转动头部追随物体的运动。除了他的视线，大多数时候还会有一只小胳膊也会参加到追随这个物体的运动中来，幸运的话他就可以翻身变成俯卧的姿势了。

学习拿东西

在儿童体检中，儿科医生会检查您的宝宝是否可以做到一只手拿着一个东西，然后再拿起第二件物品。您可以锻炼宝宝的这种能力。给宝宝一个较大的木球，给他一些时间让他拿着球玩一会儿。然后再给他第二个物体，例如一个小的拨浪鼓。

刚开始的时候宝宝可能会有些迷茫，不知道该怎么做。但是不一会儿他就会腾出一只手去接第二个物体了。

用玩具"钓鱼"

您可以和宝宝面对面趴着，和宝宝的头部相隔大约一米。然后拿出一个宝宝感兴趣的玩具（可以是一个拨浪鼓或者是一把勺子）。您把这个物体拿到宝宝面前，比他可以够到的距离稍稍远一些。他会挥动胳膊和腿，努力去拿这个玩具。

跳上跳下，跳上跳下……

您可以让宝宝坐在膝上，给他一个小球，最好是既可以弹跳，又可以让宝宝拿在手里玩的小球。在宝宝认真仔细地对这个小球赏玩一番之后，他有可能会让小球掉到地上去。小球落地的时候宝宝会很兴奋地追随它的运动轨迹，如果小球可以在地上弹跳多次，会让宝宝觉得特别开心。如果您在这个游戏中使用的是弹珠，那么您应该选择一个合适大小的弹珠，否则有可能会被宝宝吞下去。

认识

您也可以让宝宝时常接触一些没有危险的日常用品。当您在厨房里干活的时候，可以让宝宝在幼儿围栏里或者铺在地上的毯子上躺着看您干活。如果您能一边干活一边给他解释您在做什么，就更好了：清理洗碗机，把煮面条的水放到炉灶上，洗菜，您的宝宝会喜欢听您说话，观察您所做的事的。宝宝可以通过这种方式用他的眼睛、耳朵，还有双手去认识他周围的世界，例如一把勺子或者一个打蛋器"掉下来"了，可以让他把玩。

我在哪里呢？

捉迷藏的游戏非常受宝宝的喜爱，比几周前还要受到他们的喜爱。这个游戏非常容易，因为对于宝宝来说，他看不见的东西就是不存在的东西。因此，当他认为消失了的东西突然再次出现的时候，他会非常开心。您可以坐在或者跪在宝宝面前，头上盖一块布。您的宝宝会特别惊讶地看着您，想要知道现在发生了什么。当您一边说着"布谷布谷，我在这里呀"，一边面带微笑把头上的布扯下来的时候，您的宝宝可能会笑成一团。您的宝宝也会"把自己藏起来"。您可以拿一条丝巾或者薄一些的干净的口水巾盖在宝宝的头上，然后问："我的小宝贝在哪里呀？"然后把丝巾或者口水巾从宝宝的头上拿下来，跟他说："他在这儿呢！我找到你啦！"这种捉迷藏的游戏不仅可以给宝宝带来快乐，而且还能用游戏的方式帮助宝宝适应

捉迷藏很有趣，尤其是妈妈说"布谷布谷，我在这里呢！"的时候。

短暂的分别。宝宝还会喜欢让您把他熟悉的物品藏起来。很简单地把他的毛绒玩具放在一块布下面，然后问宝宝，它去哪里了呢？宝宝会兴奋地看着您，当看到您拿开那块布的时候他会非常开心。

促进孩子们之间的交流

即使您的宝宝还没有有目的性地跟其他孩子一起玩，和同龄人保持有规律的交流也是对他有积极影响的。现在是带宝宝参加游戏小组的时候了。这样的小组对于许多妈妈来说也是一件好事。她们可以在这里认识其他妈妈，互相交流育儿经验。

除了我以外的其他人一靠近我的宝宝，他就会怕生，甚至是奶奶也不行。我应该怎么做呢？

在这几周中，宝宝偏爱那些经常围在他身边转、照顾他的面孔，会冲着他们微笑。宝宝会用这种方式向这些人展示他的爱和好感。您的宝宝是爱您的，他非常信任您。当然了，有时候向外人解释也挺难的。您可以告诉那些宝宝害怕的人，他现在正处于一个非常重要的阶段，宝宝对他们的这种拒绝的态度并不是针对他们个人。用不了多久这个阶段就会过去，您的宝宝就会向所有人微笑了。还有一件事：如果宝宝不想被别人抱着，想要回到您的怀抱时，请您尊重宝宝的愿望。

我的宝宝有可能不怕生吗？这意味着我跟他之间的关系不够亲密吗？

每个孩子都会怕生。这是个好现象，因为这个阶段是宝宝成长过程中一个非常重要、有意义的阶段。只是您的宝宝拒绝陌生人的强烈程度是会有所不同的。如果您的宝宝面对其他人只是表现得有些害羞，那么有可能是因为他已经习惯了那些不属于家庭成员范畴的人。您应该感到高兴，因为以后您要把他交给奶奶或者保姆照顾的时候，就不会有问题了。

我已经开始给宝宝添加辅食了，我想时不时地给宝宝一些可以啃的东西。婴儿饼干怎么样？

婴儿饼干里一般含有很多糖和精粉。这些东西是营养成分很少的碳水化合物。如果您想要的就是给宝宝一些可以让他啃咬的东西，那么可以给他一块长条面包的头。适合让宝宝没事的时候啃一啃的东西还有粗粮华夫饼。因为除了母乳或者奶粉中的一点点乳糖，您的宝宝还不知道什么是糖，因此他也不会想要吃糖，您还能有一段时间不让他吃糖，这段时间越长越好。重要的是：给他吃东西的时候，您要在他身边。小孩子很容易吃东西呛着，最糟糕的情况下会窒息而死！

自从我们开始给宝宝添加辅食，他就有了红屁股。我们可以做些什么呢？

请您再次查看宝宝的食谱：他是不是吃了一些含有很多酸的水果和蔬菜？柑果类的橙子、橘子就属于这一类水果。还有猕猴桃、菠萝、葡萄、一些浆果（主要是醋栗科）以及西红柿都有可能是导致宝宝红屁股的罪魁祸首。诱因还有可能是水果果汁饮料。您最好还是让宝宝习惯喝白开水或者不加糖的药草茶，这些饮品不会对宝宝的皮肤造成刺激。

我可以让宝宝喝自来水吗，还是必须买一些标签上写着"适合用于制作婴儿食物"的矿泉水？

您需要向当地的自来水厂询问清楚，你们那里自来水里面的硝酸盐含量是多少。如果硝酸盐的含量超过 50mg/l，那么就不要让宝宝喝了，您还是去买矿泉水吧。同样，如果您生活在一幢非常古老的房子里面，房屋里的水管是铅和铜制成的，自来水有可能会受到污染。只有把您家的自来水送去检验，才能确保绝对的安全，相关信息您可以咨询自来水厂或者卫生局。如果检验的结果证实您家的自来水质量很好，那么就不妨碍您让宝宝喝自来水了。如果您让宝宝喝矿泉水，那么要注意给他喝蒸馏水，或者把矿泉水中的碳酸清除掉。在购买矿泉水的时候要注意，买那些标签上写着钠含量低，适合用于制作婴儿食物，氟化物含量低于 1mg/l 的矿泉水。德国商品检验基金会发现，一些声称"适合用于制作婴儿食物"的矿泉水某些物质含量却超标了。所谓的"婴儿水"为了能够用于制作婴儿食物都是经过额外的净化的。溶解在水里的物质以及其他人们不需要的物质的 99% 都被去除掉了，这样一来，水里就没有细菌了，因此也不需要再煮沸消毒了。

究竟宝宝吃鱼会怎么样呢？我可以给宝宝吃鱼吗？

很长时间以来，大家都建议不要给一岁以内的孩子吃鱼。主要是因为鱼是有可能造成过敏的。但是最近几年这个建议发生了改变，没有人再反对给添加了辅食几周后的孩子吃鱼了。鱼类是非常重要的蛋白质和矿物质来源，前提条件是鱼的质量很好。请您尽量购买有机产品。请您注意那些没有鱼刺的鱼块，并且经常更换鱼的种类，例如富含 DHA（二十二碳六烯酸）、EPA（二十碳五烯酸）的海鱼（鳕鱼、鲈鱼等）以及淡水鱼（鳟鱼、梭子鱼、梭鲈等）。建议在制作的时候保持口味清淡，例如清蒸。如果您想做炸鱼条，建议还是少做，而且不要用高温烹炸。除此之外，在给宝宝吃之前，把裹在炸鱼外面的面糊去除掉。

我的宝宝就是没有兴趣翻身俯卧。我能做些什么？

您可以把俯卧变成一个让宝宝觉得有吸引力的姿势。游戏毯可以做到这一点，游戏毯上有很多（塑料薄膜）小镜子、木环、可以发出响声的箔纸以及其他有趣的玩具。宝宝在这样的游戏毯上还是可以待一会儿的。

第 8 个月

这个月宝宝在运动方面没有什么新的进步，第 8 个月是一个"过渡阶段"。您的宝宝需要时间来练习他已经学到的东西。但是在这段时间里您的宝宝嘴巴可没闲着：他要开始长牙了。

您的宝宝是这样成长的

几乎所有的宝宝在满 8 个月的时候都可以做到有意识地在俯卧和仰卧之间互相变换，并且在俯卧的时候可以用双手支撑身体了。幸运的话，还可以看到所谓的"躺着的小矮人"：当宝宝俯卧的时候，会停留在侧卧的姿势，用下面的一只胳膊支撑身体。这个姿势需要他使用上面的一条腿来保持身体平衡。

下一步就是坐和爬

这种侧卧的姿势是在为下一步直接坐起来做准备。大多数宝宝都可以越来越好地做到俯卧的时候把双臂伸直，然后支撑起整个上身。偶尔也会出现屁股跟着上身一起抬起来的情况。这种偶然出现的"四肢着地"是爬行的前期阶段。

学走路

您的宝宝现在特别努力地尝试依靠自己的力量朝着自己想去的方向移动。但是他的运动还不能算是人们所说的传统意义上的爬。如果您让宝宝双脚着地，他也许已经开始尝试弹跳了：他会弯曲膝盖，半蹲着或者完全蹲着行走几步，然后又蓄势待发，想要向上跳。对于大多数宝宝来说，弹跳能给他们带来很多乐趣。您可以多让宝宝在您的帮助下双脚着地站着。越常做这个练习，以后宝宝就会站得越稳。

坐起来

现在宝宝的腹部肌肉也得到了锻炼。如果您两手各伸出一根手指给躺在床上的宝宝，他很有可能会全力抓住您的手指，像是在做引体向上一样拉着您的手指，直到他可以坐起来。他的小脑袋可以和背部保持一致垂直于地面，双腿放松地放在地面上。如果您现在放开手，让宝宝自己坐着，他已经可以保持这个姿势自己坐几秒钟了。

第一颗牙

几周以来，您的宝宝总是把手伸到嘴巴里，咬自己的手指，并且口水也变多了，这是他开始长牙了。也许您的宝宝属于长牙比较早的孩子，那么现在就会长出第一颗或者几颗牙齿了。一般来说，宝宝在 8 个月大的时候首先长出来的会是下面的两颗门牙，大约 4 周之后是上面的门牙。但是，总是会有例外的，这个年龄的宝宝不管长不长牙都是正常的。

还是通过抓握物品巩固已经学习到的知识

如果您同时递给宝宝两个东西，例如积木块、国际象棋的棋子或者球，他很有可能会同时伸出双手，每一只手拿一个东西，拿在手里几秒钟。在几周之前，当宝宝伸手去拿第二个东西的时候，第一个东西就会从手里掉出来；但是现在已经到达

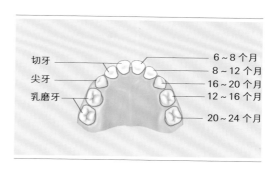

切牙 —— 6~8 个月
尖牙 —— 8~12 个月
—— 16~20 个月
乳磨牙 —— 12~16 个月
—— 20~24 个月

乳牙。不同的孩子长牙的时间区别非常大，因此这里只是给出了一个平均数据。

了他生命中的又一个里程碑式的时刻：许多宝宝现在已经掌握了保持两边协调的技能。这意味着，您的宝宝从现在开始可以（即使时间很短）同时把注意力集中在两只手上了。还有，如果您递给宝宝一个平面的玩具（例如一本小的比较薄的书或者平面的积木块），他不会再用整个手去接，而是用弯曲的手指和伸直的大拇指去拿。

您可以这样用游戏的方式促进宝宝的成长发育

在这段时间内，您的宝宝已经可以和您进行越来越多语言上的交流了。您和他说话、聊天、唱歌或者哼小调越多，就越能促进他语言能力的发展。

问问题

宝宝喜欢您的每一个问题。例如，如果您问他"唉，我们的小肚肚在哪里啊"，然后轻轻挠一挠他的肚子，说 "啊，在这

儿呢呀"，您的宝宝会开心得撒欢儿。当然您可以问他的脚指头、鼻子或者耳朵，他身体上的任何部位。这种挠痒痒的游戏可以帮助宝宝更好地学习语言。如果您每天都把这个游戏穿插在日常生活中，几周以后您的宝宝就可以自己指出每个身体部位所在的正确位置了。有客人来的时候，给他们展示宝宝的成果会让爸爸妈妈感到非常自豪的。

趴着飞向空中！

您可以双腿并拢伸直地坐在地上，让宝宝趴着，把他横着放在您的大腿上。您用一只手轻轻扶住宝宝的屁股，然后大腿慢慢向上移动几厘米。当您再次把双腿放回地面的时候，您的宝宝很有可能会尝试着用他的双手去支撑地面。

当宝宝让摇摇鸭动起来的时候，他会感到非常骄傲。

绳子游戏

如果您的宝宝已经掌握了"剪刀手"，也就是可以用伸直的拇指和食指拿起一些小的物品，那么就可以开始让他玩绳子游戏了。您需要在一只摇摇鸭或者摇摇狗身上拴一条长两米左右、不太细的绳子。然后把绳子的末端递给坐在地上的宝宝，让他拉动绳子，然后观察绳子的另一端会有什么变化。用不了多久，宝宝就可以明白他的动作（拉动绳子）和绳子另一端的玩具的变化（向他靠近）之间的关系了。

轻声低语

这个年龄的宝宝非常喜欢小声说话或者轻声低语。如果您跟宝宝小声说话，他也会尝试用同样的音量跟您对话，当然，是用他的婴儿语言。

给衣服夹子分类

衣服夹子特别棒：它们很轻，很容易被拿起来，还有一个金属的弹簧，当我们把它们扔进易拉罐或者小箱子的时候，它们可以发出非常神奇的声音。您可以给宝宝一个容器，里面装上各种衣服夹子，看一看他是如何研究这些衣服夹子的。

手的游戏

您需要给宝宝提供各种各样的东西——柔软的、坚硬的、圆形的、有棱角的、大的、小的，让他去抓。范围很广，从坚硬的指甲刷到柔软的海绵，再到（封好口的）一包弹珠。这个游戏的特殊点在于引导宝宝以我们提供给他的方式去抓握这个东西。举个例子：宝宝手里拿着一个球，您再给他的另一只手递一把梳子，但是递给他的时候梳子的柄要朝下。现在，宝宝就需要思考一下，他应该怎么转动他的手才能抓住这把梳子。刚开始的时候需要一些练习才能成功。但是用不了多久您就可以看到，宝宝已经可以调整手的角度去适应您给他的那个东西了。这可是非常重要的成就！

《烤呀烤点心》

这首儿歌非常经典，老少皆宜。好多宝宝都喜欢这首儿歌，他们还会热情地跟着节奏一起活动。在念到"把烤盘推进去"这一句的时候，您可以做出把烤盘推进烤箱（肚子）的动作，在念到最后两句的时候，您可以用您的手在宝宝的肚子上打圈。

烤呀烤点心，

面包师大声喊！

谁想烤出好点心，

必须有七种东西：

鸡蛋和奶油，黄油和食盐，

牛奶和面粉，

藏红花让点心变黄色。

把烤盘推进去！

嗯！真好吃！

衣服夹子是一个经典的玩具。简单，经济实惠，有创造性！

133

我不注意的时候，宝宝就把所有东西都放进嘴巴里了。这样是不是不好啊？

首要的是宝宝没有把一些危险的东西（例如弹珠或者硬币）拿在手里。如果宝宝把危险的东西吞下去了，就有可能会有危险。首先是在宝宝吸气的时候这些东西会进入气管，堵在那里。出于卫生方面的考虑，不要让宝宝从地上捡起面包饼干的碎屑放进嘴巴里或者舔自己的袜子。您首先要注意的是，不要让大人们穿鞋进入宝宝经常在地上活动的房间。还应该注意的就是花盆以及里面的泥土和植物。因为花盆里的泥土通常含有很多细菌，您可以用塑料薄膜（家居用品部有卖的）把花盆盖住。您还可以把旧的紧身连袜裤的裤腿剪下来，从下面套在花盆上。上面的部分就围在植物外面然后打上结就可以了。在室外的时候，宝宝尝一口沙子，咬一口草茎或者小雏菊，舔一舔石头，都是不可避免的，因为他想要知道这些东西尝起来什么味道。大多数时候，您用清水给宝宝洗一洗嘴巴就可以了。但是，遇到烟嘴、某些植物或者浆果的时候，就需要小心谨慎了，因为它们有可能会对宝宝的身体造成损伤。如果您的宝宝吃了一些不知名的浆果，只能是让他多喝水（或者茶）了，在紧急情况下还要给急救中心打电话。

现在我们可以预测他以后能长多高了吗？

可以的。借助一些简便的法则是可以计算出宝宝最终的身高的。这里有一个规则：孩子父母的身高相加，得出的结果除以 2。女孩儿的身高用这个结果减去 6.5 厘米，男孩儿的身高用这个结果加上 6.5 厘米。最终的结果就是这个孩子成年以后可能的身高，可能有 8.5 厘米的误差。虽然这个结果并不精确，但是却很能说明一个问题：孩子的身高和父母的遗传因素有很大的关系。

我总是在书上看到，6 个月大的宝宝应该会坐着了。我家宝宝已经快 9 个月大了，还是不会从俯卧的姿势坐起来。这正常吗？

我们经常能从书上看到或者听说，6个月大的宝宝就可以自己坐着了，而且已经有两颗牙了。但是这并不是一定的。一般来说，宝宝在大约 9 个月大的时候才可以自己坐着。这里的"坐着"的意思是宝宝依靠自己的力气由俯卧或者仰卧的姿势变成坐姿，在没有外界帮助的情况下自己坐一段时间。

宝宝长牙了！我们现在就应该给他护理牙齿了吗？如果是，那么该如何进行呢？

宝宝长出第一颗牙齿之后，您应该给他买一把特制的儿童牙刷。这种牙刷对于婴儿来说非常柔软，而且也比成年人的牙刷小很多。刚开始的时候，每天饭后（尤其是在睡觉前）给他刷 1 ~ 2 次牙就可以了。还有一种很棒的东西：手指牙刷，这是一种手指套，上部三分之一有一个柔软的刷子。使用手指牙刷给婴儿刷牙会比较简单。在宝宝一岁之内只有几颗牙的情况下，还没有必要使用牙膏。如果您的宝宝属于长牙长得比较早的孩子，在一岁之前就已经长了 6 颗甚至更多的牙齿，那么您可以给他用含氟的儿童牙膏。另外，有一个非常普遍的错误认识：乳牙不需要额外进行护理，因为它们早晚是要掉下去的。事实并非如此：由于乳牙牙体总体来说比恒牙要薄，所以很容易形成龋齿。除此之外，乳牙还为将来的恒牙占位置，参与了颌骨的发育。因此乳牙也需要被好好保护。

我家宝宝根本就不会把任何东西拿在手里。这到底是因为什么呢？

首先，您不能灰心气馁，而是应该继续坚持不懈地用游戏来引导孩子抓握物品。您需要递给他一些有趣的物品，例如指甲刷、勺子等。如果这样他还是不想去碰这些东西，您应该联系您的儿科医生对宝宝进行详细的检查。

从什么时候开始能够让宝宝坐在高脚餐椅里？

一旦他会自己坐着了，就可以让他坐在高脚餐椅里面了。这时候，他的躯干肌肉已经足够强壮。这里说的自己坐着并不是说您把仰卧或者俯卧的宝宝抱起来让他自己坐着，而是他自己能够从仰卧或者俯卧的姿势依靠自己的力量坐起来。大多数的宝宝在 9 个月左右的时候才可以做到这一点，在这之前，如果让他长时间坐着，会对他还没有发育完全的脊柱肌肉造成损伤。

第 9 个月

这个时期，几乎所有宝宝都可以做到这一点：学着靠自己的力量坐起来。在耐力方面也有进步：如果您把宝宝放在一个平坦的垫子上，让他把双腿伸直平放在垫子上坐着，他现在至少可以自己坐 1 分钟了。

您的宝宝是这样成长的

为了能够坐起来，宝宝要先从仰卧的姿势灵活地翻身变成俯卧，从这个姿势出发变成"躺着的小矮人"（见第 130 页）或者四肢着地的姿势。许多宝宝会以侧卧的姿势努力向上，最终靠自己的力量完成坐起来的动作。第一次成功的时候大多数的宝宝自己也对刚刚完成的事感到很惊讶。但是这也意味着，从现在开始，您在尿布台上给宝宝换尿布时，他会变得更加灵活。请您一定要加倍注意！

一个全新的视角

宝宝可以自己坐起来了，现在他已经准备好去探索学习新事物了。他的双手和十根手指现在就是他最好的工具。最初的抓握反射现在变成了有目的地抓握。在宝宝满 9 个月的时候，他的这种能力会更加完善：他会用拇指和弯曲的手指抓住一些比较纤小的物品来研究，例如一根毛线、水瓶的盖子或者地上的碎屑等。

那里面是什么呀？

宝宝特别感兴趣的东西还有各种不同种类的容器，包括里面装有木球或者积木块之类的有趣物品的罐子和盒子。这个年龄的宝宝已经认识到：在盒子里有更小的东西，如果我们晃动盒子，里面的东西就会发出非常神奇的声音。

看呀，什么掉下来了！

宝宝会故意让一个东西掉到地上，之前我们就已经发现了他的这种表现，在这几周中，他的这种表现会越来越明显，而且频率也增加了。如果您当着宝宝的面让积木块从您的手里掉到地上（请不要扔）并且发出声音，那么您的宝宝很有可能就会模仿您的行为。他是这样学习的：他会故意张开手掌，而且在东西掉到地上发出声音之后他会非常开心，因为这个声音是他制造出来的。几乎是同时，您的宝宝会意识到因果之间存在着联系，并且发展他预见性的思维。这是什么意思呢？当您的宝宝让一块积木从手里落到地上的时候，他会听到积木落地发出的声音。当您拉动音乐盒上的带子时，马上音乐就会响起来。宝宝就明白了：如果我把积木扔到地上或者拉动带子，就会有噼啪的声音或者音乐。因此，他就会去试着让积木掉到地上或者拉动音乐盒的带子来验证这一切。这种认识又是一个非常重要的成长阶段，因为现在宝宝觉得自己玩一会儿很有意思，刚开始可能持续几分钟，之后会变长。他现在可以让一些东西动起来了。

终于动起来了！

大多数宝宝在满 9 个月的时候可以学会从旱地游泳变成爬行。宝宝是依靠双腿向前爬的。有些特殊的宝宝也会向后爬，

话匣子

您知道吗，您是可以让您的宝宝变成话匣子的？现在宝宝非常喜欢而且经常会把两个相同的音节连起来。一般来说他们在几周之前就开始这样做了，但是现在才是专家们所说的"明显的音节重复"。这种说法的意思是您的宝宝越来越多地使用两个相同的音节，并且可以清晰地发声。最常见的音节是"ma-ma"，"da-da"，"ba-ba"和"dei-dei"。为了让宝宝更多地说话，您可以经常和他对话，然后重复他所说的话。

他们的胳膊力气太大了，让他们看起来好像毫不费力似地把自己向后推。不管是向前还是向后，能够动起来就行了。一般来说，宝宝不会爬很长时间（很少长于两个月），这种爬是介于旱地游泳和四肢着地爬行之间的过渡阶段。因为不久之后宝宝就会膝盖跪地用双手支撑地面尝试着站起来了。这个时候才是真正地动起来了！

您可以这样用游戏的方式促进宝宝的成长发育

随着宝宝的长大，他会更加深入地锻炼自己的技能。在很多情况下，"熟能生巧"这句话都是对的。例如，您的宝宝会越来越有目的性地使用自己的手指，为的是能够拿起非常小的东西。宝宝只要把它

们拿在手里，就会对它们进行一番细致入微的研究。

把杯子放进另一个杯子里

在各种样式的罐子、盒子或者小桶，以及其他类型的容器里面放上一件物品，对于当前阶段的宝宝来说，就是最好玩的了。因此，您可以给您的宝宝提供各种不同的杯子或者盒子，并且在里面放上一些小的物品。这些罐子、盒子等容器不一定非要有一个盖子，但是如果它们有一个（比较容易打开的）盖子，可以让宝宝先打开盖子，然后去探究容器里面的世界，这样

杯子非常棒：宝宝可以把它们堆到一起去，把它们弄倒，把一个杯子放进另一个杯子里或者用它们敲敲打打制造声音。

就更加有意思了。您看了下面的几个例子就知道自己动手制作这种"玩具"有多简单了：您可以在一个空的有盖子的鞋盒里放一个拨浪鼓、一个小球或者毛绒动物玩具。或者您可以在一个塑料冷冻盒里放几个干净的软木塞。然后盖上盖子，向宝宝展示一下，如果我们晃动这些容器，它们就可以发出好听的声音。除此之外，您还要向宝宝展示如何打开盖子。当他的好奇心被唤醒的时候，他也可以在没有妈妈帮助的情况下用自己的双手开启探索之旅。同样受欢迎的还有小的塑料杯（可以堆成杯子金字塔）或者各种不同大小的小桶，可以把一个小桶放进另外一个里或者把它们堆起来。

把它们弄皱

宝宝的注意力总是很快就会被发出声音的东西吸引，不管是箔纸发出的声音，还是妈妈在厨房里把刚刚购物买回来的东西从袋子里倒出来发出的声音。实际上，如果我们用手指去捏东西，很多东西都可以发出"窣窣"的声音。您可以让宝宝接触各种不同种类的纸或者箔纸，例如：装黄油面包的袋子（还可以往袋子里吹气，然后把它上面的开口系起来）、厨房用纸（非常适合用来玩"打雪仗"）或者一块救生毯，它不仅可以发出"窣窣"的声音，而且撕不坏，对于宝宝来说非常合适（见第 121 页）。在 PEKiP 活动小组中总是会

进行的活动就是：把大量（最好是足足一大垃圾袋或者更多）的纸屑（例如用碎纸机打碎的纸片）放进一个小的充气游泳池里。然后让宝宝进去玩，研究他们平时不是很熟悉的材料。这件事对于大多数的宝宝来说都非常有吸引力，他们会迫不及待地想要进到游泳池里面去。

小铃铛，丁零零响……

铃铛，尤其是那些小铃铛，在人们晃动它们的时候，可以发出神奇的声音。它们非常轻，非常适合宝宝拿在手里细细研究。您最好是给宝宝提供两三个可以发出不同响声的小铃铛。因为，宝宝可以听到的不同的声音越多，就越能锻炼他的听力，当然，不要过度以致变成噪声了。您可以给宝宝一个小铃铛，让他拿在手里仔细观察和感觉铃铛的触感。也许他会想要（在您的帮助下）自己让铃铛发出声音。还有一些好办法：您可以把小铃铛放进一个包里，然后在宝宝面前晃动这个包。现在铃铛发出的声音是什么样的？这个声音是从哪里来的呢？

温度的差别

下面的练习非常适合刺激宝宝的触觉，通过游戏的方式向他传达不同温度的感

什么在响呀？如果宝宝可以自己晃动铃铛让它发出声音，他就会觉得小铃铛的魅力加倍了。

觉：请您在一个（不要太小的）碗里装上温水，另一个碗里装上凉水。然后把这两个碗放在宝宝面前，让他去感受碗里的水。当然，这个练习最好是在夏天进行，夏天的温度允许宝宝光着身子坐在草坪上或者阳台上。如果水里能有一些可以漂浮在水面上的东西就更好了，可以对宝宝产生更大的吸引力，例如小黄鸭、咬咬圈或者五颜六色的塑料小鱼。

儿科医生说我的女儿患有阴唇粘连。这是什么意思？

这种疾病指的是小女孩儿的小阴唇粘连在一起，没有什么危害性。通过粘连在一起的两片小阴唇之间的一条羊皮纸色的线可以诊断这种疾病。在极端的案例中，整个阴道口都被封闭，只留一个非常小的口来排尿。这会导致尿液流出不畅，从而在尿道中沉积堵塞。阴唇粘连的治疗方法简单而有效：每天两次将雌激素软膏轻轻涂在小阴唇上。大多数情况下，在几天之后就可以看到一个小小的开口了，一般来说，在2～4周之后粘连就会消失了。在少数情况下，这种雌激素软膏不完全起作用。这时候就有必要用手指打开粘连。

"镊子抓握"是什么意思？

当一个孩子可以做到用拇指和食指来抓握一样东西(例如一根线或者一个小球)的时候（这时候物体是被捏在两个手指尖之间的，而不是整根手指），我们就把它称为"镊子抓握"。9～10个月大就可以掌握这种拿东西技巧的宝宝，他们的手指灵活性比较好。从这个时候开始，宝宝每天都会有意识地去练习这种拿东西的方法，因为他们很喜欢用两根手指拿起一些小东西，例如地上的面包屑、地毯上的绒毛或者妈妈脸上的睫毛。

我家的宝宝和比他大的孩子在一个房间里睡觉有什么好处吗？

有的。一提到让婴儿和他们的哥哥姐姐睡在一个房间里，许多父母都是拒绝的。尤其是在婴儿晚上还经常醒来并且哭泣的时候，父母就会担心，大一些的孩子会被婴儿的哭声吵醒，从而影响他们的睡眠质量。其实事实不是这样的：一方面，根据经验，年纪大一些的孩子并不会那么容易就被婴儿的哭声吵醒；另一方面，让他们睡在同一个房间里，他们都会感到不再孤单。

包皮过长是什么意思？

包皮过长（包茎）指的是阴茎的包皮太紧包裹住了龟头。这会导致包皮不能从龟头上撸下来。新生儿和婴幼儿的包皮过长并不少见，而且也不用担心。请您不要尝试着强行把包皮拉下来。因为这会造成包皮受伤，不仅会产生疼痛，而且会结痂。这种痂皮会进一步加重包茎。一般来说，包皮最晚会在男孩儿3岁的时候就很容易拉下来了。包茎的情况就不同了，它会妨碍婴儿正常的排尿。在这种情况下，婴儿排尿的时候，阴茎的顶部像一个气球一样鼓起来。原因是：尿液会聚集在阴茎的顶部。如果出现这种情况，您就需要让儿科医生对您的孩子进行详细的检查。

我家宝宝甲床发炎了。我可以做些什么？

当指甲长进皮肤里的时候，甲床就会发炎。甲床会发红肿胀，这样就会让细菌的进入变得更容易，从而导致发炎。您可以做这些：请您定期用消毒药剂（从药店购买）清理甲床，可以使用药棉或者棉签沾上消毒药剂涂抹在指甲上。在下一次看医生的时候，一定要向医生进行咨询，因为某些比较严重的情况是需要使用抗生素进行治疗的。在这种情况下，需要涂抹一种相应的软膏。

因为我的宝宝总是自己把袜子脱下来，所以他的小脚丫总是很凉。这是不是很糟糕啊？

不是的，只要宝宝的脚没有冰凉就行。许多宝宝都觉得穿着袜子会限制他们的自由。光着脚丫会让他们在屋子里探险的时候觉得更有安全感。但是，如果您确定宝宝受凉了，马上要感冒了，那么即使穿袜子是限制了他的自由，也还是要给他的双脚保暖。要么给他穿上连袜裤，也许他会生气地想要扯掉；或者您可以给他穿上特制的婴儿鞋（学步鞋），让他没那么容易就把鞋脱掉。但是，原则是：不管什么时候，首先还是要尝试给宝宝穿袜子。如果您还是选择给宝宝穿鞋，那么就要选择那些柔软的，鞋底可以弯折的比较容易穿上的皮制的学步鞋。

这个年龄的宝宝还会出现从尿布台上掉下来的情况吗？

一项德国人在 1995—1999 年做的研究表明，直到孩子 3 岁之前发生的所有事故中有 1.7% 是从尿布台上掉下来。81% 的孩子在发生事故的时候最大的是 1 岁了。他们所受到的伤害中，最主要的就是头部受伤。60% 的换尿布的人在发生事故的时候都没有注意到孩子快从尿布台上掉下去了，几乎都是孩子在乱动，或者父母时间紧迫，因此慌里慌张。

第 10 个月

大多数宝宝在满 10 个月的时候，都会抓住所有可以给他支撑和依靠的东西，然后尝试自己站起来。有可能是笼子的栅栏，客厅的桌子腿、椅子腿或者妈妈爸爸的腿。关键是他在尝试站起来！

您的宝宝是这样成长的

如果您的宝宝在最近的几周中经常在房间里爬来爬去，那么他也许已经尝试过了四肢着地的爬行。他伸直手臂，抬起屁股，小手和膝盖还有些不稳地晃来晃去。一些宝宝现在已经可以很稳固地用这个姿势爬来爬去了，虽然样子看起来还有一些不太协调。还有一些宝宝现在还不是很稳，他们还在享受摇摇晃晃的状态。但是很有可能他们离四肢着地爬行已经不远了。因为大多数宝宝在满 10 个月的时候都会结束之前腹部贴地爬行的阶段。一旦宝宝学会了四肢着地的姿势，他们就会开始尝试下一步了：从用双手支撑地面的姿势变成用双手撑地发力把自己向后推，然后变成坐姿。

保持背部挺直的坐姿

您的宝宝很有可能也会利用椅子腿、笼子的栅栏以及各种形式可以抓握的把手从仰卧的姿势自己坐起来。一旦坐起来，您的宝宝就会享受这种姿势了，他会一直坐着玩。令人吃惊的是您的宝宝可以坐得非常直，人们几乎看不到宝宝的背部弯曲，因为宝宝的脊椎还没有形成成年人典型的双 S 形弯曲。您的宝宝现在非常满意，因为他终于可以拥有选择的自由了：他可以按照自己的意愿坐着或者手脚并用在地上爬行，去探索新事物。

在妈妈的帮助下站起来

如果您向坐着的宝宝伸出双手，他很有可能会抓住您的双手，把自己拉起来。由于您的宝宝现在每天都在锻炼自己的肌肉，尤其是大腿的肌肉，所以可以站得越来越好了。但是根据经验，这种喜悦并不能持续很久：用不了多久宝宝就感到很累，然后就又坐下了。他下一次再尝试站起来就可以坚持得比这一次长几秒钟了。

关键是小而细

可以吸引宝宝注意力的东西现在越来越小了。或者说，您的宝宝一定要研究一番的东西是那些特别纤小的东西，这种好奇心必须被满足。他尤其喜欢的是触摸睫毛，妈妈的、爸爸的或者洋娃娃的。您的宝宝会把注意力放在他感到好奇的东西上，然后用拇指和食指去抓它，想要把它拿在手里仔细研究把玩。宝宝对纤小物体的兴趣会明显增加，他会看到小的绒毛，把它们揪下来，也会发现面包的碎屑，然后尝一尝！

协调性很好地研究小物品

所谓的"双重协调"在此期间已经发展到这种程度了：当宝宝两只手里各拿着一块积木的时候，许多宝宝已经可以按照先后顺序使用两只手了。他们现在也可以一只手拿着一个骰子自己研究，另一只手

问答游戏

也许您的宝宝现在已经能够听懂很多单词和句子了，他能够对此做出反应了。例如，当您问他一个经常使用的东西（"球在哪里啊？"）或者一个他认识的人（"爸爸在哪里啊？"）的时候，他就会把头转向相应的方向，用眼睛去寻找。也许这种问答游戏一开始的时候不能马上成功，但是，如果您能多问几次，肯定是可以成功的。

也拿着一个骰子保持不动。在这个阶段，所有里面或者下面可以藏东西的物品都很受宝宝的喜爱，例如，一个小铃铛。如果您把小铃铛放在宝宝的手里，他会非常仔细地研究它，而且会把注意力集中到小铃铛的内部：他会先伸出食指去触摸铃舌，然后尝试让铃铛响起来。

您可以这样用游戏的方式促进宝宝的成长发育

您的宝宝现在刚开始或者马上要开始自己走路。请您在宝宝踏上独立的道路上给予他温柔的帮助，最主要的是在他学到新本领的时候多鼓励他。

柔软的背带

如果您的宝宝总是尝试用四肢爬行，但是却没有办法把自己的躯干竖起来，您

143

可以帮助他。您可以把一块尿布或者一条薄的洗碗巾根据长度对折三次，形成一条宽 10 ~ 15 厘米的"腰带"。把它的中部放在宝宝的肚子下面，然后把两端绕到宝宝的背部上方。接下来借助这条背带的力量小心翼翼地把宝宝拉起来，让他可以四肢着地。通过这种方式，他可以获得一种新姿势的感觉。需要注意的是：如果您的宝宝现在还在做"游泳练习"，那就意味着为时尚早。您可以过几天再来尝试这个练习。

塞到瓶子里

所有纤小的东西现在都很受宝宝的喜爱。尤其是当您把这些小东西藏起来的时候。您可以通过这样的练习来锻炼宝宝的技能：让宝宝把一些小的东西扔进一个空的透明的塑料瓶里。很适合用来玩这个游戏的玩具是"不要生气"这个游戏中的小人偶。大多数宝宝都会喜欢这些小人偶，会小心翼翼地把它们放进狭小的开口里。重要的是：请您不要让宝宝在没有大人监护的情况下自己玩这些小人偶，因为存在宝宝把它们吞下去的危险！

爬妈妈

如果您的宝宝刚刚学会爬，那么让他在妈妈或者爸爸身上爬对于他来说会是一件非常非常开心的事。您不需要做太多的工作，只需要躺在地上就行了。您的宝宝会向您爬过去，并且爬到您的身上。也许他会中途休息一下，坐在您的肚子上，甚至坐在您的脸上。这种"高速路上的服务区"的作用是让所有在场的人都开心起来，宝宝也会很开心，因为他让别人开心。

敲一敲

宝宝手指的灵活性和目测力是可以通过以下方式进行锻炼的：您给宝宝的每只手中放一个东西，您自己也每只手各拿一个东西（例如木球或者塑料杯子），然后用这两个东西互相敲击。大多数宝宝都会非常兴奋，并且马上学着您的样子敲打自己手中的东西，这种兴奋也会持续很久。

俄罗斯套娃

小孩子（还有大一些的孩子）非常喜欢的一个玩具就是俄罗斯套娃。这是一种木制的中空的娃娃，在它的里面是很多和它长得一样，但是比它更小一些的娃娃。宝宝可以转动这些木制的娃娃，打开一个就可以看到里面藏着的另一个。可以一个接一个地找到新的娃娃，还可以把一个小的娃娃藏到大一些的娃娃里面去，这让孩子们很开心。

自己吃饭很好玩

大多数宝宝这个时候已经对辅食和勺

子很熟悉了，他们也想自己拿着勺子吃饭。对于很多父母来说，喂孩子吃饭太累了，到最后只有一半的粥被宝宝吃到了嘴里，其他的都到了脸上和其他地方。"想要自己吃饭""允许练习自己吃饭"以及后来的"可以自己吃饭"是宝宝走向独立的道路上重要的里程碑。您不应该成为阻碍宝宝进步的绊脚石，而是应该为他的进步感到高兴，还有把损失降低到最小。您还需要做好心理准备，食物的大部分都不会进入宝宝的嘴巴里，您要有相应的应对措施。

敲小锅

"铛铛铛"的响声，尤其是由宝宝自己制造出来的响声，在宝宝的耳朵里听起来非常神奇。许多宝宝非常感兴趣地倾听外界的声音，并且试图找出是哪里发出的声音。您可以给他一把或者两把勺子还有一口锅，让宝宝自己去制造声音。刚开始的时候最好是您和他一起敲一敲小锅。您也可以自己拿一口锅，一个敲打的工具，例如打蛋器，然后就可以和宝宝一起"制造音乐"了。

"做音乐"很好玩！如果爸爸或者妈妈能够和宝宝一起玩，那就更好玩啦！

问题与回答

我的宝宝非常活泼好动，总是在整个房子里爬来爬去，他能用手够到的东西都要拿来研究一番，甚至还有垃圾桶。我应该做些什么呢？

宝宝一旦学会爬了，他的行动范围就会突然间变大了，整个房子一下子都向他敞开了。许多"刺激的"东西终于可以被他够到了，其中也有一些我们不怎么喜欢看到宝宝接触的东西，例如带泥土的花盆、厕所、垃圾、外出穿的鞋等。如果您的宝宝触摸了这些东西，那么您需要牢记两点。第一，一定要坚持自己的意见，并且保持前后一致，对待他的行为不能粗暴地批评，但是要坚决反对。例如，当他打开垃圾桶，并且在里面翻来翻去的时候，您要告诉他："不可以，你不能动这些！"然后把他抱回自己的游戏场地或者抱到别处去。给他一个玩具，这样他就会看到除了垃圾桶以外他还有别的选择。第二，不要让宝宝感受到您觉得恶心，他到目前为止还不知道什么是恶心。"讨厌"和"恶心"这样的概念他还不懂，他不会把垃圾桶和令人作呕的脏东西联系在一起，也就是说他不会明白您要告诉他的事。请您战胜自己的心理阴影，对自己的表述谨慎一些，先不要让宝宝感受到您感到恶心的感觉，因为这有可能会阻碍孩子的探索精神和好奇心。

我的宝宝总是想要自己吃饭，但是他自己吃饭就会弄得到处都是。我一定要顺从他的意愿吗，还是最好由我来喂他？

我们可以这么说：如果您能给他时间和耐心，让他自己拿着勺子吃饭，您的宝宝会感谢您，不久之后您也会觉得自己所做的一切都是值得的。这件事是"熟能生巧"的。也就是说，您的耐心越多，这个把食物弄得到处都是的阶段就会越快过去。一个从来没有触碰过食物，也不被允许自己吃饭的孩子，永远不会知道意大利面或者西红柿摸起来是什么感觉。您可以确定的一点是，每一个宝宝都想知道，温暖的粥和凉的水果条儿、液体的水和固体的面包、发酵的面条和抹上肝脏香肠①的面包摸起来是什么感觉的。他想用手和嘴巴去检验这些食物的特性，然后就可以形成对这些食物的见解，并且把它们存储在大脑中。食物对于宝宝来说并不仅仅是用来消除饥饿的，还是用来解决他们对知识的饥渴的。当然，宝宝吃饭也是为了摄入营养成分。请您要保证让孩子在能够做实验的同时摄入足够的营养。请您给宝宝一把属于他自己的勺子，让他用这把勺子吃饭，然后同时您要用另一把勺子喂他吃饭，这样您就可以确保这些食物能够被他吃到肚子里去了。如果您感觉到孩子已经吃饱了，只是在玩那些食物，那么就要结束这

---

①肝脏香肠：把动物肝脏绞成肉泥，吃的时候把肉泥涂抹在面包上。

一餐，把盘子收走，不管您的宝宝对此的抗议有多激烈。

听说琥珀制成的项链可以让宝宝长牙变得容易一些。这是什么原理呢？

在古代，人们就相信通过摩擦琥珀可以产生吸引木屑和秸秆的吸引力。因此，在波斯语中，琥珀的意思就是"吸引木屑的东西"。琥珀的德语名字（Bernstein）来源于低地德语的"bernen"（= brennen，燃烧）这个词，因为这种石头（Stein）是可以燃烧的。琥珀其实不是一种石头，而是非常古老的树脂，由一些有机的物质构成。有些人非常喜爱有治疗作用的石头，他们坚信琥珀有缓解疼痛保持身体平衡状态的作用，因此也会缓解长牙时候的疼痛感。针对这一点，并没有科学的证明，但是也没有科学证明这一点是错误的。基本上琥珀项链不会对宝宝的身体有害，但是前提是项链不能太紧或者太长，上面的琥珀每一颗都要牢牢固定好了，要保证即使项链断开了，它们也不会被宝宝吃进嘴里。除此之外，还有一件事很重要：这些石头必须被磨平了棱角，如果宝宝把它们放进嘴巴里，不会伤到他。项链的锁扣应该是琥珀的，而不是金属的。您在购买的时候要买那些天然形成的琥珀，而不是经过热处理的棕色的石头。它们应该含有珍贵的芳香精油，可以增强抵抗力。很可惜，总是会有被项链勒死的孩子，尤其是那些年龄稍微大一些已经会爬了或者经常到处爬的孩子。因此，宝宝只能佩戴那些在紧急情况下容易扯断的项链。晚上睡觉的时候，应该把项链摘下来。

我的宝宝经常用左手去拿玩具，这意味着他是习惯使用左手的吗？

不一定。为了观察您的宝宝今后会成为一个使用左手还是使用右手的人，您需要成为一名有耐心的观察者。有些孩子在很早的时候就表现出对某一只手的偏爱，之后也会一直使用这只手。其他孩子却是有可能突然放弃了以前偏好的那一只手，转而使用另一只手。这种事是经常发生的，在孩子上了幼儿园以后也是有可能发生的。原因是多样的。一个人是使用左手还是使用右手，显然是在他出生之前就决定好了的。研究者认为，左利手的人的右脑明显比左脑发育得好。另外，除了手的使用有偏好，脚也有（例如，足球运动员会使用他比较偏好的那一只脚把球踢向球门），眼睛也有（这也就是说，其中的一只眼睛的视力比另外一只眼睛强很多）。

第 11 个月

下一轮成长期开始了：一旦您的宝宝可以自己站起来了，离他迈开第一步已经不远了。当然，多多表扬他会让他更快迈进行走的生活中：请您张开双臂，向您的宝宝伸出双手！

您的宝宝是这样成长的

您的家里对于宝宝来说安全吗？如果不安全，那么您应该立即处理一下。因为，根据经验 90% 的宝宝最晚在满 11 个月的时候就会在家里到处爬了。这种爬是"真正的爬行"，他们依靠双手和膝盖"交叉协调"着向前爬。专家们所谓的"交叉协调性"指的是宝宝的一侧胳膊和对侧的大腿同时向前运动：左腿和右胳膊，右腿和左胳膊。宝宝保持平衡的能力越强，他就爬得越快越敏捷。

摔倒？我才不会！

爬行这么久肯定会累，需要时不时停下来休息一下，这很好理解。宝宝爬累了，就会停下来，坐在地上，上身保持直立，背部挺直。宝宝的这个坐姿非常稳固，如果您把他的腿从前面抬起来，他会下意识地用胳膊支撑住地面。他的手掌会撑住地面，产生一个反作用力，因为他不想摔倒。儿科医生把这种姿势称为"直坐"，因为他是用伸直的双腿支撑身体的。这样很好！宝宝的这种坐姿让他在一岁以内坐姿的发展达到了顶峰。

一步一步

像上个月一样，您的宝宝会不停地尝试拉着家里的家具站起来。每一把椅子、凳子或者每一张桌子都会成为宝宝理想的帮手。宝宝在这个过程中会变得越来越灵活。宝宝终于站起来以后，还是会扶着桌椅不肯放手。但是渐渐地他就会开始在桌椅的旁边左右移动了。那些非常勇敢的孩子已经敢向前走上几步了，但是还仅局限于桌椅周边。这时候，如果您能向您的宝宝伸出双手，您就能看到宝宝第一次尝试走路的情景。刚开始的时候宝宝的步伐还有些畏怯犹豫，并且两条腿还不能并拢。但是通过练习，用不了多久他就可以走得稳多了。对于很多父母来说，看到自己的孩子走出第一步，都会是一个非常难忘的时刻。

玩具们的小主人

慢慢地，您的宝宝不仅可以控制自己的双脚，还能控制他的玩具了。把玩具拿在手里，然后把它们扔了或者让它们掉在地上，会给宝宝带来很多的乐趣。这个游戏发出的碰撞声，宝宝意识到是自己制造了这种声音，以及周围人对这种声音做出的反应，都让宝宝感到兴奋。因为大多数时候，旁观者都会对宝宝的行为发出笑声。宝宝还很喜欢的一个游戏就是用前臂把桌上的所有东西都"擦掉"。

第一句话

您的宝宝的语言能力在这几周中也有所发展。几乎每天他都会学会新的词汇。

说"不"的人

宝宝现在不仅越来越能够表达自己，而且也能理解很多事了。例如，他已经知道您对他的某个行为说"不"的时候是什么意思了。他一听到这个词，就会停下他的行动，静静地待一会儿。他会对眼前的情况进行评估，看着说"不"的人，思考一下他的下一步行动。应该继续做，就当什么都没有发生吗，还是大声反抗？无论如何，您的宝宝都已经知道了"不"是什么意思，因为活泼好动的宝宝每天都会听到很多次。因此，也就不难理解，为什么宝宝先学会说"不"，大多数的宝宝都是先学会摇头，后学会点头。

有些孩子在 11 个月大的时候甚至已经可以说出一些真正的话语来了（例如，宝宝很喜欢"热"这个词）。几乎所有宝宝都会用自己的语言说话了，熟悉他的人已经明白他咿咿呀呀是在说些什么了。经常会听到他发出"ch"的声音，这是他在说"汽车"，他发出"qi"的声音是在说"球"，他看到爸爸或者其他成年男性时会发出"ba-ba"的声音。

您可以这样用游戏的方式促进宝宝的成长发育

我们可以用积木搭一座塔，然后非常开心地摧毁它。类似的游戏还可以用小桶来玩。宝宝会非常仔细地观察您如何堆起一座塔。他马上会帮您一起堆的。

黏糊的小孩子

许多宝宝都非常喜欢用双手在装奶油的罐子里或者用水拌过的面粉糊里搅动。孩子们的座右铭是：越黏糊越好。

你给我，我也给你……

请您经常递给宝宝一些不同的东西，例如，一把做饭的勺子，一个球或者一把梳子。当您递给他这些东西的时候，给他解释您手里的是什么。"看啊，这是一个球，你想要吗？"当他拿到您给他的东西时，您就可以要求他给您一个东西作为交换。这些东西就可以用这种方式在您和宝宝的手中来回交换。

装满小球的游泳池

在一个比较大的容器（例如，一个充气游泳池）里面装上小球，您的宝宝可以在里面"游泳"玩耍。这种形式的"游泳"可以刺激宝宝的触觉。夏天可以用装有温水的儿童游泳池来代替这种充气游泳池。宝宝也喜欢这样：您可以把宝宝放进一个装有新鲜干燥干净树叶的盆里。大多数宝宝会仔细研究每一片树叶，观察它们的叶柄和叶片边缘的细节。

清理抽屉

当您在厨房里准备做饭，您的宝宝也跟在您的身边全神贯注地收拾抽屉的时候，他也许是这样想的："最主要的是我也在场！"为了让您能够专心工作，不让宝宝被餐具所伤，您可以把他和一些没有危险性的东西一起放进属于他自己的抽屉里（或者柜子里）。可以放一些塑料碗、做饭的勺子、冷冻盒以及类似的东西。您的宝宝就会非常努力地收拾这些东西，玩耍，制造出声音，并且觉得很开心，他能在您的身边陪着您。

布拉车

请您在平地上放一块大的毛巾或者床单，把您的宝宝放在毛巾或者床单的尾端，让他朝向您。您小心翼翼地拉着毛巾或者床单的前端（请您轻轻拉动，防止宝宝向后倒），您可以扮演火车司机，拉着您的小乘客在房间里旅行。由于毛巾或者床单会摇晃，宝宝必须努力尝试保持平衡，才能坐稳。如果能有更多的孩子也参与进来，一起玩"坐火车"的游戏会更好玩。

"给你"和"谢谢"

请您拿一件玩具，然后递给您的宝宝，并且跟他说"给你"。之后，您要伸出手跟宝宝要回这件玩具。当您拿到玩具的时候，您要跟宝宝说"谢谢"。您的宝宝就

能通过这种方式学会这两个重要的词汇了。

感受和触摸

宝宝的双手是他最重要的触觉器官。在宝宝的手掌中有许多重要的神经末梢，这些神经末梢是可以被训练的。请您给宝宝各种不同的物品：柔软的、坚硬的、平滑的、粗糙的、温暖的、凉的。您的想象力可以不受限制，任意发挥：凉的东西可以是石头或者金属勺子，温暖的东西可以是装有温水的塑料瓶或者刚清洗过的锅盖，圆木棍也很实用（见右图），您可以用不同的材料包裹住木棍。如果天气足够温暖，您也可以让您的宝宝光着脚丫在沙箱里或者草地上玩。这样，他就可以用脚掌去感受沙子和青草了。

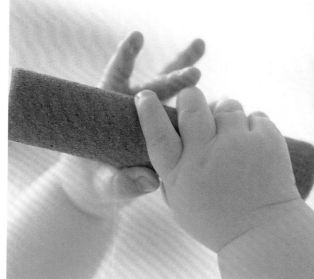

宝宝可以用圆木棍玩得很开心：毛巾（上图），金刚砂纸（中图）和平滑的箔纸（下图）可以唤起宝宝的好奇心。

有的时候我的宝宝在早上起床的时候眼睛会有很多分泌物。这是怎么回事，我该做些什么？

有可能是泪管狭窄导致的。典型的症状就是眼睛黄色的分泌物多，糊住眼睛。宝宝天生泪管狭窄，眼睛分泌物的流动就会比较缓慢，并因此沉积下来。补救措施：经常使用干净的毛巾和温水擦洗宝宝的眼睛。重要的是：一定要从外向内擦。如果还有症状，例如眼皮发红、眼球有红血丝或者流鼻涕，那么有可能是细菌导致的。如果是这种情况，那么一定要带宝宝去看儿科医生，他会给宝宝开一些抗生素的眼药水。

我们的房子怎么样才能变得对宝宝来说比较安全？

如果您想要检测您的房子目前是否适合小孩子到处活动，您可以暂时用爬行的孩童的视角观察一下您的房子。您可以在房子里四肢着地爬行。有些潜在的危险在这个视角下也许就可以显现出来了。下面是一些您无论如何都应该注意的建议：

＞请您把所有宝宝可以够得到的电源插座保护起来。

＞请您把电线藏到家具后面，因为宝宝的座右铭是"看看会发生什么"，他会拉这些电线的。

＞在窗户和阳台门上安装安全装置。

＞家里的台阶也要用特制的栏杆（不同类型的栏杆可以在建材市场和婴儿用品商店买到）保护起来。

＞谨慎起见，请您把所有门上的钥匙拔下来，这样，您的宝宝就不会无意间把您锁在屋里或者屋外了。而且为了安全起见，您可以在邻居家放一把备用钥匙。

＞厨房炉灶也要用栏杆保护起来，这个保护栏杆可以防止宝宝碰到滚烫的炉灶或者把炉灶上装有滚烫食物的锅拉下来。

＞洗涤剂、药物和香烟（还有烟灰！）一定要放在宝宝够不到的地方。

＞锋利的棱角和边缘（例如玻璃桌）应该安装保护套（建材市场有卖）。

＞那些您不想让宝宝翻动的抽屉和衣柜格层要用保护套或者橡胶封起来。

＞电器和易碎的器物（玻璃杯、瓷器）放到高的架子或者柜子上去。

＞单独放置的小家具，例如书架或者放 CD 的柜子，一定要固定在墙上，这样它们就不会倒下来。因为宝宝不仅会拉着它们站起来，而且还会尝试往上爬。

＞用胶带固定住松动易打滑的地毯，否则地毯就会变成宝宝的"陷阱"了。

＞请您注意，地板上不要有宝宝能够吞下去的小东西。

＞当宝宝在光滑的地面上走路的时候，您要让他光脚、穿棉袜或者学步鞋，防止他滑倒。

＞把（有毒的）绿植移开或者把土壤盖上（相关信息见第 134 页）。

> 还有：请您不要使用桌布，因为您的宝宝也许会抓住桌布的角，然后把桌布和上面的餐具、饭菜都拉下来。当您的宝宝坐在您的膝上的时候，请您尽可能不要吃或者喝一些热的东西。

我的宝宝马上就一岁了，但是还不会坐呢。我应该为此担忧吗？

如果到现在为止宝宝其他方面的发展一切正常，那么您就不需要担心了。通常出现这种情况的原因是家族遗传的运动机能方面的发育迟缓。您可以问一下孩子的祖父母。大多数时候，孩子的父母小时候也是这样的。尽管如此，还是建议您带孩子去看医生，医生检查过后就可以确定孩子是否真的没有问题了。

哪些室内绿植是有毒的，如果宝宝吃下去就会对他有害？

实际上，确实有几种人们很喜欢的室内绿植对于人类来说是有毒的，尤其是对于小孩儿和婴儿。因此，请您不要在家中摆放下列植物或者把它们摆放到孩子够不着的地方：花叶万年青、报春花、孤挺花、蔓绿绒、一品红、朱顶红和马蹄莲。没毒的植物有橡皮树、木槿、长寿花、大岩桐、吊兰和非洲紫罗兰。另外，婴儿房间里也不要放绿植。一方面，植物可以吸引灰尘（过敏原），另一方面花盆里的土壤为霉菌提供了温床。同样，室外的植物也有相同的问题。请您注意，不要让您的宝宝把有毒植物或者不认识的植物的叶子和果实放进嘴巴里。

我的儿子喜欢玩洋娃娃。小男孩儿和小女孩儿玩的东西有什么不同吗？

在宝宝两岁之前，男孩儿和女孩儿在游戏行为上几乎没有什么区别。小男孩儿也可以像小女孩儿一样喜欢玩洋娃娃、梳子和镜子。研究表明，小男孩儿会和小女孩儿一样喜欢并且可以很好地给洋娃娃喂水喝，即使他们以前并没有玩过洋娃娃。孩子们之后的游戏行为会受到父母的影响：父母经常会给男孩儿小汽车、小火车和英雄人物玩偶，而送给小女孩儿的玩具大多是洋娃娃、扮家家酒的玩具和洋娃娃的房子。

第 12 个月

您的房子还没有布置得十分安全？那么现在就到时候了，因为您的宝宝马上就要踏上探索之旅了！现在，您的宝宝还需要家里的桌子和椅子提供支撑，但是过不了多久他就会迈出人生的第一步了。

您的宝宝是这样成长的

您的宝宝现在好像非常喜欢抓住大物件把自己拉起来。一旦他站了起来，他会马上继续下面的行动：他会沿着沙发走路，或者围着桌子、椅子转圈圈。只要他还可以抓住一些什么东西作为依靠，他就会感到安全。大多数的宝宝在一岁的时候都可以拉着大人的一只手走路了，非常活泼好动的孩子甚至可以自己走路了。重要的是：无论如何都不要向上拉宝宝的前臂。因为这有可能导致桡骨从肘关节中脱出。

爱爬高的孩子

如果您家里有楼梯，您现在应该给楼梯安装保护措施了。很多宝宝都觉得楼梯非常有吸引力，他们只有一个方向：向上！只要有机会，您就要满足宝宝的这个愿望，因为宝宝每爬一个台阶，就可以锻炼他的肌肉，增加他的自信。刚开始的时候他会一个台阶一个台阶地向上爬。如果您向他伸出双手，也许他就可以一步一个台阶地向上走了。几周之后，您的宝宝就会发现栏杆这个好东西，他会抓住栏杆向上爬。尽管如此，您还是不能让您的宝宝在没有大人的看护下独自一人爬楼梯。但是，如果您完全不让宝宝靠近楼梯，每次他要爬楼梯您就把他抱走，这也是不对的。因为您的宝宝越早练习爬楼梯，练习次数越多，爬楼梯这件事对于他来说就会越安全。很多宝宝也不怕下楼梯。大多数的宝宝出于直觉会转身面对楼梯，双脚先着地，爬着下去。

给你，一个球！

大多数宝宝在 1 岁左右的时候就完全可以做到认识物品、知道物品是什么了，当有人让他们拿起某一个物品的时候，他们也可以准确无误地做到。例如，如果您把一个球放在地毯的中间，跟您的宝宝说"请你把那个球给我拿过来"，您的宝宝很可能会爬过去或者走过去，拿起这个球，然后非常开心地向您展示他的成果。幸运的话，他还会把球拿给您，但是这个要求有点太着急了。

您可以这样用游戏的方式促进宝宝的成长发育

现在您的宝宝是真的可以走路了，他最喜欢的就是帮助他的那只手，他可以拉着这只手去探索世界。您有兴趣的时候就要带着宝宝在家里溜达溜达，或者和他一起到外面去探索世界。如果您的手可以在宝宝齐腰高的位置，那么对于他来说就是最好的支撑了，虽然这样您会觉得很不舒服，但是宝宝却最喜欢这样。

爬高

现在，宝宝非常喜欢爬高。基本上不

迷你词汇量

在此期间，您的宝宝已经知道自己的名字了。当您喊他的名字的时候，他已经明白这是在叫他了。虽然他的词汇量还很有限，但是他很清楚地知道他有限的词汇量所表达的东西是什么。因此，当他发出"ch"的声音时，是想说汽车、摩托车或者飞机。大多数宝宝发出"汪汪"的声音，不仅仅是指狗，还是指他们看到的所有四条腿的动物。宝宝见到每一个男人，就算是陌生男人，也会叫"爸爸"，这让人觉得很好笑。

用限制他，但是前提是您不能让他在无人看管的情况下爬高。例如，您可以把一块大约长一米，不能太窄的、比较平坦的木板搭在椅子上，另外一端放在地面上。在您的看管下，让宝宝往上爬。大多数的宝宝对此都会非常有兴趣，他们会沿着这个木板向上爬，爬到椅子上。同样受到宝宝喜爱的还有楼梯、梯子等。

唱歌和低语

您的宝宝喜欢您的声音，因此您要时常用各种音调说话。当您给宝宝唱歌的时候，应该经常变换音调，声音可以一会儿大一点，一会儿小一点。当您特别小声的时候，宝宝会觉得特别有趣。

我是什么动物？

一般来说，宝宝在模仿的时候可以学到最多。也就是说，您要给他做示范，例如，您可以示范小猫是怎么叫的。刚开始的时候，您的宝宝也许会困惑地看着您，但是之后就会模仿您了。您经常和宝宝玩这个游戏，很快宝宝就能把他模仿的行为和声音与真正的动物联系起来。当他见到一只猫的时候，他就会说"喵"，这时，您可以对宝宝表示认可，告诉他："是的，这是猫，它叫起来是喵喵喵。"

定规矩

对宝宝的教育在他不到一岁的时候就应该开始进行了。即使您的宝宝现在看起来还很小，您也不要错过机会，要在有必要的时候制止他，及时给他定规矩。例如，有些东西小孩子是不能碰的。还有一些词汇，例如"不行"，宝宝在这个年龄也是应该知道它们的意思的。经验证明：父母对双方商议好的游戏规则表现得越坚定，孩子接受起来就越容易。

去洗澡

在水里玩对于宝宝来说一直都是一种很大的乐趣。幸运的是有很多非常棒的玩具，其中也有很多很简单又很便宜的东西，例如塑料杯、塑料壶和塑料勺子，宝宝可以在水里面玩这些玩具玩得很开心。花费很少，功效却大。您还可以给宝宝温暖的洗澡水里面再放一块小冰块。宝宝会用手和脚去研究这个冰块，去感受它的温度，把它放在手上，让它滑落到水里，当他看到这个东西这么快就消失在水里了，他会非常吃惊。

拉动它！

所有拴着绳子的或者挂在链子上的可以拉得动的东西都可以引起宝宝的兴趣。因此，您可以给一个中间有孔的木球穿上一条绳子，或者用一条链子串起一些积木块。您还可以在玩偶上拴一条绳子。不管您选择哪种玩具，大多数宝宝都会很开心地拉着绳子和后面的木球、链子或者玩偶，看着它们在自己后面跑。同样可以获得成功的游戏是：您把绳子拴着的玩具放到离宝宝很远的地方，让宝宝手里牵着线拉动玩具。当宝宝把玩具拉到自己面前的时候，您就再把玩具拿远，让他再拉……

踢足球

宝宝终于可以走路了，对于宝宝来说这是一件很神奇的事。但是，当他确认他可以用脚踢动足球的时候，他也会很高兴的。当球在屋里滚来滚去的时候，宝宝会开心地欢呼起来。还有一个很好玩的游戏：把空的塑料瓶一个挨着一个排列起来，然后推倒它们，瓶子倒下去的时候就会发出乒乒乓乓的声音。这个游戏很简单。

给我讲故事吧!

孩子们都喜欢听故事!您最好是把睡前讲故事变成一种固定的仪式,时间就固定在每天吃过晚饭宝宝要上床睡觉的时候。吃饱了,有点累,换好尿布,穿上睡衣,宝宝依偎在爸爸或者妈妈的胸口怀中。如果您还能用简单的语言给宝宝讲一个小故事,多美好啊!当然,现在关键的还不是故事的内容和语言,更多的是父母和宝宝之间的亲近,宝宝知道:"我在这里很安全。"

睡前给宝宝讲故事可以给一天的生活画上一个完美的句号。

有时候我会把我的孩子放进围栏里。我这样做对他会有什么伤害吗?

没有。虽然批评家们一直把围栏称为"孩子的监狱",并且声称,如果让孩子"像一个犯人一样"坐在围栏里,会对他的心理造成很大的伤害。但是并不一定会有这样的结果。当然,每一个宝宝在妈妈的怀里或者膝上的时候会很放松。但是对于每一个妈妈来说,总会有一些时刻,她不能抱着孩子。例如,当您必须要做一件家务,并且不能带着宝宝,当您必须去地下室一趟或者要去大门口,或者您只是想要安安静静地洗个澡。您可以把围栏看作一个游乐场,里面放上毛绒玩具、积木和玩具。也许您的宝宝会觉得自己在围栏里玩一会儿挺好的。但是不能把围栏当作"长时间的游乐场"。每天两次,每次 20 ~ 30 分钟是一个比较适度的标准。

我的宝宝现在需要买第一双出门穿的鞋了。在购买的时候我应该注意些什么?

只有在宝宝可以自己站着并且可以自己走路了,才有必要给他买出门穿的鞋,如果您想带他出门散步的话。在家以及在童车里的时候是没有必要穿鞋的。26/27 码以下的鞋一般来说是适合宝宝学步时穿的鞋。鞋帮要有脚踝那么高,这样才能保护好踝关节。宝宝踝关节的肌肉和肌腱还没有发育好,因此还不能很好地保护踝关节。

除此之外,鞋子还应该柔软轻便,脚后跟处应该有一个"减震器"(当宝宝大力踩地的时候,可以保护他的脚),前部应该有加厚的鞋头,可以保护脚指头。鞋子最好是能够尽可能大地打开,这样宝宝穿鞋脱鞋就比较轻松了。皮鞋的优势在于皮革透气性好,比较柔软,可以适应脚的形状。只有在鞋店里让卖家给宝宝测量脚的长度和宽度以后才能确定鞋子的大小。您要买的鞋长度应该比宝宝的脚的长度多出一厘米。这一厘米的差距是为了让宝宝的脚在鞋子里面可以完全舒展开,有利于发育。我们的建议是:在给宝宝买鞋的时候,一定要在一个好的儿童鞋专卖店里进行咨询。为什么呢?您的宝宝还太小,还不能告诉您这双鞋是否以及哪里有不舒服。除此之外,当人们给小孩子穿上鞋的时候,他们还是条件反射式地把自己的脚指头弯曲起来,这让给他们买鞋这件事变得没那么简单了。出于这种原因,对于一个门外汉来说,很难看出这双鞋宝宝穿着是否合适。但是专门给婴儿卖鞋的售货员却知道我们应该注意些什么。除此之外,儿童鞋专卖店还会提供服务,可以每 4 ~ 6 周免费为孩子测量脚的大小。您要带上宝宝当前正在穿的鞋,让他们检查一下,这双鞋还合适吗,还是已经变小了。这项服务是专卖店应该为顾客提供的,毕竟在宝宝学习走路的这一年中他的脚会长大三个号,这也就意味着三双新鞋!

如果宝宝的鞋子太小了，我作为门外汉，也可以看得出来吗？

如果宝宝在穿鞋的时候比较困难（这也有可能是因为鞋的开口处不合适），或者当您给他脱掉鞋子以后发现他的脚指头有些发红，那么就有可能说明他的鞋太小了。如果您的宝宝无论如何都不想穿他的鞋了，那么您就应该带他去重新测量一下脚的大小了。为了确保宝宝的鞋穿着合适，您一定要咨询儿童鞋专卖店的店员。

我应该带我的宝宝参加婴儿活动小组吗？

总体来说，每个小组有 6 ~ 10 个妈妈带着自己的孩子参加的婴儿活动小组是一种比较成功的组织形式。妈妈们受益颇多，因为她们可以互相交流经验，孩子们也玩得很开心，因为他们可以和跟自己差不多大的孩子们一起玩。您还可以参加这种小组：小组中每一次都有一位有经验的妈妈或者负责人准备一项新的活动。

我的宝宝有明显的 O 形腿。这算正常吗？

一定程度上是的。所有孩子在两岁半之前都或多或少地有一些 O 形腿。人们把这种现象称为"生理性膝内翻"。比较引人注意的是，孩子是用大脚趾在走路的。造成这种腿形的原因可以在大腿骨那里找到：婴儿和小孩子的股骨上端的部分严重前倾，导致他们走路时出现这种姿态。在孩子成年之前情况会有所改变。另外，和 O 形腿一样具有年龄特征的还有平足内翻。双脚的踝关节向内翻，导致双脚内侧向内翻。虽然这种平足内翻会加重 O 形腿，但很少需要治疗。一旦您的宝宝可以站稳了，可以走路了，医生就可以通过两个简单的测试判断出这是和年龄有关的平足内翻还是确实是发育畸形，如果真的是发育畸形，需要以后使用专门的方法进行治疗。您现在可以做的是：让您的孩子经常光脚走路。

宝宝一岁之前的饮食

人是铁，饭是钢，食物是非常重要的。最好是让婴儿在最初的几个月中只吃母乳。如果没有母乳喂养的条件，还有很多适合宝宝的替代食物。在宝宝 6 个月大以后就可以开始调整饮食，慢慢以辅食为主了。

生命之源：母乳

如果您决定给宝宝进行母乳喂养，那么您就为他提供了开始生命的最佳方案。世界卫生组织（WHO）在对3000多个题目为"母乳喂养"的研究进行评估以后，也得出了这个结论。至少母乳喂养6个月，之后，只要妈妈和宝宝喜欢，还可以配合合适的辅食继续母乳喂养一段时间。

母乳喂养——从一开始就是最佳选择

母乳对于 6 个月以前的宝宝来说是最理想的食物，这一点是毫无争议的。但是，母乳喂养对于新生儿来说绝不仅仅是单纯的摄入食物：和妈妈之间的亲密感以及皮肤接触让宝宝发展出一种原始信任，您也可以向他展示您对他的爱。

（几乎）每个妈妈都可以母乳喂养

根据经验，95% 的妈妈可以进行母乳喂养。那么，您就要问了，为什么不是每一个妈妈都可以选择母乳喂养？原因是多种多样的。一方面是健康方面的原因，例如妈妈由于患有某种慢性疾病，需要长期吃药。或者妈妈在生完孩子以后想要快点重返职场，经济独立。如果使用吸奶器不是很顺利，她们就会转而选择那些工厂生产的婴儿配方奶粉了。但是，许多女性放弃母乳喂养是因为她们接收到了很多错误的信息，例如，有人说哺乳会让乳房发生不好的变化，或者她们在自己的家庭里没有得到母乳喂养的鼓励。有些产妇的妈妈或者婆婆声称她们的家族中没有人能够进行母乳喂养的，因此这个产妇也完全没有必要尝试了。孩子爸爸的影响也不容小觑。有些男人觉得在公共场合给孩子喂奶是一件很丢人的事，他们也会相应地对这种行为做出这样的评价。因此，也就不难理解，为什么有些女性觉得很难做到自信地去反抗这种偏见，坚持母乳喂养。

相信母乳喂养的好处

也许，您在怀孕的时候就已经在考虑是否要母乳喂养了。可能您现在还没有做出决定，这时候如果我们能说服您相信母乳喂养的好处，那就太好了。世界卫生组织（WHO）根据对儿童发育的研究建议大家，在宝宝出生后 6 个月以内只给他吃母乳。但是，当您开始给宝宝添加辅食的时候，并不意味着要停止母乳喂养，相反，只要您和宝宝都喜欢，那么就可以在宝宝吃辅食的同时继续母乳喂养，因为毕竟您和宝宝都在享受这种母乳喂养时的亲密感。

乳汁的产生以及哺乳

乳头的顶端有一些非常小的输乳孔，

小贴士：马上让宝宝吃奶

大多数宝宝在出生后的第一个 30 分钟内是完全清醒的，吮吸反射非常强烈，会本能性地去寻找妈妈的乳房。请您利用这个机会，满足宝宝的愿望。如果您的宝宝是足月出生的，并且身体状况一切正常，那么就没有什么理由不让宝宝在进行了例行检查和洗澡之后能够吃上一口奶了。这是您和宝宝之间最亲密无间的时刻之一，请您尽情享受这一刻吧！

母乳喂养的几个最好的理由

> 理想的适应：母乳可以自动调整，时刻与宝宝成长发育的需求相适应，让宝宝时刻都能得到完美的食物。母乳中的许多长链脂肪酸、不饱和脂肪酸可以保证宝宝的大脑和中枢神经系统健康发育。

> 随时可以取用：母乳随时都可以吃，而且温度适宜，抓过来就能吃。

> 重要的免疫保护：母乳可以让宝宝身体强壮少患病，因为母乳中含有重要的免疫球蛋白 A（IgA）。尤其是在初乳中，免疫球蛋白 A 的含量是非常高的。虽然在之后的母乳中免疫球蛋白 A 的含量有所减少，但是它的含量会维持在一个水平，让宝宝在整个母乳喂养期间都能够得到这种重要的免疫保护。

> 强烈的原始信任：哺乳给宝宝一种安全感和亲密感，这有利于原始信任的建立。

> 绝对经济实惠：母乳喂养的妈妈每个月大约可以节省 100 欧元。

> 预防癌症：曾经进行过母乳喂养的女性患乳腺癌或者卵巢癌的概率会下降。有很多研究都证明了这一点。

> 对牙齿的预防性保护：宝宝吮吸妈妈的乳头可以促进颌骨的发育，预防牙齿畸形。

> 对妈妈和宝宝来说都是一种放松：哺乳意味着安静[①]。对于妈妈来说，哺乳也为她提供了一个机会，让她可以从忙碌的生活中抽身出来，和宝宝一起享受这片刻的宁静。

是乳汁流出的地方。沿着这些输乳管排列着无数个葡萄状的腺泡，它们是中空的，可以贮存乳汁。它们的外壁非常柔软，由可以生产乳汁的细胞构成，这些细胞从母亲的血液循环中吸收水分和其他乳汁中所含有的营养成分，并且把它们存储在腺泡里。每一个单独的腺泡周围都由很多非常小的肌肉细胞包围着。这些肌肉细胞只要一收缩，腺泡就会排空乳汁。负责这种收缩的是乳汁分泌激素——催产素。只要它把刺激传递给肌肉，腺泡周围的肌肉就会收缩，将腺泡中的乳汁挤压出去，进入输

乳管。所有输乳管流过来的乳汁最终聚集在乳房内部输乳孔处。

宝宝舌头的波浪形运动会把聚集在输乳孔附近的乳汁吸出来。如果没有乳汁分泌反射，也就是说如果没有基于催产素而产生的挤压腺泡排出乳汁的过程，那么宝宝就没有奶吃。因为，仅仅靠宝宝的吮吸并不能让妈妈产生乳汁。只要宝宝一开始吮吸乳头，妈妈的大脑除了会产生催产素以外，还会产生另外一种激素——催乳素，这种激素是负责乳汁的形成的。

---

①德语中哺乳是 stillen，安静是 still。

需求决定产量

您的身体是怎么知道该为宝宝产生多少乳汁，准备多少乳汁的？其实很简单：乳汁的形成与宝宝的需求有关。您给宝宝喂奶越频繁，他吮吸的次数越多，下次喂奶的时候就会产生越多的乳汁。哺乳是妈妈和孩子之间一种非常伟大的相互关系：乳房产生乳汁，孩子把它吃光，并以这种方式促进乳房继续产生新的乳汁。在夜里，经常喂奶也很重要，因为通过喂奶可以准备好第二天需要的乳汁。如果乳房里的乳汁被宝宝吃完了，之后又会产生更多的乳汁。如果在喂奶之后乳房里还有剩余的乳汁，乳房产生的乳汁量就会减少。

乳房护理

其实，对乳房并没有必要做额外的护理。当乳房在产生乳汁的时候，其实是不需要进行特别的护理的，您在哺乳之前就在做的正常的身体清洁卫生就足够了。更重要的是，除了哺乳，不要过度使用乳房。也就是说，不要让您的乳房暴露在低温下（例如在冷水中游泳或者冬天穿衣服太少等）。不要特意使用肥皂清洗乳头，因为乳头皮肤比较敏感，用肥皂清洗会让它变得干燥容易皲裂。您在哺乳之后可以把几滴剩余的乳汁涂抹在乳头上，让它自然风干，这就是对于乳房来说最好的保养了。重要的是：请您尽可能保持乳头的干燥。

乳房大小

乳房小并不意味着产生的乳汁少。乳腺（和乳房的大小无关）在每一个乳房中的数量都是一样的。大小不同的只是乳房脂肪体，它对乳房的大小起决定作用。

防溢乳垫不透气等因素导致乳房长期处于湿热的环境中，会对您的身体产生危害，导致乳头容易感染。您可以戴一些天然面料制成的透气的防溢乳垫，例如羊毛的或者丝绸的。除此之外，您需要佩戴合适的哺乳内衣，不能太紧，也不能太松，还可以用一只手从前面解开。

母乳——理想的适应

造物者完全适应婴儿的需求，总是会提供正确的乳汁。

第一阶段：初乳

初乳在怀孕期间就已经产生了，在分娩之后马上就可以用了。初乳比较浓稠，呈淡黄色，有些像奶油。实际上，与过渡乳和成熟乳相比，初乳中含有更少的脂肪和碳水化合物，更多重要的蛋白质。初乳富含矿物质、维生素以及免疫球蛋白，非常有营养。新生儿刚出生后的几天只要吃一点初乳就可以获得足够的营养了。另外，初乳可以刺激新生儿的消化系统，因此可以保证胆红素随着胎便畅通无阻地被排出体外。

第二阶段：过渡乳

在女性的身体产生初乳之后到产生成熟乳之前，有大约两周的时间会产生一种过渡乳。它的成分由初乳和成熟乳共同构成，最终被成熟乳所取代。

第三阶段：成熟乳

尽管成熟乳的脂肪含量比初乳中的脂肪含量高一倍，但是它的浓度比较低。成熟乳中的乳糖含量也增加了一倍，因此成熟乳尝起来微微有些甜。

哺乳是身体和精神的双重食粮。请您尽情享受这一亲密的时刻。

不能更灵活了

在每一次哺乳的过程中，母乳都会根据宝宝的需要来调整自己：宝宝先吃进去的几口奶比较稀，含水量比较多，主要是为了缓解宝宝的口渴。过了一会儿再流出的乳汁就是脂肪含量比较高的了，可以让宝宝有饱腹感。

母乳中最好的营养成分

母乳的各种营养成分可以完美地适应婴儿成长发育的需要。母乳和牛奶最大的以及最重要的区别在于：

> **能量**：成熟乳和牛奶可以提供大致相同的能量。

> **蛋白质**：牛奶中的蛋白质含量比成熟乳多三倍，另外还含有非常多难以消化的酪蛋白。婴儿的肾脏没有能力将这么大量的多余的蛋白质排出体外。因此，如果给婴儿喝不易消化的牛奶，有可能会导致他出现肾脏疾病。

> **碳水化合物**：母乳除了提供乳糖以外，还提供其他碳水化合物，例如所谓的"双歧因子"，它是一种含氮的碳水化合物，为肠道菌群提供养料。除此之外，乳糖可以快速提供能量，促进婴儿大脑发育。与母乳相比，牛奶所含的乳糖（也就是碳水化合物）很少。

> **脂肪**：母乳富含人体必需的脂肪酸（例如亚麻酸）以及可以分解脂肪的酵素酶：

脂肪酶（对于消化很重要，因为这种酵素酶可以把脂肪从食物中分解出来，帮助消化）。

> **矿物质**：牛奶中的矿物质含量比母乳中的矿物质含量高很多。问题在于：婴儿还不能把多余的矿物质完全排出体外。

> **维生素**：母乳中的维生素含量很大程度上取决于母亲的饮食。母乳含有维生素 A、C 和 E。成熟乳和牛奶相对来说都含有较少的维生素 D。因此建议大家给宝宝额外补充维生素 D 来预防软骨病（见第 37 页）。尤其是那些母乳喂养的孩子。配方奶粉中已经添加了维生素 D 了。

> **微量元素**：母乳含有一些重要的微量元素，它们的含量比牛奶中微量元素的含量明显高出很多，例如钴、锰和铜。

有关哺乳的最重要的一些建议

给宝宝喂奶对于妈妈和孩子来说都是一段非常神奇的经历。妈妈和宝宝很少能有机会像哺乳阶段一样彼此如此亲密地相处。但是，如何正确哺乳还是需要学习的。

> **早些开始**：从您的宝宝第一次睁开眼睛看到这个世界起，您就要开始享受和他在一起的每一分钟了。把他抱在怀里，感受他的皮肤。请您给宝宝一些时间，让他好好休息。如果他现在还没有准备好吃奶，您就过一会儿再尝试。如果他准备好了，想要吃奶了，那么他会给出明确的信号的。您要帮助他找到您的乳头，也可以向助产士请求帮助。您要让宝宝吮吸您的两个乳房。重要的是：如果宝宝还没有准备好，您也不要失望。您只需要充满爱意地把他抱在怀里（直接的皮肤接触会对哺乳产生促进的作用），过会儿再尝试一次。

> **正确地哺乳**：只有当您正确地给宝宝喂奶的时候（见第 177 页插图），您的两个乳头才能不受伤，喂奶也才能成为一

不同类型的奶提供的各种成分

每 100 毫升	初乳	过渡乳	成熟乳	牛奶
> 蛋白质	2.3 克	1.6 克	0.9 克	3.8 克
其中的乳白蛋白	*	*	60%	18%
其中的酪蛋白	*	*	40%	82%
> 脂肪	2.9 克	3.6 克	4.2 克	3.6 克
> 碳水化合物	5.3 克	6.4 克	7.3 克	4.6 克

* 没有相关数据

件单纯快乐的事。

> **经常哺乳：**请您一定要根据宝宝的需求来哺乳。也就是说，当您的宝宝想要吃奶的时候，您就要喂他（在夜里也是这样的）。请您不要从一开始就尝试给宝宝定一个喂奶的频率或者周期。这样的话，乳汁的流出就会比较柔和，乳汁的形成也可以自动适应宝宝的需求。

哺乳姿势

和宝宝一起练习并且经常变换各种不同的哺乳姿势是非常有意义的，因为每一种哺乳姿势都可以帮助乳腺腺体组织的某一部分排空。您要知道，宝宝总是会把他下颌所吮吸的部位的乳汁吸完。

C 形手

它的名称描述了在哺乳的时候所使用

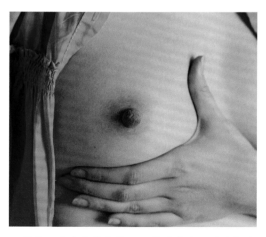

C 形手。手的这种姿势可以帮助宝宝正确地把乳头放进嘴巴里。

> **重要**
>
> 不管您选择哪种哺乳姿势，一定要记着引导宝宝去寻找您的乳房，而不是反过来让您的乳房靠近宝宝。这样，就可以避免不舒服的坐姿和错误姿势，它们会导致身体僵硬和背部疼痛。

的手的一种姿势：如果您的大拇指向上，其余四根手指并拢并且微微弯曲，整个手就会形成一个"C"。把您的右手按照这种姿势放在左侧乳房上，或者左手按照这种姿势放在右侧乳房上。当您以这种方式托住乳房的时候，保持食指距离乳头大约五厘米，您的乳房以及乳头就形成了一种姿势，宝宝在这种姿势下吃奶是最舒服的。从现在开始，原则是：请您找个舒服的姿势，放松自己。如果您和宝宝组成了一个很好的"哺乳组合"，乳汁开始向外流，您就没有理由再肩膀紧绷，背部弯曲，弯身在宝宝的身体上方给他喂奶了。您可以使用（哺乳）靠垫或者座位扶手。在您的脚下放一个凳子，可以让您的双脚也非常舒适。一旦您有一种用肩膀发力抱孩子的感觉，就说明您的姿势是错误的。您的身体在整个哺乳期间应该是放松的。请您调整自己的姿势，直到宝宝的重量主要集中在您的大腿上或者（哺乳）靠垫上，您才可以放下您的前臂。只有这时候，您才能背部挺直，给宝宝喂奶。

卧姿哺乳（侧卧式）

这种姿势可以让身体放松，主要是让您的骨盆底部放松。请您选择一个舒适的姿势侧卧，把您的头部放在靠垫上，双腿微微弯曲。然后让宝宝也以侧卧的姿势紧贴着您躺在您的身边，他的嘴巴正好在您的乳头的部位。之后用一个靠垫或者圈起来的被子放在宝宝的背后支撑住他。您空闲着的一只手可以用 C 形手的姿势扶住乳房。

坐姿哺乳（摇篮式）

坐姿哺乳（见右图）是最常用的哺乳姿势。关键点是：您需要给您的前臂找个支撑点，否则的话长时间这么抱着孩子会觉得太重了。最好是能坐在一个有扶手的沙发上，还需要一个哺乳靠垫。同样重要的还有找东西支撑住宝宝的身体。您在抱孩子的时候要让他侧卧脸朝向您。宝宝的腹部要贴着您的腹部。宝宝的耳朵、肩膀和臀部要形成一条直线。如果您想用右边的乳房哺乳，宝宝的头部应该放在您右臂的臂弯里。现在您需要抱着宝宝向您的身体靠近，抱着他去找您的乳房。重要的是：无论如何都不要弯腰把乳房送到宝宝的嘴巴里，否则的话您就要坚持这种非常不舒服的姿势很长时间了。当您把孩子抱得贴

卧姿哺乳（左图）的时候要把被子放在宝宝后背处来固定他的姿势。坐姿哺乳（右图）的时候要把宝宝放在靠垫上。

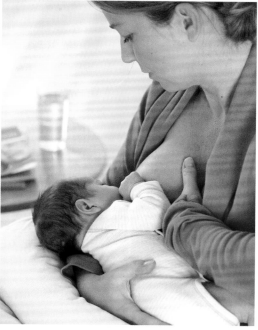

橄榄球式哺乳的时候宝宝的腿是朝后的，头部是在您的手里的。

近您的身体时，就可以借助哺乳靠垫或者抱枕支撑住他的身体，让他可以在这个高度上放松地躺着吃奶。

托住宝宝的背部哺乳（橄榄球式）

使用这种姿势哺乳时，您的宝宝不是躺在您的面前的，而是在您的身体旁边，在您的胳膊下面，他的腿是向后伸的。这种姿势对于那些乳房比较大以及剖宫产的妈妈来说比较舒服，因为使用这种姿势哺乳时腹部的伤口不会感受到任何压力。使用这种姿势哺乳，乳腺组织中朝向肩膀方向的乳汁会被吸空。您需要在您的臀边放置 2 ~ 3 个靠垫，把孩子放在靠垫上，他的上半身在您的胳膊上方，头朝向前方，他的双脚朝向后方。您需要用您的前臂支撑住宝宝的身体，宝宝的头部应该在您的手上。接下来您可以用空闲的那一只手以 C 形手的姿势握住乳房，把乳头

送到宝宝嘴巴里去。宝宝的身体应该紧贴着您的身体。

哺乳时的问题

给宝宝喂奶如果进行得顺利的话，那将是一种非常棒的感觉。但是，即使进行得不那么顺利，您也不要灰心。每一个问题肯定都会有相应的解决办法。

出奶

一般在产后第三天和第五天之间，乳房里就会有乳汁了。只要宝宝一开始吮吸乳头，妈妈的大脑就会释放两种激素：催产素和催乳素。它们会刺激乳汁的产生和流出。

最佳姿势

您的宝宝侧卧，面向您。他的嘴巴和您的乳头位于同一高度，不需要转头就能吃到奶。他的耳朵、肩膀和臀部形成一条直线。您的手呈 "C" 形，握住乳房，把乳头送到宝宝的嘴巴里。您的乳头应该触碰到宝宝的下嘴唇，这样可以刺激宝宝张大嘴巴。一旦宝宝张开嘴巴，您就需要快速把他抱向并贴近您的身体。当宝宝的上嘴唇和下嘴唇都向外翘的时候，就说明他吃奶的姿势是正确的，因为这时候他才把乳头整个含在了嘴里。

经验之谈

哺乳：万事开头难

珊德拉（Sandra，31岁），莉莉（Lilly，5个月大）的妈妈

我还在怀孕的时候就已经决定了要母乳喂养，因为我知道，对于宝宝来说，母乳是最好的。除此之外，我觉得母乳喂养是非常实用的。一想到晚上抱着哭闹的孩子去厨房里冲奶粉，而且不知道自己冲的奶粉是多了还是少了，是热了还是凉了，是太稀了还是太稠了，我就很不喜欢。在医院的时候，莉莉出生以后，我并没有马上给她喂奶。她的肺部有一些羊水，必须马上吸出来，这持续了一段时间。之后，虽然我把她抱在怀里，但是并没有给她喂奶。也许是忘了。我自己也是过了一周之后才意识到这件事。莉莉出生后的最初两天中，她对我的乳房好像并不是很感兴趣。她有吮吸过我的乳房，但是并没有持续很长时间。助产士和护士说，刚开始的时候她并不需要很多食物，几滴乳汁就够了。但是，3天以后可以明显看出莉莉有些脱水的症状，她的嘴唇非常干燥，囟门微微有些凹陷。这个时候我们才明白，莉莉需要更多的液体。医院里的人用奶瓶喂她喝了一些茶水。奶瓶上有一个奶嘴。过了不久，我感觉到莉莉也许很想吃奶，但是她的下嘴唇不能正确地放置在乳头周围，所以不能形成真空。于是我又借助乳头保护罩的帮助再次尝试。这是一种形状特殊的

保护罩，要罩在乳头上面。对于婴儿来说，有了乳头保护罩就会更容易吮吸，因为她的嘴巴里的部分更多了。莉莉吃奶的问题终于解决了，我们回到家以后也是继续这样做的。但是我也没有真正感到幸福。首先是因为我在外面给莉莉喂奶的时候，乳头保护罩让我觉得很不舒服。几周以后有人建议我不如去联系咨询师。她让我去参加"开放的哺乳小组"。最终，哺乳咨询师得出结论：一直以来，我给莉莉喂奶的姿势都是错的！莉莉躺着的时候头部向后仰，导致她的嘴巴不能张得足够大。于是，我就改变了哺乳姿势。除此之外，我让莉莉一点一点地适应我的皮肤，在不使用乳头保护罩的情况下增加了给她喂奶的频率。在我使用乳头保护罩给莉莉喂奶进行了8周之后，现在，从第10周开始，我终于可以尽情地享受和莉莉的直接的身体接触了。

哪种哺乳姿势对于我来说是正确的?

并没有一种哺乳姿势适合所有情况。您在选择哺乳姿势的时候,要尽可能地去适应乳房的感觉。如果您的乳房内侧感觉比较硬,那么最好是使用摇篮式。如果您感觉到乳房外侧有胀的感觉,那么可以使用橄榄球式。夜里喂奶或者在分娩后还没有恢复体力的时候,您也许会喜欢使用侧卧式。无论如何您都要把所有的姿势都尝试一遍,这样无论您遇到什么情况都可以信手拈来了。即使没有乳房问题,也要经常变换哺乳姿势,这样可以避免出现乳汁淤积,因为每一种哺乳姿势只能清空乳房内某一部位的乳汁。

如何正确使用哺乳靠垫?

使用橄榄球式哺乳的时候,可以把哺乳靠垫从中间折一下,将它呈折叠状放在您的臀边。使用摇篮式哺乳的时候,可以让哺乳靠垫的一端厚一些,用来支撑您的胳膊,另外比较薄的一端放在您的腹部上方,然后把宝宝放在上面。使用侧卧式哺乳的时候,可以把靠垫放在宝宝的背部后方,支撑住宝宝的身体。当您找到一个舒适的姿势的时候,靠垫的位置也就放对了,也就是说,在哺乳期间,您不需要用自己的力量去支撑宝宝的重量或者去抱他,而是让他依靠靠垫的支撑躺着。

我如何才能看出我的宝宝饿了?

由于饿对于宝宝来说是一种痛苦,所以,如果他们在感到饥饿之初发出的信号并没有得到妈妈的重视,导致他们非常饿了,他们就会大哭大叫。但是我们不应该让事情发展到这一步。如果您一直在宝宝的身边,您就会发现,他感到饿的时候,刚开始会咂巴嘴,小脑袋晃来晃去或者把手指放进嘴巴里。还有,如果他伸出舌头,使劲吮吸他的小拳头或者舔自己的嘴唇,都表明他饿了。如果您现在就给宝宝喂奶,他还没有饿到迫不及待狼吞虎咽地吃奶,他会张大嘴,等您喂他。

我应该多久给宝宝喂一次奶?

一般来说,要根据宝宝的需要来喂奶,也就是当他饿了的时候就给他喂奶。以前,人们相信"新奶加上旧奶会让宝宝肚子疼"[1],这种观念早就被证明是错误的了。现在,我们知道了,母乳中的蛋白质很容易被消化,吃母乳的孩子比吃奶粉的孩子更容易饿。在最初的几天中,每天喂奶 10 ~ 12 次是完全正常的。在宝宝满月之前的这4周中每天大概要给他喂8次奶。

每次都要用两侧的乳房给宝宝喂奶吗?

刚开始的时候要让宝宝把两个乳房的

---

[1]以前人们不知道母乳其实很容易消化,人们认为,如果给孩子喂奶过于频繁了,就会导致这种情况:上一次吃下去的奶还没有消化,还在孩子的胃里,现在又让他吃下新的,新的和旧的掺杂在一起就会让他肚子疼。

乳汁都吃到，因为这样可以确保乳汁更好地形成。大多数时候情况是这样的：宝宝把这个乳房里面的乳汁都喝完了，才开始喝第二个乳房里的乳汁。如果情况是这样的，那么您在下一次给宝宝喂奶的时候就要先让他吃上一次结束的时候吃的那一个乳房里的乳汁。一直都要这样替换着哺乳。宝宝在吃光了一个乳房里的乳汁之后，您需要中断哺乳，让宝宝打嗝。为了在下一次哺乳的时候不搞混应该先让宝宝吃哪一个乳房里的乳汁，您可以在您的胸衣上绑一根棉线做标记。

当供求达到平衡的时候，您再给宝宝提供某一侧的乳房。因为接下来的每一次哺乳都会促进乳汁的形成。

如何把乳头从宝宝嘴里拿出来？

最好是宝宝吃饱了，自己主动停止吃奶。如果不是这种情况，您可以用您的小指小心地放在宝宝的下颌与您的乳房之间，把乳头拽出来。

每次喂奶要持续多久？

大多数宝宝在几天之后平均每一侧乳房吃20分钟左右。当然，有的宝宝吃奶快，有的宝宝则比较慢。吃奶速度一般的孩子以及比较慢的孩子一定可以吃到脂肪含量较高的后乳，而那些吃奶速度很快的孩子就会错过后乳。但是随着时间的推移，他们吮吸的效率会提高，因此，尽管他们吃奶时间短，也可以吃到后乳。

我如何才能知道我的宝宝吃饱了？

只吃母乳的孩子一天要换5～6个尿布。他们的尿液是无色的（不是黄色的）。吃母乳的孩子拉的大便（在最初的4～6周内每天2～5次）是深黄色的，呈稀液状或者颗粒状。

请您关注宝宝体重的增加，身体健康的宝宝每周增重的范围如下：

> 第1～4个月：120克～220克
> 第5～6个月：115克～140克
> 第7～12个月：60克～120克

除此之外，您可以通过宝宝的外表和行为明确地看出，他吃的奶是否足够。他看起来像是吃饱了很满足的样子吗？他非常活泼生机勃勃吗？他的皮肤是粉嫩粉嫩的吗？他的眼睛明亮清澈吗？他的肌肉健康吗？然后他就能茁壮成长了。

我想要用吸奶器把乳汁吸出来，可以这样吗？

有各种不同类型的吸奶器，例如手动吸奶器，不需要插电，必须用手来操作。如果您想时不时地吸出少量的乳汁，那么这种吸奶器就非常适合您。对于有些女性来说，电动吸奶器更容易操作。

如何处理出奶

从现在开始，要定时给宝宝喂奶了。您需要帮助他正确地吃奶。因为有时候您的乳房会非常膨胀，宝宝很难把乳头放进嘴巴里。如果是这种情况，您应该尝试在喂奶之前先挤出一些乳汁来。最好的办法就是在喂奶之前给乳房加热，让出乳孔扩张。您需要用温热的毛巾对乳房进行热敷或者在喂奶之前去洗一个热水澡。您需要用手指尖轻轻从乳房根部开始按摩，一直到乳头的位置，让一些乳汁流出来。您可以继续让乳汁往外流，然后把乳头放进宝宝的嘴巴里。在哺乳结束之后，您需要给乳房降温，这样就不会有更多的乳汁继续聚集在出乳孔附近了（热胀冷缩）。这时，凝乳或者凉的（土耳其）卷心菜叶（见左面的方框）会给您很大的帮助。如果您没有时间准备冷敷的工具，那么您可以用从冰箱冷冻室里拿出来的冰袋（请用一块毛巾包裹住冰袋）来对乳房进行冷敷。

小贴士：温柔的降温

制作一块凝乳敷布需要在一块按照长度进行折叠的薄纱布上涂抹一层刀背厚度的大约150克冰的凝乳。把它再折一次，然后把这块冷敷布放在乳房上，直到冷敷布变得温暖（大约20分钟）。同样有效的还有用卷心菜叶制成的冷敷布。它有降温和消肿的作用。制作这种冷敷布需要使用从冰箱里拿出来的（土耳其）卷心菜叶（卷心菜头上的叶子很容易取下来），把叶片上的梗去掉。用擀面杖擀压卷心菜叶，让叶片上的细胞都破掉，这样里面的有效成分可以更好地发挥作用。然后把叶片放在乳房上。不要放在乳头上。您可以穿上哺乳胸罩。如果您不反感这种感觉，这些卷心菜叶可以一直停留在您的乳房上，直到下次哺乳。

从什么时候开始好转？

在2～3天之后，大量出奶的情况就结束了。在这之后，宝宝和您的乳房都适应了"供货量"增加的情况，乳汁的量就会重新变得协调起来。

特殊情况：乳汁流不出来

总是会出现这种情况：乳房胀痛，有结节，但是就是不出奶。如果您遇到这种情况，应该采取下述急救措施。

请您先想一想：为什么乳汁流不出来呢？是什么导致了阻塞？是不是您自己压力太大了？通常，咨询助产士或者您的伴侣都会有所帮助。请您不要着急，试试用热敷和按摩的方式让乳汁流出来。您的助产士或者哺乳顾问也会随时为您提供建议和帮助。许多助产士都知道，如何使用温柔的按摩以及按压技术打开输乳管，之后就可以让堵塞不通的乳汁流出来。

凹陷型乳头、扁平型乳头以及小粒型乳头

这三种形状的乳头都不能成为不给孩子吃母乳的理由，在哺乳的时候，您仅仅需要多一些耐心和毅力。

如何处理特殊形状的乳头

借助乳头矫正器[①]可以矫正非常扁平的乳头，甚至是那些凹陷型的乳头。在您怀孕的时候就可以佩戴乳头矫正器了。您可以在哺乳之前一个小时佩戴上这个矫正器。由于身体的温度，这个碗形的矫正器会形成一个真空。当您的宝宝饿了，想吃奶了，您应该先把矫正器拿下来然后马上给他喂奶。大多数的宝宝都可以把乳头含进嘴巴里。重要的是：一定要向产后护理人员寻求帮助！也许她会在您刚开始给宝宝喂奶的时候向您推荐乳房保护罩。

乳头擦伤

乳头擦伤或者有小的裂口（皲裂）主要是在哺乳的时候出现的一些不正确的操作导致的。这种现象的出现是要给您一个信号：您需要改变一下哺乳姿势了。但是，导致乳头皲裂的原因还有可能是宝宝的舌系带过短。请您就此向您的助产士或者儿科医生进行咨询。

---

①又称乳头内陷矫正器。

> **禁忌：尼古丁**
>
> 美国的一项研究表明，吸烟会阻碍乳汁的产生。在分娩后 2 周，每天至少抽 10 根烟的妈妈的日均泌乳量比那些不抽烟的妈妈的日均泌乳量少 20%。分娩后 4 周，抽烟的妈妈的泌乳量只有不抽烟的妈妈的泌乳量的一半。重要的是：被动吸烟者，也就是吸二手烟的妈妈，泌乳量也会下降，并且对宝宝有伤害！

如何处理乳头皲裂

如果您把乳头放进宝宝的嘴巴里以后感到疼痛，那么您应该温柔地把乳头从宝宝的嘴巴里取出来，然后重新尝试一次。请您注意，在您把乳头放进宝宝的嘴巴里之前，他应该已经张大了嘴巴。非常重要的是：请您要检查一下，宝宝是否把乳头全部含在嘴巴里了。他的上嘴唇和下嘴唇应该是向外翻的，看起来像是"鱼嘴"。如果他仅仅吮吸乳头的前半部分，很快就会让乳头出血的。如果出现了这种情况，那么您需要对乳头进行额外的护理：尽可能地让乳头暴露在空气和阳光中，并且要佩戴乳头保护套（药店有售）。许多女性使用过纯羊毛脂制成的乳头保湿药膏，也觉得效果不错。它可以让柔嫩的皮肤变得柔软有弹性，有助于伤口恢复。使用时需

要注意：在哺乳后立刻取少量涂抹于患处。为了预防乳头皲裂，您应该在每一次哺乳之后把剩余的一些乳汁连同宝宝的唾液一起涂抹在乳头上，然后让它自然风干。

请您只使用羊毛或者丝绸制成的防溢乳垫，因为它们的透气性比较好。即使哺乳很痛苦，您也应该继续坚持。如果无论如何都没办法进行哺乳了，那么建议先中断 2 ~ 3 天的时间。在这段时间里，您需要用手或者使用吸奶器来清空乳房内的乳汁，这样，乳汁的形成才不会受影响。请您向您的助产士或者哺乳顾问寻求帮助！

乳汁淤积

一旦您感觉到乳汁在您的乳房内淤积，乳房变硬，您就更加需要注意哺乳姿势了。您需要让宝宝的下颌接触到乳房有硬块的部位，这样，这一部位才能受到更大力的吮吸从而被吸得更干净（见第 168 页）。您也可以尝试使用热敷的方法促进乳汁的流动。乳汁如果无法流动，就会形成淤积。这一点可以通过乳房上发红发硬对按压特别敏感的部位看出来。有时候甚至会感觉到一个结节。乳汁淤积的原因有可能是输乳管堵塞，而导致输乳管堵塞的原因可能是没有完全清空乳房里的乳汁或者完全清空乳房里的乳汁的次数较少；胸

罩太紧造成对乳腺组织的压迫；还有可能是身体或者精神高度紧张，从而对内分泌以及乳汁的形成产生影响。另外，还有可能是由于细菌导致的乳房感染。

输乳管堵塞

乳汁淤积发展得很慢，机体会自动调节，不会引起或者仅会引起很轻微的局部发热，疼痛的部位也局限在淤积的部位。它不会对人的整体身体状况产生不利的影响，只是会让体温上升到38.5℃左右。

细菌性乳房炎症

它来势匆匆，局限于乳房的某一个部位。妈妈的乳房会变红，变热，肿胀。许多女性现在会觉得非常不舒服，有时会觉得恶心。这种类型的发炎会导致严重的疼痛，例如头疼和四肢疼痛。症状有些像感冒，会出现发烧38.5℃甚至更高的情况。也有可能会出现寒热发作[①]。如果存在着细菌性发炎的可能性，就必须马上去看医生！

如何处理乳汁淤积

如果是因为输乳管堵塞，那么在哺乳之前需要用湿热的毛巾对乳房进行热敷。请使用在热水中浸泡过的纱布或者毛巾敷在乳房上。在选择哺乳姿势的时候，要注

---

①明显的寒冷甚至寒战后，开始发热。

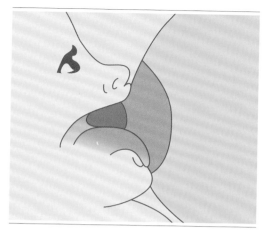

应该这样：宝宝把整个乳头都含在嘴里，他的嘴唇向外翻。

意让宝宝的下颌放在输乳管堵塞的部位。即使还是很疼痛，您也要经常用这个乳房给宝宝喂奶，然后好好休息。

请您和您的医生取得联系，他有可能会给您开抗生素类药物。有一些药物是在哺乳期间也可以使用的，因此大多数情况下不需要中断哺乳。如果您不进行治疗，细菌性的发炎有可能会导致脓肿，这就必须马上接受医生的治疗了。

成长阶段需要更多乳汁

宝宝的成长是阶段性的，这个时候他们需要更多的能量。这导致大多数宝宝在这个成长阶段吃奶的频率增加了。需求增加了，供应也要相应地增加。根据经验，乳汁的形成需要 2 ~ 5 天的时间来调整自己适应宝宝的需求。

哺乳期需要正确的饮食

那些在怀孕期间饮食健康均衡的妈妈，现在基本上不需要调整她们的饮食。虽然哺乳期所需要的能量增加了，但是并不意味着需要吃两人份。

哺乳期女性的能量提供者

比食物的数量更重要的是食物的质量。当然，事实是，哺乳期女性需要吃饭。产后护理工和哺乳顾问总是会遇到一些年轻的妈妈，她们在产褥期就非常忙，要照顾自己的家庭，于是就忘了吃饭。下面有两个菜单，可以为您在哺乳期提供新的能量。

哺乳期丸子

这种丸子可以提供很多能量和营养。您可以一次做出很多来，放在冰箱里可以保存

茶、咖啡等

如果正在哺乳期的妈妈一天喝 1 ~ 2 杯咖啡或者红茶（或者绿茶），大多数宝宝是可以接受的。但是，如果您发现您的宝宝在吃完奶以后变得特别兴奋，那么您就要重新审视一下您喝的茶或者咖啡了。正在哺乳期的妈妈基本上是要杜绝酒精的，因为酒精会进入乳汁中，哪怕是非常小的量，也会对宝宝产生危害。如果您由于某种特殊的原因需要喝一小杯香槟酒，那也应该是在给宝宝喂奶之后再喝。

圆形的能量球，即使没有巧克力，也很好吃……

这种鸡汤可以在哺乳期为您提供完美的能量。

很多天。

小麦、大麦和燕麦各330克 | 300克熟的带麸皮的大米 | 300克凉的黄油 | 菜籽油和玉米油各两勺 | 250克黑糖 | 两包香草细砂糖 | 研磨成粉末的小豆蔻 | 肉桂 | 适量清水（根据需要）

1 将各种谷物混合，粗磨成粉，然后放入平底锅，不放油，慢慢烤至浅棕色。

2 把烤熟的谷物粉放进一个碗里，加入大米、黄油、植物油和黑糖混合，揉成一个面团。

3 用香草细砂糖、小豆蔻和肉桂调味。如有需要可加入适量清水。

4 将面团制成网球大小的丸子，放进塑料罐里冷藏。每天吃2～3个。

小贴士：请在产褥期食用做好的丸子！

能量鸡汤

在阿育吠陀医学所讲的五种基本元素构成的饮食中，这种鸡汤被当作能量汤。能量鸡汤的关键是长时间的熬煮，通过长时间熬煮，许多能量都进入了汤里。它可以驱走寒冷，溶解血栓，从内部让机体变得温暖，提供生命的能量。无数的产妇在筋疲力尽之后喝上这么一碗鸡汤就又可以恢复精力了。您可以提前制作这种鸡汤，分成小份冰冻起来。

1只熬汤用的土鸡 | 2～3根胡萝卜 | 大约3厘米的生姜 | 四分之一的块根芹 | 1～2根欧洲防风 | 二分之一捆的皱叶欧芹 | 2片月桂叶 | 5～6粒芫荽籽 | 3～4个刺柏果 | 姜黄 | 辣椒 | 食盐 | 新磨的胡椒粉 | 调味用的酱油

1 土鸡洗净，放入一口大锅中。

2 胡萝卜、生姜、块根芹和欧洲防风洗净削皮，切成小块。

3 皱叶欧芹洗净，连同各种蔬菜一起放进盛土鸡的锅里。锅里加入冷水，没过鸡肉。然后加入月桂叶、芫荽籽、刺柏果、姜黄、辣椒和食盐。开火煮沸。

4 改用文火慢煮。3～4个小时之后过滤鸡汤，加入新磨的胡椒粉和酱油调味。喜欢辛辣味的人还可以加入切碎的姜末。

小贴士：当您开始坐月子的时候，要新煮一锅这样的鸡汤。可以把汤放进保温桶带到医院。每天喝几杯热的鸡汤。鸡汤放在冰箱里可以保存4～5天。

饮料

如果您的食物中水分比较少或者您喝水比较少，这种状况就会通过浓缩的尿液、消化问题、头疼以及泌乳量下降体现出来。您最好能每天喝3升没有二氧化碳的矿泉水或者用水稀释过的果汁。

我的宝宝除了吃母乳以外，还需要额外地喝一些茶水吗？

不需要。让宝宝喝水或者茶都是没有必要的。相反，它们会明显降低母乳的保护作用。有几种特殊情况是需要给宝宝补充额外的水分的，例如他由于发烧或者腹泻流失了较多的水分或者您的宝宝有些低血糖（由于妈妈患有糖尿病）。

我一定要在宝宝吃完奶以后给他拍嗝吗？

这与宝宝的吮吸行为有很大关系。如果他属于吃奶的时候狼吞虎咽的类型，他就会吃下去很多空气，那么您就要给他机会让他把吃进去的空气排出来。您可以在您的肩膀上垫一块纯棉的尿布或者类似的东西。把孩子竖直着抱，让他的头部靠在您的肩膀上。请您注意，不能横着抱孩子。然后用您的手掌轻轻地拍打宝宝两个肩胛骨之间的位置或者轻轻抚摸宝宝的背部，直到宝宝排出气体。也有些孩子没有这种把空气吃进肚子里去的问题，因为他们吃奶的时候很慢，不慌不忙。您可以试一下，您的宝宝在吃奶以后是否不拍嗝也可以入睡，并且能继续安静地睡觉。

母乳中的有害物质情况是什么样的？

德意志联邦共和国的国家哺乳委员会会定期检查母乳中的沉淀物。结果是：以前存在的母乳沉淀物中的 DDT、HCH、HCB 以及 PCB 等氯化碳氢化合物含量过高的问题从 20 世纪 80 年代中叶开始明显减少了。因此，哺乳委员会建议，尽量在给孩子添加辅食之前（也就是 6 个月时）完全进行母乳喂养。如果在这之后还继续进行母乳喂养，就母乳中所含的有害物质情况而言，对于婴儿来说并没有什么危害。您在哺乳期间不要节食。由于环境中的有毒物质主要会沉积在我们身体的脂肪组织中，它们会在您节食的时候进入您的血液循环中，从而进入母乳中。

我怎么做才能增加泌乳量？

由于您的身体是按照宝宝的需求来产生乳汁的，所以您可以通过增加喂奶次数的方法来增加泌乳量（可以大概每两个小时喂一次奶，从第一次喂奶的时候开始计时，到第二次开始喂奶）。如果您自己的喝水量增多了（每天 2～3 升），泌乳量也会增加。您最好是通过喝矿泉水和催乳茶来补充身体所需的水分。含有麦芽的饮料，例如麦芽咖啡和麦芽啤酒（要注意含糖量！），可以对乳汁的形成产生积极的影响。在每一次哺乳的时候都多次变换姿势使用乳房也有助于促进乳汁的形成。多数情况下，您的宝宝在成长发育的时候是需要更多的乳汁的。有时候也有可能出现这种情况：您的宝宝吃奶时间不长，吃得不够干净，因此没有对乳汁的形成产生足够的刺激。如果是这种情况，您可以在两次哺乳之间用吸奶器把乳汁吸出来一些。在哺乳前或者哺乳后使用催乳精油对乳房进行按摩也可以促进乳汁的形成。

存放吸奶器吸出的乳汁最好的办法是什么？

用吸奶器吸出的乳汁放在干净的瓶子里放入冰箱，最多可以存放 3 天（不要放在靠近冰箱门的地方，而要放在冰箱深处），冰冻起来最多可以存放 6 个月。最好是把乳汁分成小份进行冰冻（例如放进奶瓶或者进行过消毒的冰冻盒，上面盖上盖子）。当乳汁被冻住以后，您就可以把被冻成一块一块的"乳汁冰块"放进冰冻袋里继续冰冻。之后每次需要的时候就可以取出相应的量解冻就行了。小贴士："乳汁冰块"的大小以可以放进奶瓶为宜。还可以把乳汁直接放在奶瓶里冰冻。在冰冻之前，要先不盖盖子放在冰箱里降温。请您在解冻的时候采取温和的方法，母乳是不能放在火上煮的，也不可以放进微波炉加热。

哪种防溢乳垫更好？羊毛的，丝绸的，还是一次性的？

对乳头比较温和的是羊毛或者丝绸制成的防溢乳垫。天然的材料可以吸收潮气并且蒸发掉。羊毛可以吸收它本身重量 40% 的潮气，而棉花可以吸收大约 6%。需要强调的还有一件事：羊毛中含有天然的羊毛脂，对乳头有保养作用，还可以杀死细菌。一次性防溢乳垫有一层箔纸，用来防止乳汁溢出。

作为哺乳期女性，我应该尽量避免哪些食物？

在这件事上，原则是"尝试和犯错"。没有人可以预知，您在吃了某种食物以后您的宝宝是否会用腹胀放屁的方式来对此做出反馈。您需要尝试多种食物。您不需要从哺乳期一开始就不吃洋葱之类的东西。经验证明，如果宝宝会用腹胀放屁的方式对某些食物做出反应，那么这些食物应该是卷心菜、西兰花、荚果、洋葱、大蒜、核果以及梨。

婴儿配方奶粉：作为母乳之外的另一个选择

那些不给孩子进行母乳喂养的女性，可以选择婴儿配方奶粉，给自己的孩子一个奶瓶。目前市场上可以买到的奶粉都尽可能地模拟母乳中的营养成分。基本上可以分为新生儿初段奶粉以及之后的成长阶段奶粉，它们是根据宝宝不同成长阶段所需要的营养成分来设计的。

给宝宝选择适合他的奶粉

第一次走进分类清晰的卫生用品商店或者超市、药店，站在婴儿奶粉（工厂生产的婴儿食品）货架前的人，会对眼前产品的数量之多感到非常吃惊。这些奶粉不仅仅是由许多不同的厂商生产的，而且同一品牌的奶粉也按照年龄、需求以及健康问题分为许多不同的种类。需要做出选择的人，就要面对选择的痛苦：我应该选择哪一种产品呢？为了让您能够不在众多的奶粉盒面前迷失方向，为您的宝宝找到最适合他的奶粉，下面我将为您介绍一些相关信息。

根据年龄进行选择

购买奶粉时第一个要注意的事就是要选择适合宝宝年龄的奶粉。给您一些提示：有两类配方奶粉，婴儿初段奶粉以及之后的成长阶段奶粉。婴儿初段奶粉[1]：包括Pre段奶粉以及1段奶粉，只适合婴儿从刚出生一直到添加辅食的时候食用。之后的成长阶段奶粉不适合当作宝宝唯一的食物，因为这些奶粉中所含的营养成分已经不能满足宝宝成长所需的所有营养成分了。这种奶粉应该配合辅食一起食用。

基础：牛乳

大多数奶粉都是用牛乳制成的，再添加一些维生素和矿物质。目标是让牛乳在成分和质量上尽可能地接近母乳。牛乳和母乳最大的区别在于蛋白质的含量以及组成。牛乳中的蛋白质含量非常高，如果就这样不加任何处理地让婴儿食用，这种高蛋白就会对宝宝娇嫩的器官造成损害。因此要降低婴儿奶粉中的蛋白质含量，让它变得更加接近容易被婴儿消化吸收的母乳中的蛋白质（60%的乳白蛋白，40%的酪蛋白）。

保障质量

婴儿食品要遵守严格的法律规定，每一个生产商都要做到。产品是否遵守法律规定以及其中可能存在的有害物质都要受到监控。只有这样才能保证您的宝宝吃奶粉也能得到他健康成长所需的所有能量和营养成分。除此之外，所有产品都没有任何有害物质，有些生产商甚至还把自己的产品质量提高到高于法律规定的最低值。标有"有机"标志的产品来自受到严格控制的有机或者至少是生态种植，大多数都会比普通产品贵一些。

---

[1] 目前国内的婴儿（出生到1周岁以内）奶粉分为1段和2段，文中为德国奶粉的分段，请您注意，仅供参考。

里面还有什么

有一些种类的奶粉还在配方表上标注出了相应的添加成分。

> "益生菌"（Probiotic）的意思是，在这种婴儿食品中添加了某种细菌（例如双歧乳杆菌和乳酸菌），这些细菌非常强大，它们不会受到胃酸的侵蚀，可以直接进入肠道，然后在那里沉积下来，促进肠道消化。除此之外，它们还可以抑制有害菌的生长，提高孩子的免疫能力。

> "益生元"（Prebiotic）的粗纤维是复杂的碳水化合物，是乳糖发酵的产物。母乳中本身就含有这种物质。它为肠道中的消化细菌提供充足的营养，让它们可以快速繁殖。

> "Combiotic"是一种由益生菌奶粉和益生元奶粉混合而来的奶粉。

婴儿配方奶粉概况

在宝宝一岁之前，有 4 种不同的以牛乳为基础的奶粉可供选择。

LCP&LCPUFA

近几年来，婴儿配方奶粉中也开始添加 LCP 以及 LCPUFA（长链多不饱和脂肪酸）。主要是指 EPA 和 DHA，它也以类似的形式存在于母乳中。它可以促进孩子的大脑发育，是婴儿配方奶粉中非常有意义的一种成分。

从一而终？

"我真的需要每隔几周就给宝宝换一种奶粉吗？"肯定会有一些妈妈有这样的疑惑。答案是否定的。因为如果您的宝宝对某一种初段奶粉适应得很好，您就可以一整年都让他喝这种奶粉。并没有一个出于营养学的理由要求您必须给宝宝换奶粉。

Pre 段奶粉

这种奶粉是新生儿除了母乳以外的一个合适的选择，因为它在脂肪含量、蛋白质含量以及矿物质含量上与母乳非常接近。这种奶粉含有的（和母乳一样）唯一的碳水化合物就是少量甜味的有助于消化的乳糖，这使得它和母乳一样比较稀。由于它只有这一种碳水化合物，因此可以像母乳一样根据宝宝的需要来喂奶。也就是说，开始的时候，不是按照固定的时间来给宝宝喂奶粉，而是只要他饿了就可以给他冲奶粉喝。除此之外，许多 Pre 段的奶粉还含有大量有助于宝宝成长发育的不饱和脂肪酸，这些不饱和脂肪酸在奶粉中的存在形式也和母乳中相似。您可以通过奶粉名称中的"Pre"来识别这种奶粉。

1 段奶粉

第二种婴儿配方奶粉与第一种相比，其中的蛋白质不是完全和母乳中的蛋白质一样（因此它只是部分调整）。许多1段奶粉除了含有乳糖以外，还有其他碳水化合物，例如砂糖（蔗糖）以及果糖。果糖经常会导致腹胀放屁，砂糖对牙齿和新陈代谢不好。因此，请您注意，一定要购买那些没有添加蔗糖的奶粉。由于1段奶粉中添加成分比较多，因此它停留在胃里的时间会更长，可以保持更长时间的饱腹感。因此您在喂宝宝吃1段奶粉的时候要严格按照包装上写的用量来使用。1段奶粉是无面筋的（无麸质），并且添加了铁元素。辨别标志：所有相应的产品名称中有一个"1"字。

2 段奶粉

2段奶粉是初段奶粉之后的成长阶段奶粉。由于它无法满足宝宝成长所需的所有营养成分，因此必须在辅食的基础上使用。2段奶粉适合6个月以上的宝宝食用。它是用来取代初段奶粉的，应该成为宝宝所有饮食中的一部分。与Pre段奶粉和1段奶粉相比，2段奶粉中的蛋白质并没有进行过调整。除此之外，2段奶粉中所含的淀粉以及人工香精比1段奶粉多。没有必要一定要让宝宝吃这种奶粉。

3 段奶粉

3段奶粉也被称为幼儿奶粉或者儿童奶粉，是婴幼儿奶粉行业的一种创新。有不同口味的3段奶粉，而且也添加了大量的糖和人工香精。由于它的淀粉含量很高，所以比较浓稠，目的是让宝宝更扛饿。这种奶粉的浓稠有时候也有可能是因为添加了谷物的碎屑。从营养学角度来看，这种奶粉是没有必要吃的。

特殊配方奶粉

除了传统的配方奶粉以外，还有一些特殊配方奶粉，它们是针对易过敏体质宝宝、对某种食物不耐受的宝宝以及有某种新陈代谢缺陷的宝宝的。

针对易过敏体质宝宝的低过敏性奶粉

尤其是那些易过敏体质的宝宝，最好是能给他们提供6个月的完全母乳喂养。这样，宝宝就有了不过敏或者少过敏的前提条件。如果无法做到母乳喂养，那么我

如果您不给宝宝吃母乳，您可以选择工厂生产的配方奶粉。

们建议让这些宝宝吃低过敏性奶粉。这种奶粉（产品名称中有 HA，代表低过敏性）中的牛乳蛋白被分解成非常小的蛋白，这样宝宝的身体就不会那么容易把它们当作异体蛋白了。因此这种奶粉也被称为"缺少抗原"的奶粉。不同的制造商会把乳蛋白分解成不同的组成部分，导致不同的奶粉分解程度（水解程度）不同。低过敏性奶粉中潜在的致敏成分虽然降低了，但是也不能保证它不会引起宝宝乳蛋白过敏。到目前为止，在研究中只是证明了这种奶粉对易过敏体质的宝宝有一种预防性的效果。

特殊情况下的奶粉

虽然我们一再地小心谨慎，但是还是会出现宝宝不能消化 Pre 段奶粉或者低过敏性奶粉，从而发生过敏反应的情况。在这种情况下，您可以选择下列奶粉。

针对对牛乳过敏的宝宝

当宝宝已经对牛乳过敏或者不耐受了，就可以使用这种奶粉。它只是针对那些有特殊疾病的宝宝，因此要在儿科医生的定期检查下使用（因此只有在药店才能买到）。这种奶粉中的乳蛋白被分解得比低过敏性奶粉中的乳蛋白更微小，因此不会被身体当作异体蛋白。这种产品尝起来比低过敏性奶粉更苦，但是一般来说，宝宝也可以适应它。

口味问题

低过敏性奶粉或者其他特殊配方奶粉中的蛋白质被分解得很小，这就导致它们的口感差一些，因为这种分解让奶粉尝起来有些苦。重要的是：请您不要让宝宝在吃这种奶粉之前先尝试其他好吃的奶粉，只有这样他们才会乖乖地吃这种奶粉。而且，永远都不要在奶粉中加糖！

以豆浆为基础原材料的奶粉

有时候豆奶粉也会被用来替代奶粉，主要是针对那些对牛乳不耐受的宝宝，因为与那些蛋白质被严重分解的产品相比，豆奶粉不仅口味更好一些，而且价格也更便宜。但是有一点很重要，需要大家了解：在牛乳和豆浆之间有一种所谓的交叉致敏。也就是说，牛乳和豆浆的蛋白质非常相似，那些对牛乳不耐受的宝宝中大约有 25% 的人对豆浆也会产生过敏反应。当宝宝无法消化和代谢乳糖的时候，那么就可以选择豆奶粉代替奶粉。重要的是：豆奶粉与低过敏性奶粉不一样，它基本上不具备预防过敏的功能。

针对消化问题的特殊配方奶粉

> **腹胀放屁**：针对那些腹胀并且总是放屁的宝宝，也有特殊配方奶粉。这种消化问题主要是暂时的乳糖不耐受导致的，

少数情况下也有可能是天生的乳糖不耐受导致的。您可以买没有乳糖的、低乳糖的奶粉以及豆奶粉。请您一定要事先咨询好。针对那些"有便秘倾向的腹胀婴儿"以及"有腹泻倾向的腹胀婴儿"也有相应的奶粉。这种情况下也要咨询专家！

> **便秘：** 针对那些便秘的婴儿有一些添加通便成分和镁元素的特殊配方奶粉。如果宝宝出现便秘，您一定要再次检查确认一下，是否为宝宝喝水太少导致的，您在给宝宝冲奶粉的时候是否有严格按照说明书上要求的量来操作。奶粉的使用量稍微变化一点点都会引起宝宝便秘！

> **呕吐：** 针对那些爱吐奶的孩子，也有相应的特殊配方奶粉（抗反流奶粉）。在奶粉中加入刺槐豆胶，可以让奶粉变得更黏稠，这样，胃里的食物就不会轻易反流了。

> **腹泻：** 针对严重腹泻的宝宝也有相应的特殊配方奶粉。它们要么是比普通婴儿奶粉的蛋白质含量高一些，没有乳糖，并且脂肪含量少；要么是因为添加了香蕉的成分有了止泻的作用。

其他哺乳动物的乳汁／奶粉

有些父母如果不使用母乳喂养，为了预防或者治疗牛乳不耐受，或者只是出于对工业生产的奶粉的保守态度，他们会给

即使宝宝没有腹胀，这种"坐飞机"的游戏也会给他带来很多乐趣。

自己的孩子选择其他动物的乳汁或者奶粉。就这一点，大家的观点是：山羊奶虽然和牛奶在营养成分构成方面比较相似，但是由于存在叶酸含量不足的危险，因此需要配合富含叶酸的辅食一起使用。骆驼奶脂肪含量较低，需要添加2.5%的小麦胚芽油。绵羊奶由于脂肪含量过高不适合婴儿食用。

其他种类的饮品／奶粉

不仅仅是动物才能产奶，我们还可以用谷物或者坚果生产奶粉。这些产品可以在自然产品商店或者绿色食品店买到，种类繁多，有小米饮品、大米饮品、燕麦饮品以及杏仁露。但是，食品科学研究机构不建议大家把这些植物饮品作为婴儿唯一的食物。原因是：这些产品中蛋白质含量过低。除此之外，这些产品中的蛋白质质量不高，宝宝的身体无法很好地利用。另外，钙、碘、铁以及生命必需的维生素含量也比较低。我们认为，如果您不想让宝宝喝牛奶，您可以在制作婴儿食物泥的时候使用这些产品，问题不大。如果是这种

情况，您可以使用这些饮品作为搅拌谷物粉末的液体。由于这种婴儿粥还需要再添加其他辅料（例如油或者黄油以及果酱），这些植物性饮品就不会是唯一的营养成分来源。另外，您还可以使用母乳来搅拌婴儿粥。

与奶瓶相关的事

为了在把宝宝带回家的时候一切能够就绪，您应该事先考虑一下，如果您要给宝宝喝奶粉，那么您一定会用到哪些东西。

奶瓶

玻璃奶瓶还是塑料奶瓶？每一种类型的奶瓶都有它忠诚的拥护者。这些拥护者有一些强有力的论据来支持自己的选择：

> **玻璃奶瓶：** 这种奶瓶的保温效果比较好，即使使用几个月以后外观上看起来也还比较漂亮，经常刷洗的话也还会干净透明。缺点是：玻璃比较重，并且易碎。很少有婴儿能够有力气把玻璃奶瓶压碎或者从床上把它扔出去。更现实一些的原因应该是在冲奶或者刷洗奶瓶的时候摔碎了。

> **塑料奶瓶：** 虽然塑料奶瓶没那么容易破碎，但是随着时间的流逝，它看起来会没那么好看了。虽然塑料奶瓶也可以像玻璃奶瓶一样清洗得很干净，没有细菌，但是一旦它有了奶粉沉积，就会看上去脏脏的。这个问题更多是视觉上的，

而不是卫生方面的。根据经验，最好不要把塑料奶瓶放进洗碗机里清洗，因为洗洁精大多数都有刺激性，不仅会损伤奶瓶上的装饰，还会损伤奶瓶本身。因此会导致奶瓶过早出现材料损耗，这也会最终导致奶瓶坏掉。塑料奶瓶的优点是比较轻，宝宝在稍微大一些以后可以自己拿着奶瓶喝奶。但是这个事实又会导致大人会很快地把奶瓶交给一个小孩子，还会导致孩子养成不停地吮吸奶嘴的习惯。这两种奶瓶的价格不能成为选择的依据，因为它们价格相仿。

奶嘴

乳胶制成的奶嘴还是硅树脂奶嘴？奶嘴也有两种不同的类型：

> 乳胶奶嘴是由天然橡胶的乳胶制成的。这是一种液体，被称为乳胶或者胶乳，是通过划破橡胶树的树皮得到的。很可惜，乳胶奶嘴在使用了一段时间以后会变得不好看，脏脏的。乳胶奶嘴不如硅树脂奶嘴耐高温。经过日晒或者经常水煮消毒就会让它出现许多小气孔。因此，大约每4周您就需要更换一个新的乳胶奶嘴。重要的是：有些孩子会对乳胶过敏，还有些孩子会因为不喜欢乳胶的气味而拒绝使用。

> 硅树脂奶嘴由合成材料制成，使用寿命更长一些。但是很容易被咬破，因此不太适合年龄稍微大一些的孩子（长出多颗牙齿的孩子）。一旦硅树脂奶嘴被咬破了，就必须替换新的，这样才不会出现奶嘴的碎屑被宝宝吃进嘴巴里的情况。这两种奶嘴的价格相差不多，在清洁方面也没有什么值得一提的区别。

奶嘴的大小

由于宝宝的口腔是会随着年龄的增长变大的，因此奶嘴的大小也要随之增大。请您按照奶嘴生产商的建议给宝宝使用相应型号的奶嘴，因为长时间使用过小的奶嘴会导致上颚发育畸形。奶嘴的大小、奶嘴上出水孔的个数都要根据奶嘴生产商的建议来选择。奶嘴上的出水孔是来控制奶瓶中的茶水、牛奶或者米糊的流出量的。如果出水孔太小，用不了多久宝宝就会吸累了，然后说不定就睡着了。如果出水孔太大，牛奶流出太快，宝宝会很容易呛到，胃里进入太多空气，他就会打嗝。宝宝在喝茶水、比较稀的牛奶或者用吸奶器吸出来的母乳、Pre段奶粉或者没有淀粉成分的特殊配方奶粉时，需要奶嘴上的出水孔小

注意有害物质！

请您在购买塑料制品的时候注意，不能选择那些含有双酚A（也适用于奶嘴和玩具，详情见第23页）的产品。这种激素样有毒物质会破坏宝宝天然的激素平衡状态。

一些（茶水或者牛奶奶嘴）。而那些我们用水搅拌冲调的粉状食物（2段以后的奶粉）则需要奶嘴上的出水孔稍微大一些。有些奶嘴上有很多孔，是为了方便含淀粉的食物能够顺畅地流出。米糊奶嘴的出水孔更大，甚至会有一个十字形槽。但是在这儿有人就会有疑问了，为什么米糊要用奶瓶吃呢？用勺子给宝宝喂米糊之类的食物当然更好，因为只有这样每天练习，宝宝才能尽快适应使用勺子。

除此之外，食物还在口腔中时就已经开始消化了。因此，让米糊之类的食物在口腔中逗留一会儿会更容易消化，而不是像用奶瓶吸那样直接被吞下去。

奶嘴的形状

很长时间以来，大家都推荐那种下边

> **小贴士：喝奶快的孩子**
>
> 谁曾经给一个饿得哇哇哭的孩子准备过食物，就明白这件事多么难做。为了避免出现这样的匆忙慌乱，下列方法可以帮到您：早晨的时候您可以多烧一些热水，把三分之二的热水倒进（只供宝宝一个人使用的）暖水瓶里保存。这样，您整天（加上晚上）都可以用这个暖瓶里的热水了。剩下的开水倒进一个干净的容器内晾凉。这样，您就有了两种温度的水，要给宝宝冲奶粉的时候就可以把它们混合直接使用了。

> **总是吮吸奶嘴会导致龋齿吗？**
>
> 回答是：会！而且和奶瓶里的液体没有关系。如果孩子总是吮吸奶瓶上的奶嘴，必然会导致不停地有液体进入口腔。唾液会因此被稀释，也就不能更好地保护牙齿了。含糖或者酸味的饮料，例如果汁混合饮料、水果茶或者牛奶，会为细菌的繁殖提供有利条件，或者直接侵蚀牙齿的牙釉质。

有个倾斜的平面，开口向上可以接触到上颚的奶嘴。问题是，这种形状的奶嘴对上颚的横向发育没有促进作用。很少出现，但是完全有可能出现的长期使用的副作用就是所谓的"哥特式上颚"，孩子的上颚很高，很尖，而不是略带圆形的，较宽的。因此，今天的奶嘴专家们建议给宝宝使用符合宝宝口腔形状的奶嘴（见第23页）。这种奶嘴不会太深入口腔内部，每吸一次奶嘴都会对上颚产生压力，刺激它横向发育。找到适合宝宝的正确的奶嘴并不是一件容易的事。您也可以在网上查询奶嘴生产商的网址，上面会有产品的相关信息。

准备食物

奶粉和母乳一样，并不是完全无菌的。因此在给婴儿准备食物的时候要注意以下几点。

精确的量

请您在为婴儿准备食物的时候，一定要严格遵守奶粉包装盒上的用量。不能为了让奶粉"更加好喝"就多加一勺奶粉。如果奶粉的用量不对，宝宝就会得到过多的蛋白质和脂肪，同时他得到的水分就会太少。喂食过量、便秘或者腹泻将会是我们不希望见到的后果。

正确的温度

给宝宝冲奶粉的理想温度应该是35 ～ 37℃。您可以把冲好的奶滴到您的手腕内侧去感受一下温度。如果您觉得温度适宜就可以了。请无论如何都不要让宝宝喝太烫的奶粉。一定要注意不能把奶嘴放到您的嘴巴里去尝奶的温度。因为您口腔里的细菌或者真菌会通过这种方式进入宝宝的身体。

尽可能为宝宝准备新鲜的食物

冲好的奶粉最多可以在室温下保存4个小时，之后就不能再给宝宝吃了。因此不建议大家使用奶瓶加热器来长时间为奶瓶保温。细菌和真菌会通过这种方式快速繁殖。而且永远不能直接把热水倒进塑料瓶里。调查显示，这种做法会加速奶瓶释放有毒物质双酚 A 的进程。请您在冲奶粉之前先把热水稍微晾凉一些。

食用量

在奶粉包装盒上的说明书中，您可以找到一个表格，每个年龄的宝宝应该喝多少奶。宝宝每天的食用量是否正确，您的宝宝也会告诉您。吃饱了的宝宝会给人一种满足的感觉，并且发育得很好。一个很好的依据就是宝宝体重的增加值(见下页)。虽然大多数宝宝的体重会在刚出生后的最初几天减少一些，但是在 2 周之后就会又达到出生时的体重了，之后还会继续增加（见下页）。在他们 5 个月大的时候，大多数宝宝的体重会是出生时体重的 2 倍，在满一周岁的时候甚至会达到 3 倍。

请您相信您的感觉！

您是最了解您的宝宝的人，请相信您

在给宝宝喂奶之前，先把冲好的奶滴在自己的手腕内侧，检查一下温度。

宝宝的体重

宝宝一周岁之前体重增加的平均值如下：

年龄／月	增加值／天	增加值／周
1 ~ 3	29 克	203 克
4 ~ 6	20 克	140 克
7 ~ 9	15 克	105 克
10 ~ 12	12 克	84 克

的直觉：您的宝宝身体舒服吗？他的皮肤是否粉嫩紧绷？您可以感觉到他的肌肉吗？他的脸颊圆润吗？他的胳膊和大腿是典型的婴儿肥吗？您的宝宝大多数情况下心情很好很平和吗？如果是这样，那么即使他的体重增加值和上面的表格有一些小小的出入，也没有大问题。开始的时候每1 ~ 2周检查一下他的体重，之后每2 ~ 4周检查一次体重就够了。

奶瓶和奶嘴的清洗

卫生是最重要的事。由于婴儿还没有适应细菌，因此他们使用的奶瓶和奶嘴必须在每次使用之后进行清洗和消毒。最好是一直坚持这个清洗和消毒的程序，直到宝宝6个月大的时候。在这之后，每次使用过奶瓶和奶嘴之后都清洗一遍，每周消毒一次就行了，宝宝如果生病了，情况就不一样了。清洗奶瓶和奶嘴的时候应该把它们放进热水里倒上洗洁精彻底清洗。奶瓶刷和奶嘴刷可以帮助您彻底清洁奶瓶和奶嘴，包括奶瓶底部。清洗干净以后把所有部件（奶瓶、奶嘴、盖子、螺丝圈）用清水冲洗干净，如果有需要还要进行消毒。

给奶瓶和配件进行消毒

消毒时要把奶瓶以及所有的配件（奶瓶、奶嘴以及盖子）都放进锅里，用烧开的热水消毒，水烧开以后再煮5分钟。这样就可以把所有细菌和病毒都杀死了。之后把干净的奶瓶和配件放在干净的毛巾上晾干。还可以选择使用蒸气消毒的奶瓶消毒器。

水的质量

在我们的生活中，饮用水算是"干净的"食物，烧开以后可以用来为宝宝冲奶粉。只有在很少的地区没有遵守法律规定的极限值。您家的饮用水质量如何，您可以咨询相关的水厂，他们会告诉您水中的硝酸盐含量有多少。如果您家的水每升含有超过10毫克硝酸盐，那么就建议您使用标注有"适合婴儿食用"的矿泉水给宝宝冲奶粉。婴儿水也很好，已经煮沸过，并且低钠无菌。

问题与回答

虽然我是母乳喂养，有时候也会给宝宝吃奶粉，这样是不好的吗？

不好是相对来说的。事实是这样的：如果您的宝宝是易过敏体质，那么您应该尝试在他 6 个月以前只母乳喂养，因为这样可以降低宝宝过敏的危险性。如果有必要给宝宝喂奶粉，要选择低过敏性的 Pre 段奶粉，这种奶粉比普通奶粉含有更少的过敏原，而且也和母乳最接近。如果您只是偶尔给宝宝喝奶粉，那么他一直以来通过母乳获得的免疫就不会失效。但是要注意：如果您时不时就给宝宝喝奶粉，有可能他会觉得吮吸奶瓶上的奶嘴更容易，从而习惯了喝奶粉，拒绝再吃母乳。

"混合喂养"这个概念究竟是什么意思？

它的意思是，宝宝同时摄入两种乳制品，也就是说母乳和婴儿配方奶粉交替使用。从医学角度来讲，如果母乳量不足或者很长一段时间尽管经常哺乳还是没有足够的乳汁，那么这种做法就是有必要的。妈妈方面的原因有可能是她必须得工作，仅仅是用吸奶器吸出的乳汁不足以把宝宝喂饱。

如果我的宝宝没有严重的过敏现象，我有必要给他吃低过敏性奶粉吗？

没有必要。低过敏性奶粉通过高科技方法进行了很大的改进。这种改进只针对有过敏倾向的宝宝。只有当宝宝的至少一个近亲，也就是说至少有父母中的一个或者他的兄弟姐妹中的一个有过敏症，才需要给宝宝吃低过敏性奶粉。

冲好的婴儿配方奶粉放在奶瓶里最长可以保存多久？

给宝宝冲奶粉最好是当他饿了的时候，冲好奶粉马上就让他喝掉。也可以让冲好的奶粉保温 15 分钟，但是再长就不行了。温热的奶粉对于细菌来说是理想的温床，它们在 20 分钟以内就可以繁殖一倍以上。这个危险也存在于下列情况：把冲好的奶粉放进冰箱保存。因此，宝宝喝剩下的奶要立刻倒掉（不要放进冰箱！）并且清洗奶瓶。

我可以给我八个月大的孩子吃酸奶和凝乳吗？

虽然超市有卖一些 6 个月以上宝宝可以吃的酸奶和凝乳，但您可以忽略它们。很长时间以来，人们都建议不要给一岁以内的孩子吃除了母乳和奶粉以外的其他乳制品。在 2010 年初的时候有了这种说法："错误警报"，没有什么证据显示，不让 1～2 岁的孩子吃动物性乳制品对减少过敏有积极的作用。从那时起，总是有些人宣称，可以给孩子吃凝乳之类的东西。本书的作者们则不这样认为。原因是：宝宝摄入过多的蛋白质会给肾脏造成负担，引起过敏。除此之外，大多数乳制品都含有过多的糖分。这些产品的广告词"只使用天然的果糖"也是骗人的，因为这些很容易消化的果糖，也是一种糖。

我们想带宝宝去度假。在度假地应该怎么给宝宝冲奶粉？

由于某些度假地的饮用水有可能会有细菌，所以您只能用瓶装的矿泉水来给宝宝冲奶粉。

宝宝晚上吃奶还要吃多久？

宝宝从满6个月开始基本上就可以一整夜安睡不需要吃奶了。他现在应该睡11个小时左右，中间不起来吃奶。但是一天中吃奶的总次数并没有发生变化，晚上吃奶的次数会加到白天来。

亚洲人不能消化牛奶①吗？

是的。不仅是亚洲人，还有澳大利亚土著居民、印第安人、一些北欧人（芬兰人）

和许多非洲居民大多数都不喝牛奶。原因是：他们体内没有乳糖酶，这种乳糖酶是用来分解乳糖的。未被分解的乳糖就会进入大肠并在那里发酵，导致腹泻、腹部绞痛、腹胀放屁。令人惊讶的是，并不是所有人都没有这种乳糖酶，有些人其实是有的！所有成年的哺乳动物，也包括我们人类，是不能消化牛奶②的。大多数北欧人和中欧人是例外。有可能是因为那些可以很好地消化牛奶的人的祖先是养牛人。在发生饥荒的时候他们可以以牛奶为食物。

由于我母乳喂养有困难，所以现在必须给宝宝喝奶粉。我应该使用什么样的奶瓶？

最好是准备4～6个奶瓶（关于玻璃奶瓶或者塑料奶瓶的信息见第188页）。您需要买1～2个小奶瓶，容积大约是150毫升的。这种奶瓶用于喝水比较实用，但是用不了多久就不能满足一次喝奶的量了。300毫升的大奶瓶您需要3～4个，可以替换着用。

---

①主要指儿童与成年人，在某个年龄之前的婴幼儿可以消化吸收乳糖。
②乳糖不耐的表现并不是一旦摄入牛奶就会出现腹泻症状，而是在摄入量达到某个值后会出现相应症状。

宝宝的第一碗粥

最晚到宝宝 6 个月大的时候就可以给他添加辅食了。这件事从很多角度来看都是让人感到非常兴奋的。而且，刚开始的时候肯定会弄得乱糟糟的，很恶心。您的宝宝现在必须学习如何把比乳汁更坚硬一些的食物从嘴唇送到舌头上再运输到喉咙里咽下去。用不了多久他就可以自己使用勺子吃饭了。

一步一步开始添加辅食

很长时间以来，人们都说婴儿在 6 个月以前只能吃母乳或者奶粉。在此期间，多特蒙德的儿童饮食研究所建议，从孩子 5 个月大的时候就可以开始给他添加辅食了，这样可以满足宝宝日益增长的对能量的需求。但是，我们的作者对此持保留意见，我们建议大家不要太早开始给宝宝添加辅食，最好是在宝宝满 6 个月或者刚刚 7 个月的时候开始添加辅食。尤其是那些容易过敏的宝宝。

新的人生阶段的新食物

现在您的宝宝的成长速度已经达到一生中最快的时候了，在此期间他已经达到他出生时体重的两倍了。因此，从他 6 个月开始就明显需要更多的能量以及更多的生命必需营养物质（例如铁）了。饮食需求发生了改变，现在仅仅吃奶已经不足以满足他了。还有，与生俱来的吮吸吞咽反射现在慢慢消失不见了，被有意识的咀嚼运动所代替。您的宝宝也因此到达了他成长过程中的一个新的里程碑。因为咀嚼也意味着宝宝可以有意识地品尝食物了，接下来会有意识地吞咽食物，学会在自己感到饱了的时候给爸爸妈妈一个信号。过不了多久您的宝宝就会想要自己拿着勺子吃饭了。

从只吃母乳或者奶粉过渡到添加辅食是如何实现的？

首先，中午的那顿母乳或者奶粉要用辅食来替代。宝宝的第一碗粥可以选择研磨得很细的胡萝卜泥，吃起来有一点点的甜味，大多数宝宝都喜欢吃。几天之后，可以把纯的胡萝卜泥换成蔬菜土豆肉泥，这时候可以在晚上加上奶和谷物的混合物，在一段时间以后可以在下午再喂一次粗粮水果泥。

宝宝每天都需要的营养成分				
	0 ~ 3 个月		4 ~ 12 个月	
	男宝宝	女宝宝	男宝宝	女宝宝
> 能量	500 千卡	450 千卡	700 千卡	700 千卡
> 蛋白质	9.4 克	8.4 克	26.3 克	26.3 克
> 脂肪	26.4 克	23.8 克	31.1 克	31.1 克
> 碳水化合物	56.3 克	50.6 克	78.8 克	78.8 克

第一步：替换掉白天中的一餐(午饭)

最高目标是让宝宝觉得美味可口，让他愿意放弃他已经熟悉信任了的母乳或者奶粉，选择您为他准备的辅食。有时候这并不容易，因为宝宝不认识您为他准备的辅食，而且刚开始的时候，辅食也并不能真正让他吃饱。虽然有一些宝宝会时不时地自己拒绝吃奶，但是这只是特例。一般来说，宝宝需要慢慢地调整适应某一种食物。只有这样，宝宝的消化系统（以及妈妈们的乳房）才能逐渐适应辅食，适应除了母乳或者奶粉以外的食物。

如何实现过渡

根据经验，您最好是先用胡萝卜泥替换掉宝宝的午饭。一方面这样比较好安排时间（也许您要为自己做午饭，可以同时把胡萝卜泥也做出来）。另一方面，从午饭到睡觉之间还有足够的时间可以观察宝宝是否能够消化胡萝卜泥。如果您的宝宝出现呕吐或者腹胀放屁的现象，那么您在下午的时候就需要花费更多的精力和耐心去照顾他了。

> 为了能让宝宝更容易适应从柔软的乳房或者奶嘴到勺子的转变，您应该尽可能使用柔软一些的塑料勺子给他喂饭。如果勺子比较平，比较圆，就更好了。

> 请您慢一点！刚开始的 4 ~ 7 天，每次给宝宝吃 3 ~ 4 勺温的蔬菜泥就够了。如果宝宝把这一点蔬菜泥吃进肚子里

对胡萝卜过敏？

几十年以来婴儿都是用胡萝卜泥作为从纯母乳喂养或只喝奶粉到添加辅食的过渡食物，因为胡萝卜较少引起过敏，并且味道不错。几年以前突然出现一种很可怕的消息，说胡萝卜是导致出现过敏现象的原因！然后大家就开始寻找新的过渡蔬菜，人们找到了西葫芦、欧洲防风和南瓜。但是在此期间针对胡萝卜的警报又被解除了：最新的科学研究并没有找到证据证明食用胡萝卜与加重过敏症状之间有联系。宝宝又可以享用美味的胡萝卜了。

了，您应该像往常一样给他提供他熟悉的奶（母乳或者奶粉），这样他才可以吃饱喝足。

> 如果宝宝对蔬菜泥接受得很好，那么您可以每天逐渐增加蔬菜泥的量。在最初的几天中只给他吃几小勺，但是在 1 ~ 2 周之后，就可以给他吃一整碗（大约 190 克）了。也有可能您的宝宝需要 4 周的时间才能吃到这个量。请您让宝宝按照他自己的速度来适应辅食。

其他比较重要的事

您的宝宝在从纯母乳喂养或者只喝奶粉过渡到添加辅食的过程中肯定几乎不会有什么问题。为了让宝宝的消化系统慢慢适应新的食物，您需要注意以下几点。

> 请您在开始的时候只给宝宝吃一种蔬菜

（例如胡萝卜、欧洲防风或者南瓜）。这样，宝宝的肠胃才有时间慢慢适应这种蔬菜，您也可以马上看出来您的宝宝是否对这种蔬菜有不良反应。几天之后您就可以再加入另外一种食物了。您可以试试土豆。如果这种食物宝宝也能很好地消化，那么再过几天您就可以往蔬菜泥里面加一些肉类了。

> 如果宝宝非常饿，那么最好是先给他吃一点母乳或者奶粉，然后再开始喂他吃辅食。这样宝宝就不会那么饥饿了，而且在您给他喂饭的时候也会更有耐心。

> 您可以把宝宝放在您的膝上给他喂饭。但是，如果您把他放在摇篮里（或者汽车安全提篮里），系好安全带，然后把摇篮放在您身边的桌子上或者地板上，喂饭会更容易一些，您也会更舒服一点。如果食物溅出来，您就有两只手去处理了。

> 您可以给宝宝戴一个围嘴儿，刚开始的时候还可以在宝宝的腿上盖一块毛巾。您很快就会知道为什么……

> 请您给自己时间，也给宝宝时间。您需要适应给宝宝喂饭，而宝宝则需要适应勺子。因为对于宝宝来说，不仅勺子和蔬菜泥是新鲜事物，要用舌头把蔬菜泥向后运输到嘴里，然后完全有意识地吞咽下去，也是新鲜事。一般来说，几天之后勺子、蔬菜泥、舌头、妈妈和宝宝就可以合作成功了。

从现在开始："放在勺子上，好了，开吃……"请您注意辅食的质量。宝宝不需要太多的花样和调味料。

> 由于蔬菜中含有脂溶性维生素，只有同时摄入脂肪，这些脂溶性维生素才能被身体吸收，所以您需要给每一种蔬菜泥加少量食用油（刚开始的时候加几滴，之后可以加到一茶匙）或者相应量的黄油。除此之外，脂肪还可以提供额外的能量，随着年龄的增长您的宝宝是需要这些能量的。

接下来怎么办？

大约 2 周之后，大多数宝宝都适应了蔬菜泥、勺子以及吞咽固体食物的感觉。如果您觉得您的宝宝对第一种辅食接受得很好，那么您就可以完全把他的午饭替换成辅食。也就是说，您在喂他辅食之前以及之后都不再给他喂奶了。前提是您的宝宝吃辅食的量应该是大约一杯（190 克）的量。

有些妈妈在宝宝吃完辅食以后还会让他吃奶，当作饭后"甜点"。从营养学角度来讲，这样的做法是不必要的，因为宝宝吃了辅食就可以获得身体所需的能量了。但是，吃完辅食以后再喝几口奶可以满足宝宝的吮吸需求。这一点很自然也比较重要。但是早晚都要过渡到完全只吃饭菜，您的这种做法只是在拖长这个过渡的时期。您可以在这一天比较晚的时候再给宝宝喂奶。一旦您取消了辅食之前或者之后的喂奶，那么应该给宝宝提供一些额外的液体补充，最好是不加二氧化碳的水，适合用

欧洲防风

欧洲防风在外形上有点像胖胖的胡萝卜，也是长长的，头上尖尖的。它的表皮是淡黄色或者棕黄色的，内里是白色的或者淡黄色的脆脆的果肉。它的营养价值比胡萝卜以及芜菁、甘蓝都要高。欧洲防风气味芬芳，闻起来有些像胡萝卜和皱叶欧芹混合在一起的味道。由于它很好消化，因此很适合宝宝食用。

来制作婴儿食物的那种水或者烧开并且晾凉的普通自来水。您可以给宝宝喂三四勺蔬菜泥，喂一勺水。如果您在给他喂水的时候告诉他"现在我们喝水啦"，用不了多久他就知道水在嘴巴里的感觉是什么样的，以及应该如何喝水。

午餐蔬菜泥

如果您想自己为宝宝做辅食，那么可以看看下面的这个菜谱：

20 ~ 30 克有机瘦肉（禽类、牛肉或者羊肉） | 100 克新鲜的有机蔬菜 | 3 勺水果泥或者鲜榨果汁（例如橙汁） | 1 勺（菜籽）油或者二分之一茶匙（酸奶油）黄油

1 把瘦肉切成小块，用少量水蒸熟。取出肉块打成肉泥。
2 蔬菜和土豆清洗干净，削皮，切成小块，用少量水蒸熟。

午餐蔬菜泥适合吃绿色蔬菜以及根类蔬菜。

3 肉泥、蔬菜和土豆搅拌均匀。加入水果泥或者果汁以及黄油继续搅拌。

4 根据喜好可以再加入一些水，变成黏稠的粥状食物。

用什么蔬菜来制作蔬菜泥？

一般来说，营养丰富的蔬菜品种都可以，例如胡萝卜、玉米、欧洲防风、北海道南瓜、西葫芦或者西兰花。如果您的宝宝尤其喜欢吃其中的一种，您完全可以让他吃一段时间。恰恰是在最初的几周中，您应该只给宝宝吃一种蔬菜，因为总是更换蔬菜的种类会提高宝宝对某种蔬菜过敏的概率。

哪种肉类是最理想的？

瘦肉以及蛋白质含量高、易消化的禽类肉比较适合用来给宝宝做辅食。还有牛肉或者羊肉之类的红肉，也应该时不时地出现在菜谱上，因为它们的铁含量较高。刚开始的时候也是只给宝宝吃一种肉类。

如果您按照左边的菜谱制作蔬菜肉泥，请让肉店工作人员帮您把肉用绞肉机绞成薄片，这样可以让打肉泥的过程变得简单一些。肉在购买之后需要马上用来制作肉泥！请您选择有机食品。如果您的宝宝觉得您做的肉类口感粗糙，那么您还可以选择成品有机肉泥。这种产品好的地方是，您每次只需要用勺子取用所需的量，剩下的密封好放进冰箱冷藏就可以了，它可以保存两天。由于刚开始的时候宝宝需要的肉泥量非常小，所以您可以把左边菜谱的配料用量翻倍，一次做出多份。放凉之后分成几份装好，放进冰箱冷冻，之后每次给宝宝吃的时候再拿出来解冻，很快就可以做好了。

例外：野味

野味是唯一不能给宝宝吃的肉类，因为它们有可能含有很多有毒物质。还有香肠，在宝宝一岁以内不适合吃，因为它们的含盐量很高，并且加了很多调味料以及碳酸盐（这种物质被怀疑是导致多动症的元凶），另外，脂肪含量也比较高。

为什么铁元素如此重要？

矿物质铁元素对有运输氧功能的血红蛋白的形成非常重要，因此间接地负责细胞中氧的供给。如果您想要给宝宝补充额外的铁元素（例如由于缺铁），除了让宝宝吃各种肉类以外，还应该让他吃含铁量

肉类——必需品吗？

毫无疑问，不吃肉，宝宝也可以长得又高又壮，但是吃肉的话这个目标会更容易达成。至少有两个原因可以说明为什么要给宝宝吃肉：

> 铁：这是素食中唯一的一种关键营养素。植物性食物中铁的生物利用度（这个概念是用来说明，营养素中的多大一部分可以被机体所利用）比动物性食物中铁的生物利用度低了 2% ~ 5%。也就是说，植物性食物中的铁相比较而言不容易被身体所利用。但是，如果这一餐饭中有肉类的话，植物性食物中的铁会被身体更好地吸收。牛奶和鸡蛋中铁的含量也比肉类中铁的含量要低。除此之外，牛奶和鸡蛋中的铁也不容易被身体吸收利用。

> 蛋白质含量：不同种类的动物，它们的肉中所含的蛋白质含量也不同，但是几乎所有肉类都含有大量易被身体吸收利用的蛋白质。动物性蛋白质的生物学效价是最高的。也就是说，它的基本元素（氨基酸）的组成方式和人类自身的蛋白质是相似的。

高的蔬菜（例如胡萝卜、茴香、洋姜和甜菜）以及谷物（例如小米）。另外，这些谷物还被加工成了很实用的碎片的形式（不添加蔗糖），可以在自然产品商店或者绿色食品店买到。您可以在水果粥或者牛奶粥中加一茶匙，也可以加到肉泥中。

"铁元素加速者"维生素C

为了让谷物中的铁元素能够很好地被吸收，人体需要维生素C。因此，您需要在宝宝的粥里加 1 ~ 2 勺橙汁。在蔬菜肉糜粥中，维生素也可以促进铁元素的吸收。实用的小知识：维生素C不一定要和谷物同时吃。您可以在宝宝吃完饭以后，作为饭后甜点，给他吃几勺富含维生素C的水果泥（例如苹果慕斯）。

哪种水果最好？

刚开始添加辅食的时候，最好是以苹果和梨作为入门水果。它们含有相对较多的维生素C，蒸熟以后总体来说比较容易消化。这种水果泥可以被分成几小份，在两餐之间配上一勺谷物碎片作为加餐，也可以在午餐之后作为富含维生素C的餐后甜点或者晚上放在牛奶谷物粥里。把水果泥放在真空的玻璃罐里或者塑料盒里，并且放进冰箱冷藏，可以存放 2 ~ 3 天。

季节性和地区性

一旦宝宝适应了固体食物，您在选择（有机）水果的时候就可以更有创造性了。但是您只能选择那些当地当季的水果品种。冬天选择苹果是完全正确的，夏天可选择的范围就大了：大多数宝宝都喜欢杏、油桃、桃、欧洲越橘、李子以及覆盆子，所有容易蒸熟打成水果泥的水果！像猕猴桃一样含酸量较高的柑果就不适合用来给宝宝做水果泥，因为它会导致宝宝臀部受伤。也不建议给宝宝吃太多新鲜的草莓，因为很长时间以来人们都怀疑它会有利于过敏的发生。请您等着当地的草莓上市，而不是去购买四月初就上市了的南欧的草莓。这些草莓总是被证实喷洒了过多的杀虫剂。

脂肪：哪种脂肪以及多少摄入量？

宝宝每顿饭所需要的脂肪量相对于他的身高来说是比较多的。脂肪是首要的能量提供者，而宝宝的成长发育也非常需要这种能量。在宝宝一岁之前，他所需要的所有能量的一半都是通过脂肪来获取的。这些脂肪来源于母乳或者婴儿配方奶粉。大概在两年之后，脂肪占全部能量消耗的比例才会下降到30%。然而，哪种脂肪对

您最好是为宝宝挑选当地当季的新鲜水果。

罐装水果泥

市场上销售的玻璃罐装的水果泥种类太多了。但是这种水果泥真的好吗？说它好，是在某些特殊情况下，我们无法获得新鲜食物的时候，或者是在我们特别喜欢的水果，例如成熟的香蕉，没办法买到的时候。但是，至少它还有一个优点：当您带着宝宝出门的时候，带上一罐水果泥就非常实用。除此之外，还有一点：婴儿水果泥的生产商可以保证原材料的（有机）品质，但是超市里卖的水果就不一定可以做到了。

于婴儿食品来说是最好的呢？

好的脂肪和坏的脂肪

椰子油或者棕榈仁油之类的塑性脂肪不适合宝宝食用，因为它们很难消化。相反，菜籽油、葵花籽油或者玉米油等纯正的冷榨油则比较适合婴儿食用。请您不要使用所谓的固体油、高级食用油或者"色拉油"，也不要给宝宝吃人造黄油。这种东西大多数都是由多种不同的油混合而成的，从营养学角度讲几乎没什么营养价值。相反，黄油是可以用来制作婴儿食品的，最好是发酵黄油。根据经验，它比较容易消化，并且可以改善许多婴儿粥的味道。建议：请您把两者（植物油和动物性黄油）结合起来。这样就可以确保两种脂肪来源

在成分上互补。例如，您可以在宝宝的午餐蔬菜土豆肉糜中加入发酵黄油，在晚餐牛奶谷物粥中加入一茶匙植物油。

全方位的完美

如果您按照本书第 199 页的菜谱制作婴儿辅食，那么就可以保证宝宝的饮食营养均衡了。其实，没有必要为了改善婴儿辅食的口味而添加食盐或者其他调味料、香草。工厂生产的婴儿辅食为了能够长时间保存，可能口味上就会变得差一些，因此会在里面加一些食盐。我们认为，香草和调味料并无害（前提是，它们的质量没有问题），相反，它们可以提供人体所需的宝贵的矿物质和微量元素。因此，我们并不反对给宝宝的辅食中稍微加一点点食盐（前提是，这种食盐并不是精制的，并且没有人工的净化剂。例如海盐就非常理想），因为食盐中的矿物质对新陈代谢有帮助。但是，如果您给宝宝的辅食中添加食盐的话，一定要注意少量！请您使用其他的计量器，因为您不能拿宝宝对味道的感觉和您的相比。您在给婴儿辅食添加食盐并且尝味道的时候，如果您几乎尝不到味道，或者说您的舌头感觉到淡而无味，根据经验，这个时候对于宝宝来说已经有足够的盐分了。请无论如何都不要再加盐了！不久之后宝宝就会跟大人们一起上桌吃饭了，那时他很快就会适应您的口味以及您的食物中的调味料了。

第二步：替换掉宝宝一天中的第二顿饭（晚饭）

下一步，要把晚上那次喂奶也替换成辅食。晚餐可以给宝宝做一碗牛奶谷物粥，为他提供充足的生命必需的蛋白质、能够给他带来饱腹感的碳水化合物、脂肪以及维生素。

晚餐粥

晚餐粥准备起来非常快，几乎不值得大家再去选择玻璃罐里的成品辅食。

20 克（全麦）麦片，例如燕麦 ｜ 200 毫升新冲的热的婴儿配方奶粉（还可以使用谷物饮品，例如大米或者燕麦饮品） ｜ 20 克水果泥（见第 199 页） ｜ 适量油或者二分之一茶匙的黄油

1 用牛奶冲调麦片，并且浸泡一会儿。
2 加入水果泥和食用油或黄油搅拌，并且冷却一下。

给宝宝喝什么奶?

"我可以在我家宝宝一岁之前给他喝牛奶吗？"儿科医生总是会听到有人问这样的问题。很多年以来，大家都建议不要给一岁之前的宝宝喝牛奶，从一岁开始可以用水以 1：1 的比例稀释牛奶给宝宝喝。原因是：一般的牛奶在营养结构上与母乳有很大的区别（见第 167 页表格）。普通牛奶中蛋白质的含量是成熟母乳中蛋白质

晚餐很快就做好了。大多数宝宝都喜欢甜甜的水果。

含量的 3 倍，除此之外，这种蛋白质是一种组合型的蛋白质，婴儿的肠胃很难消化。要消化这么多多余的蛋白质，婴儿的身体会受到伤害，尤其是肾脏。牛奶中的矿物质也是相似的情况。人们说，牛奶是大自然给小牛犊准备的，我们人类有母乳。每个物种都应该喝适合自己的奶。

最新的研究结果

最近有报道称，科学家经过研究证明，从 6 个月大的时候就开始喝牛奶，每天喝 150 ～ 200 毫升牛奶的婴儿并不会比那些一岁以后才开始喝牛奶的婴儿更易过敏。因此人们从这个结论中总结出一个建议：婴儿 6 个月以后就可以开始喝牛奶了。本书的作者们还是坚持建议大家，不要在宝宝一岁以前给他喝纯牛奶。纯牛奶对于宝

宝的机体来说不是必需的。每一种婴儿粥都可以用婴儿配方奶粉或者其他饮品来冲调，而饮料可以喝水或者茶水。

妥协

有种观点非常顽固地认为牛奶可以提供大量钙质。而婴儿的成长发育是需要钙的，因此牛奶是非常重要的。但是，世界上有数以百万计的孩子，他们从来没有喝过牛奶，但是也没有缺钙，因为他们可以从其他途径获得钙元素，例如蔬菜。但是在德国我们喝牛奶。如果您也想让孩子喝牛奶，您需要在他一岁之后再让他喝。那时候孩子的各个器官就可以消化吸收牛奶中的蛋白质和矿物质了。我们建议，在刚开始"入门"喝牛奶的时候，前两周先用水把牛奶稀释一下。由于生牛奶可能有卫生方面的危险，因此官方建议大家给宝宝喝巴氏消毒奶或者高温加热过的牛奶。

牛奶以外的其他饮品

除了婴儿配方奶粉，还有其他饮品可供选择，例如谷物饮品。这些易消化、口味比较好的大米或者小米饮品您可以在自然产品商店或者绿色食品店买到。这两种饮品不管是凉的还是热的，都适合用来冲调谷物粥（请不要过度高温加热！）。由于它们脂肪含量非常少，所以您可以加双倍量的黄油。这种饮品引起宝宝过敏的概率非常小。

麦片或者粗粒谷物粉

最适合给宝宝做粥的材料是做成麦片或者粗粒谷物粉的全麦食品。它们的优点是在热牛奶中很容易溶解。这些不含面筋蛋白的谷物食品例如大米、玉米或者小米，很适合在刚开始添加辅食，给宝宝做晚餐粥的时候使用。除此之外，请您在刚开始的时候不要使用很多种谷物，并且注意不要使用添加了额外配料（例如蔗糖）的麦片（请仔细查看配料表）。

小麦以外的其他选择

虽然小麦富含膳食纤维、维生素和矿物质，但是它并不是不可替代的。尤其是那些有严重过敏倾向的宝宝，在一岁之前不能吃小麦制品。为了让这些宝宝也能得到均衡的营养，您可以选择那些没有面筋的谷物品种，例如大米或者小米。

水果、脂肪等

在选择脂肪种类、水果和蔬菜的种类以及制作方法等方面，晚餐粥和午餐粥一样。这里还有一点很重要，要添加充足的富含维生素 C 的水果或者果汁，这样才能保证宝宝的身体对铁元素的吸收利用。

第三步：替换掉第三餐（下午茶）

如果您的宝宝对晚餐粥接受得也很好，那么您可以慢慢地再给他替换掉一餐，例如，上午的第二次喂奶或者下午的一次喂奶。第三碗粥应该是水果谷物粥。仅仅是水果不能成为婴儿的一顿完整的饭，因为水果的热量太少了。因此，要给这碗粥里添加一些脂肪。

下午茶（水果谷物粥）

在水果谷物粥里添加一些油脂可以为宝宝提供充足的热量，帮助他的身体吸收那些水果泥中的脂溶性维生素 A、D、E 和 K。

20 克（全麦）麦片 | 150 克温和型水果制成的水果泥（见第 199 页）| 1 茶匙油或者二分之一茶匙发酵黄油

1 把麦片和水果泥以及油脂或者脂肪放进一个盘子里搅拌，粥就做好了。

我的宝宝应该怎么吃饭？

前面几页上提到过的菜谱中的各种原材料的用量针对的是已经满 6 个月的宝宝。刚开始的时候，您的宝宝能吃上两三勺您做的粥就已经足够了。但是，一旦他适应了辅食的味道，中午饭很快就可以吃到 190 ~ 200 克。牛奶谷物粥和水果谷物粥您应该准备 150 ~ 200 克。到宝宝 10 个月大的时候，从喂奶到添加辅食的过渡应该已经完成了，但是这并不意味着您不能再给宝宝喂奶了！宝宝一天中的第一餐还是应该吃奶。如果您还想继续喂奶，那就更好了。世界卫生组织建议一直给宝宝喂

水果谷物粥是冷加工的，可以当作上午的第二次早餐或者下午茶。

奶到他满一周岁，即开始他生命中第二年的时候。那些不想母乳喂养的妈妈们，可以早上给宝宝喝 Pre 段奶粉或者低过敏性奶粉，或者牛奶（以 1∶1 的比例用水稀释）。

宝宝的饮料

在宝宝 4 个月以内，他对水分的需求一般来说仅仅通过喝母乳或者婴儿配方奶粉就能够得到满足。但是只要开始吃第一勺辅食，宝宝的每顿饭就需要补充额外的水分了。

请不要加糖

如果您有机会给宝宝喝普通的饮用水，而且他也接受，那么情况就非常好了。这样，今后宝宝渴了就能很快解决问题。如果您家的饮用水质量很高（相关信息请咨询当地水厂），那么就不需要额外煮沸。您还可以让宝宝喝没有加二氧化碳的矿泉水或者没有加糖的药草茶，这两种饮料都要尽量保持室温。如果您在给宝宝泡茶的时候使用的是婴儿和儿童都可以喝的茶包或者散装的质量有保障的有机植物，那么就可以保证茶里没有糖分和有毒物质，因

宝宝的饮食计划可以这样

	1~4个月	5个月	6个月	7个月	8个月	9个月	10个月	11个月	12个月
＞早上	母乳或奶粉					奶（面包）			
＞上午	母乳或奶粉				加餐，例如苹果、香蕉、大米华夫饼				
＞中午	母乳或奶粉				蔬菜土豆肉泥				
＞下午	母乳或奶粉				水果谷物粥			加餐，例如苹果、大米华夫饼	
＞晚上	母乳或奶粉				牛奶谷物粥			奶（面包）	

为德国针对婴儿食品有非常严格的法律规定。传统的茶包和散装茶有可能含有杀虫剂残留物。添加了蔗糖的茶饮料、果汁和蔬菜汁您的宝宝是不需要的。尤其是一部分速溶茶含有非常多的糖分，有可能会导致龋齿的形成。稀释过的果汁饮料（水和果汁的比例是 1∶1）很适合用来解渴。但是您不能让宝宝一直抱着奶瓶吮吸（见第190 页）。总体来说，给婴儿和小孩儿喝的饮料里不应该加糖。

不要奶瓶了！

慢慢就到了该给宝宝换掉奶瓶的时候了，该让他用水杯喝水了。这件事您开始得越早，也就是说您越早让宝宝用塑料杯或者茶杯喝水，他和奶瓶的分别就会越容易。

宝宝 10 个月大以后的饮食

在宝宝满一周岁的时候，他的饮食越来越接近家里其他成员的饮食了。从原来的 4 ~ 5 顿辅食粥慢慢变成 3 顿主餐和 2

咀嚼让宝宝更聪明

您的宝宝从现在开始要着重锻炼自己的咀嚼肌了。也就是说，一方面他的食物不用再做成糜状的了，通常把粥用叉子或者捣碎土豆的杵子压一压就行了，宝宝需要稍微咀嚼一下。另一方面，您可以给宝宝一小块苹果或者其他水果当作加餐，他可以自己啃着吃，但是为了防止宝宝被水果卡住，必须在大人的看护下进行。

顿加餐。

宝宝每顿饭的量也会发生改变。一方面，您的宝宝每顿饭吃的粥的量增加了，另外一方面他每天所需的营养元素也发生了改变。因为您的宝宝慢慢变得更加好动，因此也需要更多的能量。您可以增加粥里面的脂肪含量，这样就可以让粥的营养更丰富。从现在开始，您自己做的婴儿辅食里面都要加一大匙油（以前是加一茶匙）或者一大茶匙黄油（以前是加半茶匙）。

宝宝刚开始和我们一起坐在餐桌边吃饭的时候，有哪些东西他不能吃吗？

下列食物是宝宝刚和家人一起上餐桌吃饭的时候不能吃的：

> 生菜，因为它含有很多硝酸盐、肥料和杀虫剂。
> 生西红柿，因为它相对比较难消化。
> 十字花科的蔬菜，例如羽衣甘蓝、洋白菜、紫叶甘蓝、抱子甘蓝以及皱叶卷心菜，可能会引起婴幼儿腹胀放屁。比较容易消化的有西兰花、花菜和大头菜。
> 菌类食物总体来说比较难消化。除此之外，野生菌类还有可能受到严重的污染。
> 坚果类食物是非常容易引起过敏的。除此之外，宝宝还有可能把小颗的坚果呛进气管里导致窒息。
> 刚开始的时候不要让宝宝吃甜点，例如冰激凌和巧克力。它们含有太多的糖分、脂肪和碳酸盐。
> 蜂蜜有可能含有致病性细菌。
> 果汁汽水、可乐以及果汁饮料含有太多的糖分、碳酸盐和咖啡因。
> 您在给家人做饭的时候要避免使用辛辣的调味料，例如辣椒或者生姜。
> 咖啡、酒以及红茶。
> 许多种类的香肠都含有大量低质量的脂肪、碳酸盐、亚硝酸盐等。因此，请您不要给宝宝食用意大利香肠、腊肠、软香肠和肝脏香肠。
> 鸡蛋，尤其是蛋清，是非常容易引起过

敏的，因此也应该避免食用。

我给宝宝买的玻璃罐装的辅食还需要再额外地添加维生素 C 和脂肪吗？

婴儿食品的制造商指出，他们生产的婴儿食品已经添加了维生素 C 和脂肪了。然而，德国商品检验基金会发现，他们所添加的仅仅是少量的油而已。因此，我们建议：请您在罐装辅食中再加入几滴高质量的食用油（例如菜籽油、玉米油或者葵花籽油）。同样，我们也建议您在罐装肉类辅食中添加一些苹果汁或者（鲜榨的）橙汁。因为同时加入维生素 C 可以帮助宝宝的身体更好地吸收肉类和谷物中的微量元素铁元素。

我在给宝宝准备辅食的时候，添加一些冷榨油有什么不好吗？

没什么不好的。但是请您注意，只使用那些质量有保障的有机种植的植物榨的油，因为一般来说这些植物不存在杀虫剂残留物。冷榨油的缺点是有可能吃起来味道比较重。因此您在使用这种油的时候要注意用量。它的优点是：由于这种油是原生态的产品，因此很容易被宝宝吸收。相反，精炼提纯的油是经过高温加热的。在这个过程中它原本的自然结构发生了改变，变得不容易被消化吸收。另外，在高温的环境下许多有价值的营养成分(如维生素)

就丢失了。

超市货架上有专门给宝宝吃的水果凝乳和酸奶。我的宝宝在一岁以前需要这一类产品吗？

不需要，恰恰相反的是，您不应该让宝宝吃这类产品。调查研究证明，这些产品不仅含有大量的糖分，还含有过多的动物性蛋白质。糖分对于宝宝来说是没有必要的，对宝宝的牙齿以及新陈代谢也不好，而过多的动物性蛋白质则会给宝宝的肾脏造成沉重的负担。除此之外，这类产品为了有好的口味和颜色，还会添加人工的香精和色素。

那些只需要加水搅拌就可以吃的成品牛奶粥怎么样？那些玻璃罐装的成品牛奶谷物粥怎么样，例如"晚安粥"？

不得不承认，这种产品在您带宝宝外出的时候很实用，使用也很快捷方便。但很可惜的是，在400多种婴儿食品中有许多都添加了不必要的配料。除此之外，粉状的婴儿粥必须使用一些食品加工技术，来做到让我们仅仅添加一些热水就可以食用，并且让食物变得能够被宝宝消化吸收。而原本作为原料的一些食物，例如牛奶、谷物或者水果，其实已经剩余不多了。"晚安粥"这一类的产品含有大量糖分和黏稠剂，因此不建议您给宝宝吃。

我家的宝宝是母乳喂养的，他完全拒绝使用奶瓶。我应该用什么让他喝水或者喝茶呢？

如果您的宝宝不接受奶瓶和奶嘴，您也不用担心，因为您可以把这种困境变成宝宝的一个好习惯。您也不用再尝试让宝宝用奶瓶和奶嘴喝水了。现在您就可以让宝宝学习用水杯喝水了。在刚开始的时候最好用尖嘴杯或者有盖子的水杯，宝宝稍微吸一吸就能喝到水了，但是尽量不要用有防漏圈的水杯。如果您选择了有防漏圈的水杯，尽管在不小心碰倒水杯的时候也不会有水漏出来，但是宝宝需要有比较强壮的口腔肌肉并且多加练习才能把杯子里的水或者茶吸出来。

但是，也有些宝宝连杯子也拒绝。针对这些什么都拒绝的宝宝，有这样一个小窍门：您可以在给宝宝喂饭的时候把水倒在勺子上喂给他。下面的小窍门经过证实非常管用：您先舀半勺粥，然后舀半勺水。这样宝宝就可以一口同时吃掉粥又喝到了水。

睡吧，宝贝，睡吧

人类的一生中，大约有三分之一的时间是在睡眠中度过的。睡眠对于宝宝来说比对成年人还要重要，因为宝宝弱小的身体需要利用这些休息的时间来处理他新接受的事物。但是很可惜，不是每个宝宝都是生下来就可以睡得香的……

| 温柔地进入梦乡 | 212 页 |

温柔地进入梦乡

许多宝宝可以正确地睡觉，并且睡得很香，但是同样也有很多宝宝很难入睡。您可以从接下来的几页中读到，您的宝宝累了的时候会给出什么样的信号，好的睡眠具有哪些要素，以及您可以如何帮助宝宝进入梦乡。

睡眠——生命之源

睡觉是非常神奇的事情。只是躺在那里，四肢伸展放松，把刚刚过去的一天在脑子里重新过一遍，并且开始夜晚新的"梦幻般的"经历……我们可以在睡梦中把白天经历的事过一遍，并且可以让身体放松。在睡觉的时候我们身体的新陈代谢放慢速度，血压降低，各个器官也放松了。睡觉期间，我们的身体为了保证机体正常运作所需的能量也能得到补充。我们在睡觉期间为第二天储备精力。

保持充足的睡眠对于宝宝来说尤为重要

健康的睡眠对每一个人来说都非常重要，对于婴儿来说更是必不可少的。那些长时间睡眠不足或者睡眠质量差的孩子，白天的时候就会哭闹，不高兴，运动的协调性也会变差。由于疲惫，他们就会缺少探索世界的兴趣和欲望，他们经常会虚弱无力，情绪不稳定，反复无常。但是到了晚上他们的心情就会发生大逆转：许多宝宝到了晚上会情绪高涨，非常活跃，同时他们会过度劳累，导致他们尽管已经很努力地去睡觉，可还是睡不好或者压根儿就无法入睡。对于大多数父母来说，这种情况是非常累人且消耗体力的。

宝宝的睡眠需求

为了保证宝宝健康成长，他每天需要的平均睡眠小时数如下：

年龄	睡眠时间
1 周	15 ~ 20 小时
1 个月	17 小时
3 个月	16 小时
6 个月	15 小时
9 个月	14 小时
12 个月	不到 14 小时

每个孩子的睡眠需求是不同的

当然，您的宝宝需要多少睡眠，上面这个表格给出的数据仅仅是一个依据。因为每个宝宝都有自己独特的睡眠需求。一些宝宝可能每天睡得并不多，也能精力充沛，而另外一些宝宝可能就是非常喜欢睡觉并且睡得很久的"土拨鼠"。

睡觉不仅仅是睡着了

如果您在宝宝睡觉的时候观察一下，会发现，睡眠是有几个不同的阶段的。可能他睡着了，呼吸比较深，而且均匀，然后突然就呼吸急促，一会儿好像被吓到了一样，一会儿又毫无动静地躺在那里，一会儿我们又看到他的眼球在眼皮下来回转动……

睡眠阶段

专家把睡眠分为两个阶段：非 REM 睡眠（非快动眼睡眠）以及 REM 睡眠（快动眼睡眠）。"REM"是英语"Rapid Eye Movement"的缩写，意思是"快速的眼球运动"。

非快动眼睡眠（非 REM 睡眠）

当我们成年人入睡之后，一般来说首先进入的是非快动眼睡眠阶段。这时候我们的呼吸会比较安静，心跳平稳，大脑也进入休息状态。有一些仪器可以测量这个阶段的脑电波，我们可以看到显示屏上有

睡觉的宝宝：均匀的地呼吸，完全放松，如此平和……

一些大大的波浪形曲线。由于中枢神经系统在这个阶段降低了它的活动性，只给肌肉传输少量的信号，因此，尽管我们会做梦，但是我们不太会在这个阶段活动我们的身体。一旦进入非快动眼睡眠阶段，我们就不会那么容易被吵醒。

快动眼睡眠（REM 睡眠）

在经过了 2～3 小时的非快动眼睡眠之后，我们就会进入快动眼睡眠阶段。这个名词直观地体现了这个阶段的特点：眼球在眼皮下面快速地运动。心跳变快，呼吸变得不那么平稳了，身体需要更多的氧气。同时，大脑开始活跃，向肌肉发送信号，这些信号被脊髓接收。然后，我们可以看到宝宝面部或者四肢的抽搐。宝宝在这个睡眠阶段经常会送给他们的爸爸妈妈所谓的"天使的微笑"，也就是说，他们会嘴角上扬，在睡梦中露出微笑。快动眼睡眠是一个活跃的睡眠阶段，我们可以非常快速地从这个睡眠阶段中醒过来。我们在睡觉的时候快动眼睡眠阶段以及非快动眼睡眠阶段会交替出现几个循环。

宝宝的睡眠不太一样

虽然孩子们晚上也会经历几个交替出现的快动眼睡眠阶段以及非快动眼睡眠阶段。但是睡眠专家经过研究发现，宝宝的睡眠过程和我们不太一样：

作为爸爸妈妈应该了解的有关宝宝睡眠的知识

宝宝由一个睡眠阶段进入另一个睡眠阶段的时候，他会清醒一小会儿。为什么呢？他在检查周围的环境：周围的事物和我刚入睡的时候是一样的吗？如果是一样的，那么他就会立刻进入下一轮睡眠。但是，如果宝宝发现情况有变，那么事情就不妙了。许多宝宝都会用大声哭闹来进行反抗，这并不是毫无缘由的。为什么我入睡之前妈妈的乳房还在我身边，但是现在不在了？或者我入睡之前可以依偎在爸爸的臂弯里，为什么现在爸爸的胳膊不见了？您的宝宝年龄越大，他所经历的睡眠阶段就越多。因此就有了这个现象：睡的时间越长（睡眠阶段越多）就会越经常醒来，因为在每两个阶段之间必须要检查一下周围的环境。也就是说，即使您的宝宝一觉睡到天亮，在这期间他也是醒了很多次的。现在，重要的是宝宝在每次醒来之后都能立刻入睡。而这种入睡是可以在您的帮助下学习的。

新生儿在入睡之后首先会进入快动眼睡眠阶段。这也就解释了，为什么当我们把睡着了的孩子放到床上去的时候他很容易醒来。

早产儿经历的快动眼睡眠阶段明显比足月出生的婴儿要长。

从出生后的第三个月开始，宝宝入睡之后就会首先进入非快动眼睡眠阶段了。这也解释了为什么年龄稍微大一些的婴儿睡着以后可以被爸爸妈妈从汽车里抱到床上去，有些宝宝甚至可以在睡觉的时候给他换尿布也不会醒来。

宝宝从第六个月开始，非快动眼睡眠就不仅仅是非快动眼睡眠了。它还可以进一步分为四个阶段。婴儿的睡眠并不稳定。相反，婴儿的睡眠可以分为很多单独的阶段，相对较平静的阶段和比较活跃的阶段相互交替。

婴儿的非快动眼睡眠阶段和快动眼睡眠阶段是一样长的。每一个睡眠周期，也就是一个完整的非快动眼睡眠阶段和快动眼睡眠阶段，会持续大约 60 分钟。

新生儿的睡眠

宝宝在妈妈肚子里的时候，总是什么时候想睡了就会睡。他在出生之后也是这样。新生儿在满月之前每天大约需要 17 个小时的睡眠，这 17 个小时会分布在一天的 24 个小时里，睡一段时间就醒一小会儿，然后接着睡。宝宝醒过来是因为他饿了。不管是白天还是晚上，睡眠对于他来说是不可缺少的。就这样，慢慢形成了 "吃奶—醒着—睡觉" 的模式，而且是 24 小时不间断的。在宝宝刚出生的最初几周中，这个周期会以 3 ~ 4 个小时的频率不停地重复。

宝宝从第三个月开始是这样睡觉的……

几个月之后宝宝才了解了白天和黑夜之间的交替。随着宝宝的长大,他的"醒来—睡着"周期会逐渐以"白天—黑夜"的变换为依据。从第三个月开始夜里睡觉的时间增加了,醒过来的时间减少了。而白天恰恰相反,宝宝白天清醒的时间比睡觉的时间长了。

……从第六个月开始是这样的

根据经验,宝宝从 6 个月大的时候开始就能一次睡好几个小时了(中间不会因为饿而醒过来)。当他们晚上由于两种睡眠阶段之间的转换而醒过来的时候,也可以自己继续入睡了。这种夜里的睡眠宝宝一般可以保持到他 5 岁的时候。除此之外,宝宝额外需要的睡眠会在白天补回来:一般来说,宝宝在一岁之前都会在上午睡 2 小时,下午再睡 2 小时。

为了能够睡好觉,宝宝需要些什么?

影响宝宝睡眠的因素有很多。除了外在的客观条件(例如安静的适合宝宝的睡床)以外,首要的就是宝宝的心理因素了。您想一下,入睡就意味着某种形式的分别。宝宝做梦的时候,是在梦的世界里游荡。宝宝需要安全感才能够独自进入梦乡。最好是让他觉得,尽管和妈妈分开了,但他并不是孤单的一个人。他需要知道,只要

他需要,他的父母就在他的身边。只有当他感到安全了,才可以放松身心。只有身心放松地躺在床上的人才会喜欢睡觉,才能轻松入睡。

安全和安全感

安全的意思是,要让您的宝宝相信您一直都在他身边,当他感到不舒服的时候您能给他安慰。宝宝只有在能够感受到父母的关怀,感受到自己不是孤单一个人而是时时刻刻被人关爱着的时候,他才有安全感。这并不意味着您需要时时刻刻把宝宝抱在怀里。但是身体的亲密接触可以给宝宝一种感觉,让他感觉到自己是被父母所接纳的,不管发生什么事,您都会保护他。白天宝宝的这种感觉越多,晚上他就能越放松,睡得越安稳,并且可以一觉睡到天亮,因为他确定他的爸爸妈妈是爱他的。

白天睡觉

请您让您的宝宝白天尽情地打盹儿。如果您觉得宝宝白天不睡觉,晚上就可以睡得更好,那么您就错了。恰恰相反,晚上的睡眠时间并没有发生变化,但是因为宝宝白天没睡觉太累了,反而会出现晚上入睡困难的问题。

一个固定的频率

婴儿是偏好习惯的人。对于他们来说，一天中固定的时间点做什么，清晰明了的规则以及什么能做什么不能做的界限是非常重要的。宝宝如果知道马上要做什么，接下来要做什么，那么他就会很放松。因为这样他就不会经历让他害怕的意外。

很容易实现

其实，（健康的）宝宝很容易满足。他们的需求（食物、关心、照顾和睡眠）让父母一目了然，因此也比较容易得到满足：

> 宝宝饿了就要吃奶。

> 当他需要关怀的时候，他就想要妈妈或者爸爸抱他，给他爱抚。

> 宝宝累了就需要安静，需要睡觉。

时间表

您需要为宝宝的需求设定一个时间表。大多数宝宝都能找到自己的生活节奏。但是也有一些宝宝需要父母的帮助。

宝宝 3 个月之前的生活节奏可以是这样的：

> **吃奶**：在最初的几天中，宝宝需要大约一个小时才能吃饱。在接下来的几周中，吃奶的时间会达到平均每次 30 分钟。

> **醒着**：在最初的几周中，宝宝在吃奶之后可以醒着玩 30 ~ 45 分钟，在这段时间里您可以给他换尿布、穿衣服，还可

以跟他温存一会儿。

> **睡觉**：刚出生一个月左右的宝宝最多醒着玩一个半小时就又累了（稍微大一些的孩子还可以再玩半个小时）。很有可能之前宝宝心情很好，但是现在突然就变了。现在他给您发出了"他累了"的信号。

很有可能您的宝宝现在不是饿了，因此也不需要您给他喂奶。

随着宝宝年龄的增长，他吃奶的速度也会明显变快，在醒着的时候他的忍耐力也增强了。现在对您来说很重要的是，要及时觉察出宝宝是否累了。

入睡

虽然新生儿还不会说话，但是他已经可以和您进行交流了。当他累了，他会向您发出信号，这些信号告诉您，现在他想睡觉了。

发现宝宝累了的信号

> 宝宝在吃过奶以后或者玩着玩着突然开始哭闹。有些宝宝在被爸爸妈妈抱在怀里的时候会用他的脸去蹭父母的胸部寻找保护。

> 当宝宝会转头了以后，如果他累了，他就会把头从当前正在进行的事上转开。他的眼神会移向别处，并且开始打哈欠。

> 年龄稍微大一些的宝宝还会揉眼睛，拉

自己的耳朵，抓头发或者把头放在地上。

只要您的宝宝向您发出这些信号，就表示他累了，您应该把他抱到床上去或者放进摇篮中。在这个阶段很重要的是，您不要通过摇晃他、给他唱歌或者抱着他在屋里来回走动来增加他的不满（很有可能是累了导致的）。他有可能会开始哭泣，因为他对安静的需求没有得到满足。当他发出累了的信号的时候，他没有得到自己想要的安静，而是得到了视觉的刺激（您让宝宝看一些东西）、耳前庭的刺激（宝宝被您抱着摇晃）以及听觉的刺激（您让宝宝听您唱歌）。这样，他是无法入睡的。

入睡帮助是没有必要的

您最好不要使用上述方法帮助宝宝入睡。这些行为很容易就会变成阻碍宝宝睡觉的方法。因为您用这种方法为宝宝建立

不合适的入睡帮助

有的时候我们不得不惊叹，父母们为了让自己的孩子睡觉能够变得多么有创造性。这些办法从晚上开车到揉搓妈妈的耳垂，到抚摸宝宝的后背，再到在宝宝的童车下面放置热吹风机。大多数（健康的）宝宝都可以不用帮忙就自己睡着。为什么这种情况很少出现呢？因为父母使用了这些奇怪的"入睡帮助"，给宝宝一种感觉：没有这些办法就无法入睡。

了一种仪式性的惯例，以后都必须要遵守了。如果您能在宝宝刚出生后的几周中就帮助他学习自己睡觉，这样会更好。您的宝宝应该有一种安心的感觉，觉得自己不是孤单一个人，因为他有爸爸妈妈，他们会在自己遇到困难的时候给予他安慰。

周期的开始

根据经验，开始的时候会相当顺利：宝宝吃了奶，然后就睡着了。晚上也是，宝宝吃饱了就睡觉。睡觉的婴儿看起来非常漂亮，无论如何都比哭闹的婴儿更好照顾。但是总是会出现宝宝在您的怀里哭闹不肯入睡的情况，尽管您刚刚喂饱了他。

然后爸爸妈妈们又得想办法让宝宝安静下来。什么能管用呢？开车？打开吸尘器？在健身球上跳一跳？把宝宝放进摇篮里给他唱歌？不管您是在使用哪种方法的时候宝宝感到累了睡着了，只要这种方法经常和宝宝入睡的过程同时进行，那么他就会习惯这件事。如果让他喜欢上了这种睡前活动，那么未来他也会需要这种活动，不然睡不着觉。这些就是不好的"入睡帮助"。

合适的入睡帮助

如果您能正确解读宝宝给出的信号，一旦他觉得累了，您就把他放在床上，那么他是不需要什么额外的帮助就可以安然

入睡的。但是，也有一些物品（例如毛绒玩具）或者仪式（例如唱歌、爱抚）完全可以成为有用的入睡帮助。陪伴宝宝入睡的方法如果满足以下几点，就算是合适的入睡帮助：实施起来很舒适，不需要太多时间，不会对其他家庭成员造成干扰并且不受人员和地点的限制。例如，您可以在宝宝睡觉前打开八音盒，放一首让人平静的音乐。您还可以在把宝宝放到床上去之前让他坐在您的膝上或者把他抱在您的怀里，给他唱一首摇篮曲或者和他一起看一些"晚安图画书"。除此之外，毛绒玩具或者口水巾也可以帮助宝宝轻松入睡。

八音盒柔缓的音乐可以陪伴宝宝进入梦乡。

保持好睡眠的艺术

在刚出生的前 3 个月，宝宝每天晚上会醒来很多次，饿了要吃奶，这是很正常的。他还太小，还不会按照白天黑夜的节奏调整自己的睡眠周期。一个只有几周大的婴儿吃完奶之后在您的臂弯里睡着了，这也很正常。因为他已经吃饱了，而且吮吸这个动作也是很累人的。请您让您的宝宝尽情享受在您怀中安然入睡的这段时光。以下这点是非常关键的：当宝宝在几分钟之后醒过来的时候，不要再给他吃奶！如果他哭了，可以肯定的是，他不是因为饿了才哭的。他现在可能是想要感受到父母的爱，感受到在父母怀中入睡的那种安全感。两者都非常重要，因为它们可以产生信任！

正确的时间点

新生儿在刚出生的前 3 个月（不管别人怎么说）您是完全不会宠坏他的。因为恰恰是在这段时间里，宝宝不仅对您的照顾，还对您的爱和喜欢产生了依赖性。因此，请您尽情享受这段时间里和宝宝之间的尽可能多的身体接触和亲密感。如果您把宝宝抱在怀里或者用背巾抱着他入睡，是完全没有问题的。但是，从现在开始您就要经常在宝宝表现出疲惫并且还没有入睡的时候就把他放到床上去。在最初的几周中就开始让宝宝适应一些合适的入睡仪式。几天之后他就会知道这种仪式是睡觉的信号了。刚开始的时候如果宝宝哭闹，您当然可以哄他。您可以柔声细语地跟他说话，爱抚他，打开音乐盒，但是尽量不要（立刻）把他抱在怀里。

从第四个月开始，您就要试着在每次宝宝想要睡觉但还醒着的时候就把他放在

一步一步进入梦乡

最重要的目标应该是让宝宝尽可能快地适应自己的小床，能够在那里感到有安全感，可以自己入睡。为了达到这个目的，您作为宝宝的父母必须要事先付出努力。您需要让您的宝宝了解到，您是他可以信任的人，当他感到不舒服的时候，随时可以得到您的安慰和关心。

> 选择有用的入睡帮助

您在选择帮助宝宝入睡的小诀窍时，请选择那些即使需要您长期去做您也不会烦的办法。因此，您需要选择一种让所有参与者都舒服的办法（见前页）。

> 一个安全的睡榻

宝宝需要一个始终保持不变的睡眠环境，至少晚上的睡眠是这样的。很多时候一块口水巾，一个宝宝最爱的毛绒玩具或者一首他熟悉的音乐，就可以给他带来安全感了。请您尽量少地改变宝宝的床。您的宝宝不需要每 3 天换一个新的床单、一首新的音乐或者一个新的玩具。安全感和稳定感可以使宝宝更容易产生信任感。

> 宝宝还没睡着的时候就把他放在床上

只有当宝宝还没睡着的时候您就把他放到自己的床上去，他才能学会自己一个人入睡。会有这么一天，宝宝很早就知道，现在是上床睡觉的时间，并且非常期待这个时刻。请您不要让自己成为宝宝的"入睡帮助"之一，而是要相信您的宝宝，没有您，他也可以自己睡着。

> 设计一些仪式性的活动

宝宝很喜欢所有的事都按照一个固定的流程进行，因为他们想要知道，接下来会发生什么。请您在宝宝睡觉之前给他穿上睡袋，很快他就会知道：当妈妈拿出睡袋的时候，就是我该睡觉的时候了。做这些是有意义的：每天晚上给宝宝唱同一首摇篮曲，说同一段晚安祷告，用八音盒放同一首音乐，给他一个晚安吻……

> 把吃奶和睡觉分开

睡觉前最后一次喂奶之后，宝宝可以再玩一小会儿。刚开始的时候可以是十分钟，随着宝宝年龄的增长，这段时间可以延长到一个小时。关键是达到让宝宝学习的效果，他会慢慢知道：吃奶和睡觉没关系，饥饿和睡觉是两种完全不同的需求！

> 作为父母要懂得克制

当您的宝宝刚放在床上就开始哭闹想要向您寻求安慰的时候，您需要等一会儿，不要立刻把他从床上抱起来。您需要知道，刚把他放到床上去的时候他会（偶尔会非常激烈地）哭闹也许是他在整理消化这一天的经历，释放自己的压力。

床上。如果他开始哭闹，请您不要立刻把他抱起来，而是给他机会，让他自己哄自己。也许他只是在抱怨白天发生了他不喜欢的事。如果是这种情况，那么您可以跟他说话，让他感觉到您对他的理解。

如果不成功，是我们做错了什么吗？

实际上，一般情况下只有很少的几个我们常犯的典型错误会导致一个已经学会了自己安然入睡的宝宝突然不能自己睡觉了。

情况 1：让宝宝在吃奶的时候或者在您的怀中入睡

宝宝醒了一段时间，然后开始哭闹。于是妈妈让他吃奶。他幸福地吮吸着妈妈的乳汁，满意地睡着了。妈妈赶紧利用这个机会，轻手轻脚地把孩子放到床上去，只要别把他弄醒就行！然后妈妈蹑手蹑脚地走出房间。但是，还没等妈妈关上门，宝宝就醒了，开始哭闹。

宝宝哭闹的原因是：妈妈不见了！宝宝哭得很有道理，因为他的"入睡帮助"被人夺走了。这在他的眼里就意味着睡眠时间的结束，尽管他还很累，还想继续睡觉。为了能够继续睡觉，宝宝就要求回到刚才入睡前的状态，也就是拥有妈妈的乳房或者奶瓶。

> **建议**：请您在宝宝还没入睡之前就把他放在床上，帮他学会自己入睡。如果他

> **典型的困难**
>
> 实际上，大多数入睡困难的问题都是因为：
> > 宝宝在吃奶的时候睡着了。
> > 宝宝在您的怀里睡着了。
> > 父母不希望听到宝宝哭闹，因此想尽一切办法不惜任何代价想要分散他的注意力。
> > 宝宝开始哭第一声的时候他的爸爸妈妈就立刻跑过去哄他。

吮吸的欲望非常强烈，您可以给他一个毛绒玩具或者一块口水巾。

> **技巧**：每个宝宝都喜欢妈妈的味道。您可以把您穿过的一件 T 恤衫放在他的头下面，这样他就不用远离妈妈的味道了。

情况 2：没有察觉到宝宝发出的"累了"的信号

宝宝吃饱了，换好了尿布，想要玩一会儿。妈妈非常愉快地和宝宝玩起了手指的游戏，轻轻在他的全身上下挠痒痒，看到宝宝开心地笑着，妈妈也很快乐。这时候有人打来了电话，宝宝安安静静地坐在妈妈的膝上，听妈妈讲电话。但是不一会儿宝宝的情绪突然发生了改变：宝宝开始哭闹，揉眼睛，整个身体向后仰。"他想继续玩呢"，妈妈这样想，于是挂断电话和宝宝继续玩之前玩的游戏，但是宝宝的

您的宝宝劲头十足地打着哈欠？如果宝宝发出这种明确的信号，那么就应该立刻让他上床睡觉！

反应则是哭闹得更厉害了。

宝宝哭闹的原因是：他累了，想要睡觉了。一开始他是用哭闹来表达这个需求的，然后会进一步升级到大声哭叫。而妈妈把他的哭闹理解为宝宝感到无聊了。建议：请您注意宝宝的休息时间！努力去观察宝宝发出的"累了"的信号。只要宝宝开始哭闹，就马上让他上床睡觉。

一觉睡到天亮

大多数妈妈都想要知道，从什么时候开始自己的宝宝可以一觉睡到天亮。根据

经验，在宝宝出生后的最初的三个月中，他都不能做到这一点。因为这个时候宝宝还没有能力区分白天和黑夜。有时宝宝需要 4 ~ 6 个月的时间，才能调整好他身体内部的"钟表"。当宝宝的生物钟调整好了，晚上他的体温就会下降，身体的各项机能就会调整为睡眠模式。科学家所称的"一觉睡到天亮"指的是宝宝从午夜时分睡到第二天早上 6 点，这期间不醒（也就是一次睡 6 个小时）。绝大多数宝宝在 6 个月大的时候就可以做到这一点了。但是，也有一些例外，也就是说，有些宝宝可能会在不到 6 个月大的时候就可以一觉睡到天亮了，或者一次睡的时间比 6 个小时还要长。

很可惜的是这种状态并不会持续很长时间，因为在 6 个月左右的时候许多宝宝都会经历一个巨大的成长发育阶段，这次成长发育会让他们变得不那么安静。这段时间内宝宝会更加频繁地感到饥饿，因此也会更加频繁地想要吃奶，晚上也是这样。您应该考虑到这次的成长发育，不要再按照以前的行为模式来做事。

让一觉睡到天亮变得更简单

以下几点会帮助宝宝一觉睡到天亮。它们适用于 6 个月以上的宝宝。

不要让夜晚变成白天

请您持续关注这件事：按照您的宝宝的年龄，他每天需要多久的睡眠（见第

213 页）。大部分的睡眠应该在晚上，这样的话，一个 4 ~ 6 个月大的孩子白天睡觉的次数就应该少于两次，每次大约两个小时。一个白天睡 6 ~ 9 个小时的孩子，晚上就不会困了，会精力十足。宝宝从 6 个月大的时候开始，白天的两次睡眠每次都不能超过 1 ~ 2 个小时。

吃饱了才能睡得香

如果您家宝宝的年龄是 6 个月以上，那么有时候我们会建议大家，每天晚上再给他吃一次饭，这样就可以确保他晚上睡觉的时候不会被饿醒。这一顿饭的时间最好是安排在妈妈自己想要睡觉的时候。这个时候需要您把已经睡着了的宝宝抱过来，把乳头或者奶嘴塞到他嘴里。一般来说，您一触碰宝宝的下嘴唇，他就会下意识地开始吮吸了。请您注意不要把宝宝弄醒。也就是说，这次喂奶不要开灯，也不要跟宝宝说话。通常情况下这次喂奶是不需要给宝宝拍嗝的，因为他在睡梦当中比较安静，只会吞进去很少的空气。如果宝宝的尿布没有太湿也没有大便，那么您也不需要给他换尿布。等他吃饱了以后，您只要把熟睡中的宝宝放回他自己的小床就可以了。那些晚上再吃一次奶的宝宝一般会有足够的能量，可以让他在接下来的几个小时中睡个好觉。

小贴士： 请您为宝宝做睡眠记录

有时候，为宝宝做睡眠记录会是一件很有意义的事。请您记录下来，早上宝宝是几点钟醒的，他的心情如何。白天什么时候睡觉了，睡了多久？晚上他是几点钟开始睡觉的，入睡需要多久？晚上是什么时间醒来的？这个记录是非常值得的。在记录 4 ~ 5 天以后，您就会看到一个属于宝宝自己的睡眠模式了。

不要立刻跳起来跑到宝宝身边去

如果晚上宝宝醒了自己在哼唧，您不要立刻跑到他的身边去哄他。请您给他机会，让他自己入睡。只有当他哭得很大声已经完全清醒了的时候，您才需要到他身边去哄他入睡。

宝宝的睡眠障碍

在 6 个月大之前还不能自己入睡，和不能一觉睡到天亮的婴儿，大多数只是没有形成自己的睡眠周期而已。在这种情况下并不存在一个真正妨碍他睡眠的因素。如果宝宝在满 6 个月以后每天晚上都会出现以下情形，那么就是专家们所说的"睡眠障碍"了：

> 醒来的次数多于 3 次。

> 平均每次醒来的时间多于 20 分钟。

> 总是需要妈妈或者爸爸的帮助才能入睡。

> 这些问题几周以来一直出现。
> 有身体方面的原因（例如呼吸道狭窄）。

"睡眠杀手"

如果宝宝已经学会自己睡觉，并且能够一觉睡到天亮，那这对于他的爸爸妈妈来说会是一件非常幸福的事。但是，很可能您的宝宝好好睡了几晚，然后突然又不能一觉睡到天亮了。导致这种现象的原因可能是多种多样的，您首先需要找出真正的原因。

1. 您的宝宝正在经历一次成长发育的阶段吗？

科学家证实，婴儿在出生后的最初 14 个月内会经历 8 个成长发育阶段。这段时间对于宝宝来说是比较艰难的，他的睡眠不再像以前那样顺利了，他们只想重新回到他们熟悉信任的世界：妈妈的身边。如果您的宝宝哼哼唧唧，总是想去寻找您的乳房，只想跟您在一起，请您不要感到吃惊。当这个成长发育的阶段过去了，宝宝的睡眠就会重新回到正轨。

2. 您的宝宝由于处于成长发育期，所以会经常感到饥饿吗？

许多宝宝在成长发育阶段会需要非常多的能量，这会导致他们经常感到饥饿。因此，请您给宝宝增加一顿饭或者多喂一次奶。

专家的帮助

如果您觉得您的孩子有睡眠障碍，那么您就不要有所顾忌，而是要向专家寻求帮助。请您向您的儿科医生咨询，他有可能会让您去咨询另外的专家。如果您感觉您的宝宝出现睡眠问题是身体上的某种原因，又或者宝宝的睡眠障碍影响到了您、您的伴侣或者宝宝的兄弟姐妹了，那么专家的帮助会是非常重要的。

3. 您的宝宝在长牙吗？

我们作为成年人是记不起来长牙的时候是什么感觉了，但是孩子们总是会提醒我们：长牙会有疼痛的感觉，会让宝宝睡不好。促进长牙的药丸和凝胶可以缓解疼痛，让宝宝重新获得充足的睡眠。

4. 您的宝宝有腹胀吗？

一旦宝宝的消化系统开始消化固体食物，就有可能会出现腹胀。有时候腹胀会非常严重，导致宝宝睡不好。如果您给宝宝换了一种婴儿配方奶粉，他也有可能会出现便秘或者腹胀。

5. 宝宝的尿布该换了吗？

有些宝宝对湿透了的尿布不敏感，而另外一些宝宝却非常敏感。很有可能您的宝宝从睡梦中醒来是因为他的尿布该换了。

如果是这样，那么您就应该给他换一个新的尿布，而且最好不要有太亮的灯光，并且尽量保持安静。

6. 宝宝把安抚奶嘴弄掉了吗？

您的宝宝已经习惯了把安抚奶嘴当作帮助他入睡的工具？根据经验，在睡眠过程中长时间把奶嘴含在嘴巴里对于宝宝来说是比较困难的。如果他的安抚奶嘴掉出来了，您的宝宝在黑暗中可能找不到它。

小贴士： 如果您的宝宝能够自己找到掉出来的奶嘴（一般来说宝宝10个月以后才可以做到），那么您可以在他的床上多放几个奶嘴。

如果您的宝宝由于长牙而睡不着，您可以帮他买一个磨牙棒或者咬咬胶，这些东西会对宝宝的睡眠问题有所帮助。

宝宝一天的时间表

通过坚持每天在固定的某个时间点做某事这种方式，宝宝就会知道，他这一天是如何安排的。

> 睡觉之前给宝宝创造一个"安静的岛屿"，例如昏暗的房间，柔和的音乐或者温柔地把他拖在怀里摇晃。

> 尝试用其他事情分散宝宝的注意力，来替代晚上的"哭闹时间"，例如散步。

> 妈妈的暂停休息时间：如果您感到筋疲力尽或者非常生气，那么请您先把宝宝放在一个安全的地方，自己先休息一下。让孩子的爸爸、奶奶或者您的一位女性朋友来帮一下您。

死在睡梦中
——婴儿猝死综合征

这是爸爸妈妈能够想象的事情中最坏的一件了：早上起床以后来到宝宝的床边，却发现自己的孩子已经死去了。令人遗憾的是这种情况时常会发生，虽然现在越来越少了。在德国，每两千个婴儿中就有一个死于婴儿猝死综合征（Sudden Infant Death Syndrome，SIDS）。为什么之前看起来很正常很健康的孩子（多见于2～4个月大的孩子，好发于冬天）会死于这种疾病，目前还没有一个明确的解释。婴儿猝死综合征发生于一周岁前婴儿睡眠的过程中。这种疾病只能通过尸体解剖来进行诊断。许多证据都显示，在这些婴儿睡觉的时候他们的呼吸系统出了问题。但是，大多数时候是多种原因最终导致悲剧的发生。

预防：但是如何预防？

您可以通过以下方法来预防婴儿猝死综合征：

> 宝宝在满 6 个月以前一定要以仰卧的姿势睡觉。那些俯卧或者侧卧睡觉的婴儿在睡眠中猝死的概率会比较大。当宝宝醒着的时候，应该让他在爸爸妈妈的看护下时不时地趴着玩一会儿，这样可以避免颅骨由于长时间仰卧而畸形。

> 宝宝的生活环境中一定不能有二手烟。除了俯卧以外，没有什么因素比二手烟的危害更大了。

> 睡袋对于婴儿来说比被子更安全，因为它不会被拉到头部上方去，也不会被蹬掉。

> 请您不要在宝宝的床上放置枕头和毛绒玩具，这样他就不会由于这两种物品而窒息。

> 请您不要在宝宝的床上放置羊毛毯。它有可能会导致热量堆积。

> 让宝宝睡在父母的卧室里，但是睡在自己的小床上。爸爸妈妈睡觉时的声音有可能会刺激孩子的呼吸。不推荐让孩子睡在父母的床上，尤其是那些抽烟的父母。给孩子喂奶的时候可以把他放在父母的床上，但是喂完奶就应该把他放回自己的小床上。请一定不要和宝宝一起在沙发上睡觉！

> 对于婴儿来说，白天睡觉时的温度最好在 16℃ ~ 20℃，晚上最好在 17℃ ~ 18℃。请您不要把孩子的小床放在暖气旁边或者阳光直射的地方。

> 所有可能导致温度过高的东西，例如厚被子、厚袜子、厚帽子、厚手套或者类似的保暖的衣物，都不要让孩子在睡觉的时候穿戴。

> 那些总是吮吸安抚奶嘴的孩子在睡眠过程中猝死的概率似乎比较小。如果宝宝习惯使用安抚奶嘴，那么在他睡觉的时候也要让他继续使用。关于让孩子使用安抚奶嘴的建议引起了激烈的讨论，因为它的使用也有缺点。

我的宝宝属于"高危婴儿"吗？

如果您的宝宝符合以下条件，那么他就属于高危人群：

> 他睡觉的时候习惯俯卧或者侧卧；

> 他的兄弟姐妹中有死于婴儿猝死综合征的；

> 他经常会出现呼吸暂停；

> 他是早产儿（在怀孕 32[①]周之前出生）

①人民卫生出版社第 8 版《妇产科学》：妊娠满 28 周至不满 37 周（196 ~ 258 日）期间分娩，称为早产。

或者出生时体重过轻；

> 他出生时的体重低于 2000 克；

> 没有进行母乳喂养或者停止母乳喂养的时间过早；

> 宝宝在过于柔软的床上睡觉，例如太软的被子、水床、父母的床；

> 研究表明，那些父母抽烟喝酒比较严重或者吸毒的孩子，死于婴儿猝死综合征的概率会比较大。

帽子：戴还是不戴？

为了避免宝宝在睡觉的时候出现温度过高的情况，建议大家不要在宝宝睡觉的时候给他戴帽子，这也是预防出现婴儿猝死综合征的一个方法。同时，卧室里的温度应该低于 18℃。由于这个温度有可能会导致婴儿（尤其是新生儿）头部温度降低的幅度过大，所以还是要具体问题具体分析。例如：如果您的宝宝是早产儿，那么他就属于婴儿猝死综合征的高危人群，冬天晚上睡觉的时候您就需要给他戴一顶薄薄的帽子。

婴儿监控器

许多父母都从商店买了一套所谓的婴儿监控系统，想要预防自己的孩子死于婴儿猝死综合征。这套系统主要由一个高敏感性的感应床垫组成，可以把这个床垫放在宝宝的床上，更确切地说是放在宝宝的床垫下面。它可以记录宝宝的动作，更准确地说是宝宝的身体对床垫产生的压力的变化，当它感应不到宝宝的动作时就会发出警报。每一个微小的动作它都应该能够感应得到，甚至是宝宝的呼吸运动。

它的缺点是：宝宝的睡床以外的动作也会被记录下来（例如电扇的运动、洗衣机或环绕立体声音响发出的震动）。这些外界的杂音有可能会掩盖住宝宝的运动，导致系统在完全没有任何运动以后才发出警报，可能这个时候为时已晚。由于这个系统不是通过直接接触婴儿身体来监测婴儿的呼吸的，因此对于那些"高危婴儿"来说，不推荐使用这个系统。

除此之外，对于那些"高危婴儿"的父母来说，他们会相信，这个床垫作为预防孩子死于婴儿猝死综合征的手段已经足够了，因此自己就不再采取上面提到的预防措施了。我们在这里要非常严肃地警告大家上面提到的这一点！当然，如果您的宝宝不属于"高危婴儿"，而且您已经为宝宝创造了一个相对安全的睡眠环境，您要使用这个监控系统来作为额外的辅助手段也是可以的。

为什么人们在每一个快动眼睡眠阶段之后都会醒一下？

专家认为，这种短暂的清醒是一种警报体系，可以这样解释：在原始时代，人类不管白天还是黑夜都会遭受一些危险。他们没有固定的居所，一般在露天过夜，因此时时刻刻都会受到敌人的攻击。如果大自然只给予人类非快动眼睡眠，那么他们就无法迅速从睡梦中醒来及时应对危险。我们今天虽然在快动眼睡眠阶段之后醒来的时间很短暂，但是我们也可以非常迅速地对一些可疑的情况做出反应，例如有东西燃烧的气味或者不正常的声响等。婴儿也是这样的。他们晚上醒来会检查周边的环境：我的奶嘴还在吗？我的睡姿正确吗？妈妈还在吗？

我可以让宝宝跟我们一起睡在我们的床上吗？

我们可以这样说：您如果是担心您会在睡梦中压到您的宝宝，那么您就多虑了。一般来说妈妈的睡眠会非常轻，妈妈的本能不会让您压到您的宝宝的。但是，根据经验让宝宝和爸爸妈妈一起睡在一张床上会有很多问题：爸爸妈妈经常是为了孩子好，给孩子盖上自己的被子。这就有可能会导致孩子温度过高，或者出现他滑进被子里面去并且在里面窒息的情况（见第225页"婴儿猝死综合征"）。我们建议，

可以让宝宝睡在您的床上，但是要让他使用自己的保暖装备，也就是睡袋。请您不要再给宝宝额外地盖被子了。

我如何才能帮助我的宝宝更快地适应"白天—黑夜"的节奏？

您可以为您的宝宝做出榜样，白天的时候是一种积极活跃的生活状态。您可以跟他说话，给他唱歌，开心地笑，吃饭，工作，而宝宝可以玩，可以听妈妈讲故事，让妈妈给他按摩，洗澡，等等。重要的是：请您让宝宝了解阳光是白天的象征。最好每天都出门散步，白天的时候可以把宝宝的童车放在窗户前面（但是要避免阳光直射）。晚上要让宝宝感受到属于夜晚的安静。晚上不要有大的活动，喂奶也要在光线比较暗的房间里进行。如果您想给宝宝换尿布，也要在光线比较暗的地方。还有一件事很重要：晚上不要大声说话。

吮吸手指比吮吸安抚奶嘴更好吗？

不是的。虽然吮吸手指的好处是时刻想用就能用，不会弄丢。但是如果一个孩子把手指当作安抚自己的工具，那么根据经验他以后会很难戒掉这个行为。除此之外，吮吸手指会导致手指发育畸形以及牙齿畸形，即所谓的"龅牙"。

有一些床垫会释放出有毒气体，是这样的吗？

新西兰的法医提姆·施布罗特（Tim Sprott）博士以及他的同事，来自英国的A·理查德森（A. Richardson）经过研究发现，那些死于婴儿猝死综合征的孩子所使用的床垫中存在着有毒气体（氢化磷、氢化锑和氢化砷）。除此之外，两位科学家还发现，那些死于婴儿猝死综合征的孩子所使用的床垫中还有一种真菌，但是只存在于孩子躺过的位置以及被汗水、唾液或者尿液浸湿又被暖热的地方。根据他们的研究，这些床垫散发出的有毒气体（比一氧化碳的毒性大，并且比空气沉）连同真菌一起导致了孩子的呼吸麻痹。尤其危险的是那些长时间躺在床上，以俯卧的姿势睡在睡袋中，并且盖上了被子的孩子。他们因此发明了床垫罩，用来阻止床垫中的有毒气体散发出来。这种床垫罩在近几年首先是在新西兰成功地被用来预防婴儿猝死综合征。德国婴儿猝死综合征父母联合会（GEPS）认为有毒气体与致命性的呼吸暂停可能是有关系的，但是并不是导致婴儿猝死综合征的唯一原因。他们认为有毒气体以及真菌是一个诱因，警告大家不要把给床垫安装床垫罩作为唯一的预防婴儿猝死综合征的措施。请您在给孩子购买床垫的时候一定要注意，选择那些不含阻燃剂和软化剂的产品，也就是说这些产品中不能含有砷化物、锑化物和有机的磷化物，因为这些物质在遇到细菌或真菌的时候会转化成有毒的气体。

只要我把我的宝宝放到他的小床上去，他就开始哭。我应该立刻把他抱起来吗？

如果您察觉到了宝宝发出的"累了"的信号（打哈欠、哼唧、揉眼睛），并且把他放到床上去了，那么在他刚开始哭的时候您是不应该立刻把他抱起来的。总是会有一些宝宝，他们把哭闹作为帮助他们入睡的手段。大多数的宝宝首先要消化处理一下这一天经历的事，而哭则是一种有效的方法。请您耐心一些，让宝宝独处几分钟。您可以在房间外面听一会儿（或者使用婴儿电话），看看接下来会发生什么。许多宝宝哭一会儿就自己睡着了。但是，如果宝宝的哭声让您感到无法平静，那么您可以在他的床边坐一会儿，轻声哼唱摇篮曲或者和他说话。在这种情况下请不要再为宝宝安排大的活动，您不需要特别积极做很多事。有些宝宝只要知道身边有他信任的人，就会睡得很好的。

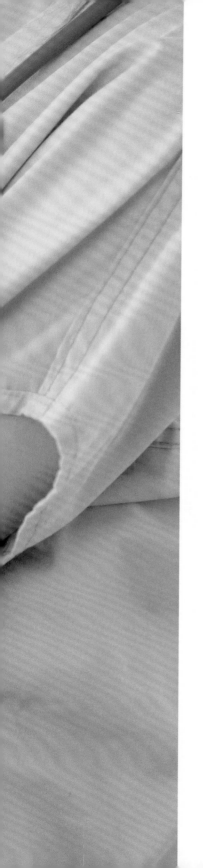

求救——我的宝宝生病了

首先告诉大家一个好消息：儿科医生说，人类在一周岁之前总体来说处于一个健康方面比较稳定的阶段。如果您的孩子有一些不舒服，您可以在这一章找到一些建议和相关信息指导您如何帮助您的宝宝恢复健康。

大大小小的病痛

对于做父母的来说，看着自己的孩子生病受罪，是一件非常痛苦的事。对于孩子们来说，生病是很正常的，一般来说也不会有什么严重的后果，因为感染类疾病在宝宝一岁之前是比较温和的，而且会在孩子的成长发育方面有所帮助。这一章给出的建议可以让您和您的伴侣对此做好应对的准备。

尿布疹

事情可能是这样的：您打开宝宝的尿布，看到他的屁股红了。尽管您给宝宝护理得非常认真彻底，但是几乎所有宝宝都会发生尿布疹。

婴儿红臀（刺激性皮炎）

尿布疹指的是婴儿被尿布包裹部位的皮肤出现不同程度的发炎症状的疾病，需要依据病情进行处理。

症状

整个屁股都严重发红。皮肤炎症经常会蔓延到生殖器部位以及大腿内侧。发红是病情的第一个阶段，第二个阶段是臀部出现出血的伤口。对于您的宝宝来说，这将会是非常疼痛的，尤其是当他的大小便都在尿布里进行的时候。

病因

> **腹泻**：当大小便在尿布里待的时间过长的时候，发酵酶就会变得非常活跃，从而刺激到宝宝娇嫩敏感的皮肤。尿布里湿热的环境会导致皮肤含水量的增加，进而导致皮肤出现裂口。尿布里湿热的环境还会促进真菌感染（假丝酵母菌）。

> **尿布**：织物尿布绑带表面粗糙，会对宝宝娇嫩的皮肤造成摩擦，引起刺激。一次性尿布也是这样，如果尿布的（没有吸水力的）边缘与宝宝的皮肤摩擦，也会伤害到宝宝娇嫩的皮肤。

> **护理上的错误**：换尿布的次数太少。过度使用乳液和按摩油也有可能刺激皮肤，药膏中脂肪含量过高有可能会引起药物性痤疮，因此不要在皮肤的褶皱里涂抹药膏。

> **治疗上的错误**：人们经常会使用龙胆紫溶液（紫药水，可以在药店里让人配制这种溶液），但是要注意正确的浓度：用于皮肤上的龙胆紫溶液浓度不能高于0.25%，用于黏膜部位不能高于0.1%。另外，请您注意药物的有效期！

去看医生

尿布包裹的部位一旦出现严重的发红现象，在出现出血点之前，一定要去看医生。

治疗

从现在开始：换尿布，换尿布，还是换尿布。在最初的几天中尽量每小时换一次尿布。药店里有一种含锌的药物治疗伤口很有效。推荐大家使用有消炎舒缓作用的锌药膏，在受伤部位涂上薄薄的一层，像一层保护膜一样。有效成分为右泛醇的软膏也比较有效。现在请不要给宝宝使用添加了香精的（婴儿）乳液、凡士林以及湿纸巾，用清水清洁就足够了。也可以使用油布为宝宝清洁尿布包裹的部位。请您

锌软膏

含锌的软膏可以在药店买到，它们是非处方药。但是请不要把这种药膏当作预防尿布皮炎的药物长时间使用，因为宝宝娇嫩的皮肤不需要(过度的)护理，这些会造成不必要的皮肤刺激。

尽可能让孩子不穿尿布活动。冬天的时候可以让他在浴室的取暖器旁边不穿尿布活动。用红外线灯照射孩子受伤的部位也很有效（但是要注意：不要把灯过于靠近孩子！）。如果皮肤过于潮湿并且有伤口，医生会给孩子开一些特制的药。另外，根据经验，一次性尿布会比织物尿布更能让宝宝的臀部保持干燥。您也可以时不时地给宝宝更换一下尿布的品牌。

真菌性尿布疹

真菌性皮炎指的是真菌感染引起的皮炎，主要集中在被尿布包裹的部位，但是也会出现小儿真菌感染性口炎。这种疾病可以从身体的一个部位传播到其他部位。如果一个婴儿患了小儿真菌感染性口炎，同时还有尿布皮炎，那就意味着他的整个消化系统都受到了真菌(假丝酵母菌)感染。

症状

宝宝突然不好好吃奶了，总体感觉很不舒服。总是哼哼唧唧，吃奶的时候也是很不满意的感觉。不要吃惊，真菌性皮炎会给婴儿带来疼痛。如果真菌扩散范围比较大，整个口腔都会发炎并且出现伤口。在婴儿的口腔中、舌头上、嘴唇上甚至面颊上都会出现白色的薄膜，边缘发红。真菌性尿布疹会出现在尿布包裹的部位，表现为边缘起皮的密布红点。这些红点还经常会出现在大腿和腹部。感染部位的皮肤会有潮湿的裸露伤口。

病因

真菌性皮炎是卫生保健没有做好以及婴儿免疫功能不完善的结果。尿布里湿热的环境促进了微生物的增长，通过没有清洗干净的双手、被舔过的奶嘴、多人共用的餐具、亲吻婴儿的嘴巴或者婴儿活动小组里被感染了的玩具进行传播。

去看医生

如果您怀疑您的宝宝患上了真菌性皮炎，那么一定要带他看医生，根据宝宝患病的不同症状，医生会做出不同的处理。如果宝宝被尿布包裹的部位患有顽固性皮炎（尽管已经做了治疗），尤其是那些母乳喂养的婴儿，应该让儿科医生为他检查，看看他是否缺锌。

发烧

发烧不是一种疾病，而是身体的一种自然的防御性反应。只要有细菌或者病毒进入人的身体，身体的新陈代谢就会异常活跃，体温（平均体温是 36.7℃）也会随之上升。侵入人体的物质以及它们的有毒产物都会被高温杀死。这个过程一般会导致身体温度上升到 39℃。

症状

孩子发烧，感觉病怏怏的，体温明显过高。他的额头摸起来明显比平时热，双手和双脚有可能温暖，也有可能冰凉。发烧也分为不同的类型：有些宝宝发起烧来干热，另外一些属于湿（出汗）冷（双手和双脚）型，但是两种类型的躯干和头部都是热的。许多发烧的孩子都没有胃口，不想吃奶。另外一些经常觉得渴，喜欢喝凉的东西。

病因

引起发烧的原因中位于首位的是病毒和细菌。它们会引起感冒、肠胃感染、扁桃体发炎、咽喉发炎或者耳朵发炎。注射疫苗也有可能会引起发烧，许多典型的婴幼儿疾病，例如百日咳、水痘等，也会引起发烧。然而，长牙并不是发烧的原因。

去看医生

有些时候发烧是不需要看医生的（但是 3 个月以下的婴儿发烧必须立刻带他去看医生！），例如虽然宝宝体温过高，但是他看起来没有不舒服，吃奶也很正常。非常高的体温（超过 39℃），并且发烧原因不明，体温降不下来，宝宝的整体状况不好（呼吸不畅或者呼吸急促、皮肤苍白或者发青、哭闹、不好好吃奶），需要立刻去看医生。

治疗

宝宝需要卧床休息。总体来说，应该通过有效的方法来对发烧进行支持，因为宝宝的身体可以借助它来战胜细菌和病毒。那些借助药物快速退烧的孩子，其实是打断了一个自然的痊愈过程。只有当宝宝的体温上升到 39℃以上的时候，您才需要给他吃退烧药。退烧药和止疼药中的有效成分是对乙酰氨基酚，请您按药品说明书服用。其他不清楚的事项请向儿科医生进行

体温意味着什么

宝宝的体温意味着什么：

低于 36℃	体温过低
36℃ ~ 37.5℃	正常体温
37.6℃ ~ 38℃	体温略高
超过 38℃	发烧

对乙酰氨基酚和布洛芬都有这两种不同的形式：

> 栓剂：这种形式的药物是把有效成分加入硬脂中制成栓剂。它会在30～60分钟之后发挥作用，因为药物中的有效成分通过肠道可以很快进入血液（如果出现腹泻就不准确了！）。请您在宝宝的肛门附近涂抹一些甘油，然后小心翼翼地把栓剂塞进宝宝的肛门。重要的是：宝宝需要放松身体，最好是让他仰卧，您把他的双腿抬起来。请您保持镇定，不要用强行推进的方式给宝宝用药！

> 糖浆：止疼药或者退烧药也可以以糖浆的方式喂给宝宝。优点是：用药方便，剂量好把握。缺点是：为了让糖浆变得口味好一些，会在里面添加糖分以及防腐剂。

咨询。

> **小腿湿敷包带**：它可以给身体降温，但是只有在宝宝全身发热（双手和双脚也发热！）的时候才可以使用。您需要：四块小毛巾、一双大一些的羊毛袜、一块大毛巾。操作方法如下：两块小毛巾在温水中浸湿，水温要低于宝宝的体温2℃，拧干备用。用这两块小毛巾包裹住宝宝的两个小腿。请小心操作，不要吓到宝宝。然后将另外两块干毛巾包裹在湿毛巾的外面，再给宝宝穿上袜子。10分钟之后取下毛巾重新用温水浸湿，重复操作。这个操作可以重复3次。重要的是：如果宝宝的双脚发凉，请立刻停止冷敷！

> **清洗身体**：使用浸湿的棉片擦洗患儿的身体，也可以达到降温的目的。之后不要让宝宝自然晾干，而是要立刻给他穿上衣服。

> **灌肠（6个月以上的孩子）**：如果宝宝发高烧，灌肠可以把他的体温降低大约1℃，这样就可以缓解那些发烧的并发症。操作方法如下：在橡皮灌肠器中加入30℃的洋甘菊茶（50～70毫升），用甘油涂抹灌肠器的顶端，然后将灌肠器塞入宝宝的肛门。用力挤压小球排出空气。虽然孩子们不喜欢，但是这种治疗方法很有效，每天最多可以进行3次。

体温测量仪

以前人们使用水银体温计来测量体温，现在有了一些新的类型，这些体温计不含有毒的水银。

> 玻璃体温计测量精确，它可以给出最准确的肛温数据（测量时间为 3 ~ 4 分钟）。价格：大约 4 欧元。
> 电子体温计的优点是测量时间短，只需要一分钟。价格：大约 3 欧元。
> 耳式体温计以及额式体温计虽然测量起来很快，但是准确性不高。价格：20 ~ 50 欧元。
> 奶嘴体温计：这是个非常棒的主意，操作起来需要技巧，因为不是每个孩子都喜欢这种奶嘴的。价格：7 欧元以上。

高热惊厥

高热惊厥常见于 6 个月到 5 岁之间的婴幼儿，发病时全身性或局限性抽搐痉挛，体温达到 38.5℃时就有可能发生。突发性体温升高会导致这种抽搐痉挛，大多数发病者都有家族病史。

症状

由于患儿缺氧，会出现呼吸不均匀，嘴唇明显发紫的症状。患儿对说话或其他刺激没有反应，处于无意识状态。并且伴随四肢有节奏地抽搐：胳膊和腿屈曲，然后又伸直，有些像划船的动作。90% 的痉挛是全身性的。大多数时候患儿的头部以及颈部僵直，眼球向上翻。口水流出量增多，也有可能伴随大小便失禁。另外一些患儿

> **重要**
>
> 一个发烧的婴儿有可能完全不想吃奶。因为吃奶和消化也会让身体感到疲惫。重要的是：您的宝宝要摄入足够量的水分，因为发烧的孩子体温每升高 1℃会流失 5 ~ 10 毫升 / 公斤体重的水，这已经很多了！因此，请多给宝宝喝水或者茶，紧急情况下可以用茶匙喂他喝水。母乳喂养的孩子要增加喂奶的次数。

如果您想知道，您的宝宝现在的体温具体是多少摄氏度，那么可以把体温计塞入他的肛门进行测量。

对别人的问话没有反应，也没有抽搐的症状，但是肌肉的紧张程度增加。但是，抽搐伴随高烧并不一定就是高热惊厥。因此，请马上与急救医生（电话120）联系！

病因

高热惊厥的原因还没有一个明确的科学解释。大家猜测，导致大脑出现功能障碍的并不是高烧本身，而是身体为了抵抗引起高烧的病原体而产生的抗体。

治疗

重要的是：请您保持冷静！保护您的孩子不要让他受伤。请您无论如何也不要把他放在换尿布的台子上。请您给他脱掉衣服，让他保持侧卧，这样可以防止他由于呕吐物而窒息。请您在他的额头上放置一块凉毛巾。当您的孩子能够安全地躺着

统计数据

一般来说高热惊厥最多会持续15分钟，并且没有什么后续影响。6个月到5岁之间的婴幼儿中大约有5%会发生高热惊厥，多发于有家族遗传病史的婴幼儿。如果在婴儿时期出现了第一次高热惊厥，那么以后再次出现的概率就会增加。85%的高热惊厥出现在4岁之前，70%的高热惊厥会在5分钟内自动结束。25%的孩子会再次出现高热惊厥。

之后，请您拨打电话120找急救医生。如果您的孩子还在发烧，您可以给他使用家里有的退烧药（请按照说明书使用）。请您按摩孩子的大脚趾或者腿窝，温柔地按压他的手掌心。或者您只需要抱紧孩子，防止他伤到自己。一般来说，抽搐会在1～5分钟之内结束。如果抽搐没有在1～5分钟之内结束，那么急救医生会用药物来进行治疗。

您需要知道

如果您的孩子发生过高热惊厥，那么您需要让医生给您开一些相应的药物以防再次出现此类病症。您出门的时候需要随身携带这些药物，如果发生紧急情况就可以随时取用。对于这些"高热惊厥儿童"来说，以后如果他的体温上升到38.5℃，就需要开始实施降温措施了。请您向负责的儿科医生进行咨询。

幼儿急疹

幼儿急疹由两种人类疱疹病毒（人类疱疹病毒6型，极少数是7型）引起。大多数的感染出现在一周岁之前，一般来说病毒是通过飞沫传播的。

症状

孩子持续3～5天出现明显的高烧（最高可达到40℃），有时高烧持续的时间是

2 ～ 8 天，极少数情况下有些孩子的高烧甚至会持续 10 天，大多数患儿除了高烧以外没有其他症状。当高烧退去，会在后背、前胸、腹部、面部和颈部，甚至胳膊上出现小的、边缘不清的粉红色斑点。幼儿急疹的伴随症状有腹泻、下眼皮肿、上颚出现斑点、咳嗽、淋巴结肿大以及囟门隆起。幼儿急疹患儿也有可能会在这段时间同时出现高热惊厥（见第 237 页）。

病因

引起幼儿急疹的两种病毒来自人类疱疹病毒群，通过唾液飞沫进行传播，也就是说，当宝宝的身体上出现皮疹的时候，病就好了。幼儿急疹的治疗方法与高烧的治疗方法（见第 236 页）相同。几乎所有孩子在两岁之前都会经历幼儿急疹。一般来说，他会对这种疾病产生终身免疫。

不明原因的发热

当您的宝宝出现不明原因的发热（没有咳嗽、呕吐、腹泻或流涕等症状），您应该带他去看儿科医生，医生会通过排除法来找到病因。通常需要检查血常规以及尿常规。发烧有可能是由一种不需要进行治疗的病毒感染引起的。如果孩子的整体状态还不错，虽然发生比较严重的疾病（例如脑膜炎或者尿路感染）的可能性不大，但是还是必须进行相应的治疗的。

肚子出了问题

有时候对于父母们来说，要诊断孩子的腹部问题是很困难的。大一些的孩子可以用语言告知父母，他的肚子不舒服，可是不会说话的婴儿只能通过哭闹或者身体表现出紧张的姿态来告诉父母。

便秘

婴儿时不时地会排出一些坚硬的大便，喝奶粉的婴儿比母乳喂养的婴儿出现这种情况的概率大。导致这一现象的原因主要是：母乳中有一种天然的乳糖，它有通便的作用，因此可以预防便秘。

症状

当婴儿的大便非常坚硬的时候，儿科医生就会把它称为便秘。便秘经常会导致肛门黏膜破裂，然后婴儿会由于疼痛而拒绝排便。于是就形成了一个恶性循环：大便会变得更加坚硬，排便会变得更加疼痛。

病因

导致便秘的原因有可能是肠道蠕动不佳或者是饮食出了问题。那些喝婴儿配方奶粉的婴儿出现便秘的情况更多。因此请您在给孩子冲奶粉的时候一定要严格遵守奶粉包装上的用量要求。

治疗

> 乳糖有通便的功能。请您在宝宝要喝的茶、水或者牛奶中添加乳糖，每天 1 ~ 3 次，每次 2 ~ 4 茶匙。但是要注意：肠道中乳糖含量的增加有可能会导致腹胀。

> 刺激肛门肌肉：把甘油涂抹在棉棒或者体温计的顶端，然后小心翼翼地把它插入宝宝的肛门。这会有助于肠道的排空反射。

> 甘油栓剂可以软化坚硬的大便，让排便变得简单。

> 含镁元素的奶粉（特殊配方奶粉，药店有售）可以加速消化。

> 小型灌肠：可以帮助把坚硬的大便从身体中排出。但是灌肠（可以在药店买到灌肠工具）还是少做为好。

> 4 个月以上非母乳喂养的婴儿，可以在奶粉中添加两勺左右的燕麦糊。

腹泻

腹泻和呕吐（见第 241 页）一样是许多疾病的伴随症状。这种身体的反应其实是一种明智的、非常有效果的措施，因为它可以排出身体内的毒素。但是这里也需要大家注意，保证不能让孩子流失过多的水分是非常重要的。如果孩子体内的水分流失过多，就会表现为嘴唇干燥、舌头没有光泽、泪水不足、尿液浓缩（因此会呈深黄色）以及囟门下陷。

症状与病因

腹泻指的是排出含水量很高的大便，经常伴随有呕吐症状。严重的情况下（婴儿的体重下降了 10%）必须去医院。腹泻经常是伴随其他疾病产生的，但是也有可能是病毒感染引起的。

去看医生

如果宝宝的腹泻持续了两天，就应该让医生为他检查，看他体内水分流失了多少。医生也会告诉您接下来的几天中宝宝的饮食应该注意些什么。

治疗

婴儿腹泻不应该立刻使用止泻的药物，因为引起腹泻的致病原（大多数时候是病毒）需要连同它所产生的有毒产物一起被排出体外才行。

> 6 个月大的以及 6 个月以内的婴儿：母乳喂养的婴儿应该继续吃母乳。喝奶粉的婴儿也应该继续吃他们之前吃的奶粉或者在与医生商量之后吃一些特殊配方奶粉。但是对于这两类婴儿来说都非常重要的是：需要立刻补充流失的水分。为此，可以将少量电解质（每两分钟 5 毫升，药店有售）混入茶水或者之前吃的乳制品中让婴儿服下，每天的总服用量是大约 50 毫升 / 公斤体重。也就是说，一个体重为 5 公斤的婴儿每天需要

额外补充 250 毫升液体。一般来说，半天之后就会有好转。如果没有好转，孩子流失的水分必须按照上述方法进行补充（有可能要持续 4 ~ 5 天）。在此期间，请您定期带孩子去看医生。非母乳喂养的孩子应该尽快从特殊配方奶粉换回之前吃的奶粉，也就是说，按照之前 100 毫升 / 公斤体重的量摄入奶粉（一个体重为 5 公斤的孩子每天摄入 500 毫升）或者根据需求吃母乳。除此之外，发烧、呕吐和腹泻导致的水分的流失要按照上述原则进行补充。

> 6 个月以上的婴儿：已经习惯了辅食的婴儿可以吃各种治疗腹泻的食物。最常用的食物有米糊、胡萝卜泥、生苹果泥、用水泡软了的面包或者煮熟了的土豆。您还可以选择含有电解质的米糊产品（药店有售），用奶冲泡。相关信息请您咨询您的儿科医生。

母乳喂养的孩子

为了保证足够的水分摄入，母乳喂养的孩子应该继续吃奶，并且应该经常给他们喂奶。在特殊情况下，母乳喂养的孩子也可以通过补充电解质的方法来平衡腹泻导致的电解质丢失。如果您能在喂奶的同时用针管把电解质溶液滴在乳头上，会更容易让宝宝吃进去。

呕吐

时不时就会出现婴儿把吃下去的东西都吐出来的情况。这个时候您需要了解以下几点：

症状与病因

宝宝偶尔一次吐了，您是不需要担心的。但是，如果您的宝宝总是呕吐，并且他的呕吐很明显是和食物的摄入相关的，还伴随有发热症状，或者呕吐导致整体身体状况变差，那么您就应该带孩子去看医生了。

去看医生

如果您的宝宝持续呕吐，那么您就该带他去看医生，因为持续的呕吐会导致严重的水分流失、电解质流失，甚至食管发炎。如果您的宝宝是患了肠胃炎或者对牛奶中的乳糖不耐受，那么您的儿科医生会为他做相应的治疗的。

治疗

如果吐奶的孩子体重并没有受到影响，而是继续增加，其他方面也正常发展，那么一般来说是不需要治疗的。把宝宝的上身抬高可以缓解这种症状。研究证明，对于爱吐奶的孩子来说，俯卧是很好的姿势，但是由于俯卧会增加他患婴儿猝死综合征的概率，所以这个方法是有争议的。对于那些喝婴儿配方奶粉的孩子来说，药店里有一些特殊配方奶粉可以缓解吐奶现象。增加食物的浓度似乎也可以减少呕吐。在一些特殊情况下不同的药物治疗也可以减少呕吐，但是会出现副作用。如果您的宝宝体重没有增加，或者反而减少了，那么需要给他做进一步的检查来排除其他器质性的病变（例如幽门狭窄），比如化验血常规、超声波检查或者 X 光检查。

大量呕吐（胃食管反流）

当宝宝经常大量呕吐时，情况就比较特殊了。引发这种剧烈呕吐的原因是反复

> **小贴士：大米米糊**
>
> 请您给宝宝准备一些细小的大米碎片（米粉）和大米饮品（有机产品商店有售）。在 100 毫升煮熟的大米饮品中加入大米碎片，直到它变得黏稠为止（注意，大米碎片会膨胀）。之后再加入一茶匙葡萄糖和微量的海盐。

> **吐奶的壮壮**
>
> "吐奶的孩子长得壮"，德国有一句民间俗语是这样说的。但是我们要具体问题具体分析，并不是每一个吐奶的孩子都长得壮。如果宝宝吃得太多或者太快了，他就有可能会把他"多吃了的"那部分奶吐出来。原因是食管下部肌肉的紧张程度降低了。因为在胃部和食管间存在着压力差，因此宝宝吃下去的食物不会停留在胃里，而是会反流回口腔。婴幼儿由于幽门发育不完全，较易发生食物反流。这种情况会在接下来的几周和几个月中有所好转。只要有耐心。实际上，民间的俗语经常是非常有道理的，因为几乎所有吐奶的婴儿都会茁壮成长。

出现的膈肌、腹肌以及呼吸肌的肌肉痉挛。

症状

宝宝每次吃饭以后都会大量呕吐，儿科医生把这种情况称为胃食管反流。反流指的是食物从胃里经过食道反流回口腔。而这种喷射性的呕吐是幽门狭窄的典型症状。

病因

原因有可能是多种多样的。大量吐奶的原因除了对牛奶中的乳糖不耐受以外，还有可能是因为膈肌或者消化系统发育畸

形，以及（极少数情况下）其他疾病。这种病症经常出现在早产儿或者体重过轻的婴儿身上。

去看医生

如果您的宝宝一天之中出现多次喷射性呕吐，那么请您带他去看医生。医生需要查明原因。

腹胀

年轻的爸爸妈妈们说起小儿腹胀的时候几乎是谈虎色变。还有更严重的情况，就是臭名昭著的"肠绞痛"。宝宝的消化系统出现了很严重的问题，导致他每次吃饭以后都会大声哭闹，一哭就是几个小时。男婴的患病率比女婴要高，早产儿以及对于他们的年龄来说身高体重都不达标的婴儿是最易患病的。对于父母们来说，困难的是要找出自己的孩子哭闹的原因究竟是腹胀还是其他问题。

症状

吃过奶之后宝宝开始哭闹，非常不安。他的肚子圆滚滚的，并且摸上去非常硬，他的小手会攥成拳头，脸部发红。患儿双腿蜷缩到腹部或者身体僵直，头部向后仰。肠绞痛会导致肚子咕噜噜响。还有一些腹痛的孩子虽然表面上很安静，但是呼吸加快，看起来病快快的。需要注意！

病因

有很多可能的原因。有可能是因为婴儿的消化系统还没有发育成熟。或者宝宝喝奶太快了，因此吃进去很多空气。除此之外，还有可能是因为对乳蛋白不耐受。有时候妈妈分娩时使用的药物（例如止疼药）也有可能导致婴儿腹胀。但是，不论是什么原因引起的婴儿腹胀，它会出现在一天中的任何时刻，但大多是在吃奶之后。

去看医生

如果您自己对宝宝施行的治疗（见下面的"治疗"）没有什么效果，那么请您带他去看医生。如果宝宝的腹胀出现得非常突然，并且非常严重，伴有强烈的腹痛，甚至便血，那么应该立即带他去看医生，让医生检查，看他是否患有肠扭转或者类似的疾病。

治疗

儿科医生可以给您开一种混悬液，它可以通过降低胃里气泡表面张力的方法来

> **您需要知道**
>
> 当宝宝感到身体疼痛的时候，他需要您！请您把宝宝抱在怀里，向他展示您对他的爱，让他知道您是不会让他在生病的时候独自承受一切的。

减少宝宝吃进胃里的空气或者婴儿食物中的泡沫。但是最新的科学研究则对这种方法的效果提出了疑问。您自己可以采取以下措施：

> 宝宝吃奶的行为：请您注意，要让您的孩子慢慢吃奶，这样可以防止他吃进去太多的空气。

> 母乳喂养的妈妈应该放弃那些容易导致腹胀的食物（这些食物的影响经常被高

臭名昭著的肠绞痛

肠绞痛这个概念并不是一个对孩子当前状态的令人满意的描述。因为这个混乱不安的状态之后隐藏着各种原因：例如对某种食物不耐受（糖或者乳蛋白），或者由于妊娠伴随综合征、难产、亲子关系不融洽或者夫妻矛盾导致的婴儿自身系统调节紊乱。这些事会让婴儿觉得自己并不受父母的欢迎。还有可能因为婴儿的消化系统发育不成熟、吃奶时吃进过多的空气或者过度刺激。需要区分的是，是否还存在身体上的不适，例如大便异常（恶臭）或者肚子胀。如果是这种情况，那就需要立刻带孩子去看医生了。如果孩子的肚子比较柔软，他的状态还算良好，那么就可以解除警报了。如果是这种情况，那么可以按照腹胀的方法来处理。除此之外还有一件事比较重要：请您注意，宝宝一天的日程安排应该尽可能平静而有规律，不要有太多的刺激，并且要保证充足的睡眠。

估）。请您找出那些会导致您腹胀的食物，然后不要吃它们了。

> 怀疑对牛奶蛋白过敏：请您向儿科医生咨询，但是您自己不要放弃喝牛奶。

> "坐飞机"：宝宝趴在妈妈或者爸爸的前臂上，头部朝向爸爸妈妈的肘部，脸朝下。爸爸或者妈妈的双手轻轻按压宝宝的腹部（见第 187 页图片）。

> 足底反射区按摩：为了缓解肠胃功能紊乱，您可以按摩宝宝足底反射区，即脚后跟和脚心之间的点。

> 外部保暖也有可能会有神奇的效果。请您尝试一下，温暖是否可以让宝宝舒服一些，如果结果是肯定的，那么具体部位是哪里？腹部还是背部？热源可以是您温暖的双手、在烤箱加热 2 ~ 3 分钟的樱桃核枕头或者一个小的热水袋。

还有哪些折磨宝宝的病痛

除了以上我们讲到的大大小小的病痛，还有一些会影响宝宝身体状况的疾病。

咳嗽／支气管炎

幸运的是，婴儿很少会咳嗽。但是，一旦婴儿开始咳嗽，就会非常难受。

症状

大多数患儿刚开始的时候都是不连贯的干咳、刺激性咳嗽，这会让他们晚上总是醒来，从而感觉很累。之后咳嗽就会开始有痰了。许多情况下宝宝的鼻子也会堵塞，导致宝宝不能正常呼吸和吃奶，甚至会导致体重下降。

病因

细菌和病毒导致呼吸道不同程度的感染，这种感染大多通过飞沫在家庭成员间传播。

去看医生

如果您的宝宝咳嗽了，那么请带他去看医生！因为咳嗽如果不及时治疗有可能会发展成支气管炎甚至是肺炎。

治疗

儿科医生会用听诊器听宝宝的肺部以及支气管。除此之外还会检查喉咙、鼻腔和耳朵。

> **一般的咳嗽**：宝宝有咳嗽的症状，但是鼻子呼吸顺畅，不影响他吃奶，对他整个身体状况的影响也不大：保持空气湿润，让他多喝些热的茶水，给他实施胸部热敷，还要有耐心。与许多爸爸妈妈的想法正好相反，止咳糖浆和止咳栓剂并不管用。

> **上呼吸道感染**：宝宝有咳嗽和鼻塞的症

状。由于鼻子堵住了，所以鼻腔分泌物就向后流到了咽喉，从而导致了反射性咳嗽，主要发生在夜里。请不要给宝宝吃止咳的药物！重要的是让他的鼻腔通畅，例如使用有消肿保养功能的鼻腔滴液。关键词止咳糖浆：许多研究证明，止咳药物的作用不大。宝宝在服用止咳糖浆的时候，反而吃了酒精或者过量的糖分。我们需要转换思维！吃药会让咳嗽持续 7 天，不吃药的话一周之后咳嗽就好了。有些感染不需要糖浆和药片，而是需要时间。

> **呼吸道中部感染**[①]（咽喉部位）：发炎会导致吞咽时疼痛，因此，我们的小病号通常会拒绝吃奶。我们可以让他喝一些温的茶水。如果宝宝的咽喉发炎了，咳嗽的时候有痰，那么您可以用一些化痰的方法：保持室内空气湿润，使用化痰喷雾。

> **下呼吸道感染**（支气管）：如果大支气管和气管里有了黏液，您就能清楚地听到宝宝肺内发出的啰音。雾化吸入法可以缓解病情，这里使用的是氯化钠溶液。0.9% 的氯化钠溶液（药店有售）用特制的仪器使之雾化（儿科医生可以给您开药方去购买这个仪器）。目的是把氯化钠溶液雾化为微小的颗粒，通过吸入的方法让它进入患儿的下呼吸道。有时候

---

①国内无"呼吸道中部"这一概念，而是将呼吸系统以环状软骨下缘为界，分为上、下呼吸道。

也可以和扩张支气管的药物一起使用。小支气管发炎被称为细支气管炎。由于这种疾病很容易导致婴儿呼吸困难以及呼吸暂停，因此大多数时候需要住院接受治疗。

还有什么能够有帮助

> 多喝水：最好是温水或者茶水。黏液会被稀释，更容易溶解。
> 请您保证空气的湿度，可以在暖气片上放几块湿毛巾或者打开空气加湿器。
> 胸部热敷法效果很好，但是前提是宝宝没有发烧。可以使用的范围很广，从精油热敷（请使用适合直接用于皮肤的有

关键词：喉气管支气管炎[①]

喉气管支气管炎指的是由病毒引起的中呼吸道感染。呼吸道最狭窄的部位，即喉头到气管之间的过渡区域出现黏膜肿胀。患儿在晚上以及前半夜会出现典型的哮鸣。喉咙沙哑、气喘吁吁，每次吸气都会有特殊的嗡嗡声。假性哮喘主要出现在婴幼儿1至3岁之间，尤其是秋天和深冬，男婴患病率比女婴要高。患病之后一定要看医生！新鲜的湿润的空气可以很快缓解病情。请您给宝宝穿上保暖的衣服，让他在打开的窗户前面待一会儿，或者您可以带他到户外去。

机精油，例如薰衣草精油或者百里香精油）到凝乳热敷。一般来说凝乳热敷操作简单，效果显著。经过实践证明，这种方法可以舒缓病症，化痰平喘。

伤风感冒

伤风感冒会影响我们用鼻子呼吸空气，

胸部热敷：这样操作

> 把一块薄毛巾对折。重点：毛巾的大小要能够包裹住婴儿的胸部和背部。
> 在上面铺一层纱布质地的尿布，然后把室温下放置的新鲜的低脂凝乳（用餐刀）涂抹在尿布上，需要涂一厘米厚。凝乳的面积最小应该和婴儿的胸腔大小相符，即从腋窝到最下端的肋弓。目的是让凝乳覆盖住婴儿的胸部甚至背部。
> 然后将没有涂抹凝乳的部分覆盖在有凝乳的部分上，这样就形成了一个封闭的凝乳包。
> 把宝宝放在准备好的敷布上，让涂抹有凝乳的尿布以及毛巾包裹住宝宝的上身。
> 接下来可以用纱布或者一块薄毛巾固定住敷布。
> 这个凝乳敷布要在宝宝身上包裹至少一个小时，这样才能有效果。如果您是晚上才包裹的，那么可以让它在宝宝身上停留一整夜。

---

①原文为：Pseudokropp，中文译为喉气管支气管炎，由呼吸道病毒或细菌感染引起。

严重的时候会导致婴儿只能用嘴巴呼吸。

症状

伤风感冒分为两种：

> **伤风流涕**：流鼻涕，鼻子会不停地分泌清水样鼻涕。大多数时候这种类型的伤风都是急性的。对于婴儿来说，流鼻涕也是很不舒服的，大多数时候他们会哭泣，感觉病快快的，还可能会嗓子疼。

> **伤风鼻塞**：我们可以听得出来，患儿的呼吸受到了阻碍，但是不流鼻涕。虽然患儿呼吸不畅，但是并不如伤风流涕受的影响大。

病因

一般来说，引起伤风流涕的原因是急性病毒感染，经常是鼻病毒。导致伤风鼻塞的原因一般是室内空气太干燥或者鼻腔黏膜保湿不够。

去看医生

一旦婴儿开始发烧，就必须去看医生了。当患儿由于鼻子呼吸不通畅而影响到他吃奶的时候，也要去看医生。如果患儿很明显表现得非常不安静，很痛苦，那么儿科医生需要检查他是否患有呼吸道中部感染。

治疗

伤风不仅仅是伤风，不同原因导致的伤风感冒需要用不同的方法来治疗。

伤风流涕的治疗

如果宝宝流鼻涕，那么可以使用0.01%的鼻腔滴液（有效成分是赛洛唑啉），每天3次，每次1滴，持续用药不超过5天。最好是在睡觉之前使用。

鼻腔黏膜要保持湿润，例如可以使用含盐分的鼻腔喷雾（非处方药，可以在药店买到），含有透明质酸的鼻腔喷雾以及向鼻腔内滴入几滴母乳。操作时使用滴管（药店有售）效果最好，每个鼻孔里滴1～2滴。对于婴儿来说，提高室内空气的湿度也对病情的缓解有帮助，例如可以在暖气上放置几块湿毛巾。

小贴士：请您将锅里装满水放到炉子上烧开，里面放上几片胡椒薄荷叶或者滴入几滴胡椒薄荷精油，然后把锅端到房间

为什么用鼻子呼吸对于宝宝来说非常重要？

在出生后的最初6个月中，婴儿主要是通过鼻子进行呼吸的。因此，婴儿可以在躺着的时候吃奶。婴儿还可以同时呼吸和吃奶，而不会呛到。这是因为婴儿的喉头在咽喉里的位置比较靠上。用鼻子呼吸还可以保证被吸进去的空气经过预热、净化和加湿，然后才进入婴儿体内。重要的是：婴儿在一般情况下总是闭着嘴巴睡觉的。

里来。水蒸气可以增加室内空气的湿度，因此可以让鼻腔黏膜消肿。需要注意：请您无论如何都不要把锅放得离宝宝太近，以至于他被烫伤！尤其是那些已经会爬了的孩子！

伤风鼻塞的治疗

这种情况下鼻腔护理非常重要！可以用生理盐水（0.9% 的氯化钠溶液）来湿润鼻腔。含有右泛醇的鼻腔喷雾有消炎护理的功效，但是比生理盐水要贵。您可以将

鼻腔的清理

有时候给宝宝清理掉鼻腔内的分泌物会有所帮助。有很多清理鼻腔的方法，例如有一种小的橡胶球（可以在药店或者卫生用品商店买到），它的前端有一小段突出的细管，细管顶端有一个洞。您可以把小球攥在手里（握拳），然后小心翼翼地把细管插入宝宝的鼻孔里，松开拳头。小球会吸入一些空气变成原来的球形，同时会借助吸力把鼻孔里的分泌物吸出来。还有最新的清理鼻腔的电子仪器，它利用电流的作用，（像吸尘器一样）产生一个低压，并且能够温柔地把鼻腔中的分泌物吸出来。这些清理鼻腔的工具可以帮助患了感冒的婴儿清理鼻腔，让他们在吃奶的时候不再难受。更多的相关信息您可以在网络上输入"鼻腔清理仪（吸鼻器）"或者"鼻腔冲洗器"来查找。

小贴士：请不要使用鼻腔软膏！

伤风感冒的基本原则是：请不要使用鼻腔软膏！它会妨碍鼻腔内的纤毛运输鼻腔分泌物。除此之外，对吸入空气进行加湿的工作也会有影响。

两者结合起来使用（可以在药店自行购买）。还可以在宝宝的每个鼻孔里滴入 1 ~ 2 滴母乳。母乳可以稀释黏稠的鼻腔分泌物，保护鼻腔黏膜。这些鼻腔护理方法是没有副作用的，因此最多可以使用 2 周。只有在宝宝由于鼻塞而无法正常吃奶的情况下，才有必要使用消肿的鼻腔滴液。

喘鸣

总是有父母来到医生的诊所告诉医生："我家宝宝打呼噜的声音好奇怪。我担心他会不会窒息啊！"有不少父母会认为他们的孩子患了哮喘。他们看到自己的孩子呼吸不通畅，因此十分担心。这种症状英语叫作"wheezing"，德语叫作"giemen"，即喘鸣。这是一种呼吸障碍，特征是呼气时发出哮鸣音或者嗡嗡声。早产儿以及那些生活在二手烟环境中的婴儿更易患这种疾病。需要进行区分的是那些由感染以及过敏和身体过度劳累而导致喘鸣的婴儿。

症状

您的宝宝呼吸起来很费力，也许还伴

随有干咳。虽然宝宝在呼吸的时候有哮鸣音，但是他的身体的其他方面几乎没有受到影响，他吃奶吃得很好，不咳嗽，不发烧，他的整体状态几乎没什么不妥。这类孩子一般被称为"快乐的哮鸣者"。而另外一些孩子则相反，很明显能看得出来他们的身体状况很不好：他们咳嗽，吃奶吃不好，还会发烧。在极少数情况下这些孩子甚至会有很严重的呼吸困难。

病因

呼吸道内的黏膜肿胀（例如病毒感染、环境因素或者先天的呼吸道异常）导致呼吸道狭窄，从而引起呼气时发出这些杂音。急性的病毒感染有可能是导致呼吸障碍的原因。最令人不舒服的是呼吸道合胞病毒（Respiratory Syncytial Virus，RSV）。这种由呼吸道合胞病毒引起的呼吸道疾病也被称为毛细支气管炎，主要累及毛细支气管。极少数案例中，呼吸道异物（例如一小块纸）也会引起呼吸时发出哮鸣音或者嗡嗡声。这些异物应该尽快被移除。

去看医生

不管您的孩子在呼吸的时候出现了哪种形式的杂音，您都应该立刻带他去看医生。通过在手指上检查血氧饱和度，就可以诊断出您的宝宝是否有危险，这种检查是无痛的。在无法准确判断病情的情况下，

还可以借助血氧饱和度来检测出呼吸障碍的严重程度。情况严重的话是需要住院接受治疗的。

治疗

根据宝宝的状态以及呼吸障碍的严重程度，治疗可以分为几个级别，从"无须治疗"到最大程度的治疗。"快乐的哮鸣者"一般来说是不需要接受治疗的。那些咳嗽、吃奶受影响或者发高烧的患儿则需要根据各自的症状进行治疗，还有一些扩张支气管的方法，例如吸入一些雾化的药物（医生可以给您开药方）或者滴入一些有扩张支气管作用的药物。

哭／哭闹

总是会有一些孩子，在出生几天以后或者刚出生以后就开始哭，好像他们来到这个世界很不幸似的。不管是妈妈还是爸爸抱着他们，晃动他们的摇篮或者给他们爱抚，都不管用，好像没有什么可以让他们停止哭泣。如果一个婴儿总是哭闹，很快就会得到这样的评价："这个孩子是个爱哭鬼。"但是这是什么意思呢？专家给出了定义，"爱哭鬼"指的是那些每天至少3个小时，每周至少3个晚上，持续长于3周不停地哭泣的孩子。

但是"爱哭鬼"和普通孩子哭得并没有什么不同，只是比他们哭得多一些而

已。事实是：许多婴儿在出生后最初的几天或者几周中哭得比较厉害。有可能是由于他们还不能适应新的环境，也有可能是多方面的障碍。哭其实是正常的，因为作为一个婴儿，他没有什么其他方法来让别人注意到他。作为孩子的父母，要找出孩子哭闹的原因：我的宝宝是因为饿了才哭的吗？他是累了吗？他受到了太多的刺激吗？他太冷了还是太热了？他出汗了吗？这并不是一个简单的任务，尤其是当他吃饱喝足，换好尿布，睡足了觉，躺在您的怀里，被您抱着温柔地来回摇晃着，却还在哭的时候。

原因

儿科医生的任务是把各种不同的哭泣区分开来。例如，如果是患了中耳炎，那么治疗之后就会停止哭闹。没有明显原因的一般的哭泣，几乎所有婴儿都会有。开始于出生后的第二周，在婴儿 2 个月大的时候达到高峰。根据经验，在婴儿进入第 3 个月的时候哭泣就会开始减少。哭泣一般出现在傍晚时分（16 时 ~ 22 时）。

有些父母认为婴儿肠绞痛（见第 244 页）是导致孩子哭闹的原因，即使他们的孩子并没有出现腹胀的症状。研究表明，20 个极端的哭闹案例中只有一个和腹胀有关系。非常严重的哭闹并不一定意味着孩子哪里疼了。

除此之外还有什么可能？

科学家猜测主要是因为婴儿对新环境的适应遇到了困难：

也许妈妈怀孕期间周围环境太乱了或者分娩的过程太辛苦了？也许宝宝还不想来到这个世界或者出生太快了（急产分娩）？他非常想念原来的生活环境（子宫），对这个新的生活环境还不适应？也许他做了一个噩梦或者仅仅是希望回到一个温暖、让他有安全感的地方，例如妈妈或者爸爸的怀抱中。或者他想要通过哭泣来表达自己的想法：他经受得太多了，屋子里乱糟糟的，一点也不安静。

您可以做些什么？

有时候您不一定要知道宝宝哭闹的原因。如果您能倾听和理解您的孩子，知道他现在做出这样的表现是有一定原因的，这会更有帮助。请您把他抱在怀里，温柔地安抚他。如果您完全不知道该怎么做的话，请您不要有所顾忌，而是要向儿科医生寻求帮助。他会为您的宝宝做检查，看看他是否有器质性的病变。

除此之外还有什么重要的事

> **不要有过分的刺激**：刺眼的灯光、婴儿床上方五颜六色的悬挂物、音乐盒里的音乐、购物场所的喧闹、约会、大街上的噪声、吵闹的音乐、太多的来访客人、持续的电话铃声、长时间看电视等，所有这些都会对婴儿敏感的感官造成过度的刺激。请您为他创造一个安静的环境。

> **创造界限**：有人在房间里走来走去会让宝宝感到害怕。界限（像在子宫里一样）会让宝宝感到安全。请您为宝宝创造一个像子宫一样的环境，例如襁褓（见第38页）。或者您可以在他的小床上制造一个"围城"，例如使用哺乳靠垫或者卷成卷的毛巾。但是晚上睡觉的时候最好不要放置这些哺乳靠垫或者毛巾。

> **爱是灵丹妙药**：您要知道，您的宝宝并不是为了惹您生气才哭闹的。也许他也

更喜欢和您一起躺在沙发上玩。如果您的宝宝在您的怀里还在哭，那么他想要的其实仅仅是和您的亲近。请您给他安全感，让他感觉到您永远都会和他在一起。

长牙

大多数宝宝在8个月左右的时候会长出第一颗牙齿。尽管每个孩子长牙的时间都是不同的，但是第一批牙齿长出来的顺序一般来说是一致的：首先是门牙，先是下面，然后是上面，从内向外。接下来是臼齿，最后是犬齿。在大约3岁的时候宝宝的乳牙就长全了，一共是20颗牙齿（见第131页）。

症状

很多孩子长牙的时候都没什么问题，但是有些孩子就会很困难。几乎所有孩子在长牙的时候流口水的量都会增加。除此之外，他们还会把很多东西都塞到嘴巴里。研究表明，许多婴儿在长牙的时候都会摩

长牙会让孩子出现病症吗？

总是会有父母或者祖父母习惯把孩子的病痛，例如发烧、腹泻、呕吐、厌食或者咳嗽，归因于长牙。但是最新的研究表明，事实不是这样的。没有证据可以证实长牙会有这些并发症。

擦自己的牙龈或者耳朵，并且总是会特别不安静，睡觉期间醒来的频率也会增加，吮吸得少了，胃口也不好了。大便通常会变柔软，体温会微微升高一些。但是不会像父母猜测的那样达到 39℃ ~ 40℃。

病因

牙齿从牙槽里钻出来，会有不舒服甚至疼痛的感觉。

去看医生

如果问题持续时间很长，或者您不知道该怎么做，可以向儿科医生寻求帮助。

接种疫苗

在一个婴儿来到这个世界之前，他的身体里还没有病原体。但是从他出生的第一分钟起，他就开始和病菌接触了。一旦病菌进入人体，人体内的白细胞就开始活跃，开始抵御病菌的入侵，这些入侵的病菌被杀死并且被人体消化。与此同时，白细胞也记住了这些病菌，并且形成了针对它的防御物质（抗体）以及对抗这种病原体的免疫细胞。身体的这种反应被称为免疫。如果病原体再次进入人体，人体的免疫系统就可以立刻调动相应的抗体，来消灭这些入侵者。我们的身体中有数以万亿计的这种细胞，它们可以识别出进入人体的异物，这就是我

什么是"被动免疫"？

在婴儿刚出生的最初几个月中他们可以依赖所谓的被动免疫。被动免疫指的是母体的抗体（免疫球蛋白），在妊娠末期会通过胎盘和脐带转移到胎儿体内。新生儿就是通过这种方式获得母体已经形成的所有抗体。因此，新生儿会对一些疾病（母体中已经产生相应抗体的疾病）有免疫能力。这是多么神奇的礼物！问题是：有一些抗体进入胎儿体内的数量很少，除此之外，这些"借来的"抗体的生命力有限。在 3 ~ 6 个月之后（麻疹是 12 个月以后），孩子的身体就会把从母体得来的抗体分解掉，而且自己还不会产生这些抗体。现在，孩子必须要创建自己的免疫系统了。

们的免疫系统。

通过注射疫苗发生了什么？

在注射疫苗的时候，我们的身体被注入了一些威力减弱的、死了的病原体或者病原体的一部分。一旦它们进入我们的身体，我们的免疫系统就开始工作了：身体自有的免疫细胞（抗体）形成了，并且开始抵抗入侵的病毒，清除它们。同时这些病原体的特性也被我们的身体记住了。在第一次疫苗注射以后就会产生抗体了。如果还有相同的病原体再次侵入我们的身体，就会激活上一次形成

的抗体，这些抗体的功能也会变得更加成熟，直到身体的基础免疫完全起效。但是有些疫苗的保护作用会随着时间的流逝而减弱，所以需要在一段时间以后重新注射疫苗来保证效果。尤其是破伤风疫苗、白喉疫苗以及百日咳疫苗[①]等。

疫苗注射的流程是怎么样的?

医生会用一个针管把疫苗注射到宝宝体内，根据疫苗成分的不同，注射部位也不同，有时候是肌肉注射，有时候是皮下注射。这个过程一般会持续几秒钟。如果能创造一个轻松的氛围，那么针头刺入皮肤所产生的疼痛是会有所减轻的。您可以让您的宝宝放松，坐在妈妈的膝上，给他一个玩具分散他的注意力，给他一个安抚奶嘴或者跟他说话。

咨询

您应该和您的儿科医生进行详细的谈话，询问清楚将要进行的疫苗注射是做什么用的。您要注意听这种疫苗的利弊。重要的是：您也需要了解注射疫苗以及不注射疫苗可能产生的后果。您还需要谈到的是单独疫苗以及组合型疫苗，如果是单独疫苗，那么注射次数会增多。除此之外，还有一件事很重要：您要了解疫苗注射的过程、可能出现的反应以及副作用。

通过疫苗获得安全

现在，我们对很多疾病都不熟悉了（这都要感谢疫苗），也因此越来越多的父母开始质疑疫苗注射的意义。这其中隐藏着一个弊端：由于现在的父母无法想象小儿麻痹症或者白喉是什么样的，他们会认为这些疾病已经被消灭了。如果几年后没有接种过疫苗的人感染了这种病毒，那么有可能会引起疾病流行。

针对疫苗注射的一些批判性见解

大多数中欧国家的公民都没有注射疫苗的义务。因此每个人都可以自由选择，是否要给他的孩子注射疫苗。现在，一个没有接种过疫苗的孩子也会健康长大，因为现在的医疗卫生条件要比以前好很多。除此之外事实证明，自然治愈的疾病对机体以及之后的发展会产生积极的影响。研究也证明，儿童时代患过的某些传染病可以保护孩子不患上过敏性疾病。

有关疫苗造成伤害的报道让孩子的父母总是担心自己的孩子注射疫苗会出问题，例如发育障碍。

支持接种疫苗和反对接种疫苗的人都有令人信服的证据，接种疫苗这个题目都

[①]国内目前儿童百日咳疫苗与白喉、破伤风疫苗联合，为百白破混合制剂。

宝宝的家庭医药箱里应该有：

> **退烧止疼药（栓剂）。**

重要的是：要按照婴儿的年龄来选择合适的药物！

> **治疗肠胃疾病的药物。**

> **治疗腹泻呕吐的药物：**补充电解质溶液来维持宝宝体内内环境的稳态（例如米糊和电解质溶液的混合物）。

> **治疗感冒的药物：**鼻腔滴液或者喷雾可以消肿，鼻腔喷雾加上生理盐水（为了让鼻黏膜保持湿润）；止咳糖浆或者止咳栓剂。

> **治疗红屁股的药物：**锌软膏、护臀霜。

> **处理小事故的药物：**无刺激性的伤口喷雾，治疗蚊虫叮咬和晒伤的凝胶。

> **此外还有：**不同大小的敷料，固定绷带用的医用胶布，纱布，弹力绷带，无菌药棉，电子体温计，镊子，剪绷带的剪刀，乳胶手套，橡胶灌肠器，有保护套的暖水袋或者樱桃核抱枕。

可以写一本书了。我们作为这本书的作者，不会借机说服您给您的孩子注射疫苗或者不注射疫苗。因为不管您做出了什么决定，这个决定的后果是由您自己来承担的。但是，我们建议您及时开始考虑这件事，并且不要人云亦云。

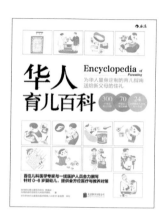

《华人育儿百科》

著　　者：林奏延，台湾长庚纪念医院儿科医疗团队，周育如

出版时间：2016 年 12 月

书　　号：978-7-5502-8547-7

定　　价：98.00 元

为华人量身定制的育儿指南，送给新父母的佳礼

《华人育儿百科》由台湾长庚纪念医院儿科医疗团队百位儿科医学专家、一线医护人员和营养师合力撰写，针对 0~6 岁婴幼儿，收录了 300 个常见育儿问题、70 种婴幼儿常见疾病、24 个促进亲子关系和幼儿发育的小游戏，为父母提供全方位医疗与教养对策。

本书立足华人传统经验，兼顾儿童身体与心理健康，将西方育儿理念充分本土化，是融西方育儿科学与东方育儿智慧于一身的全能型百科，能让父母更快上手，也更适合华人宝宝。

从妈妈备孕到孩子学前，从婴儿生长到儿童发育，从衣食住行到沟通教养，从日常育儿到应对疾病……分别按时间顺序与不同主题编写，内容广泛全面。另设置特别单元"医生在线"，帮助解决儿童成长过程中各种疑难杂症与常见问题，"亲子游戏"，帮助父母与孩子亲密互动，加深情感纽带，促进儿童发育。

内容简介

本书是一部结合了世界潮流与华人育儿习惯的百科全书，生动活泼、浅显易懂地传达了正确而专业的育儿观和新父母也能轻松掌握的育儿法。长庚儿科医疗团队充分发挥专业性，对 0~6 岁婴幼儿的养育方法和医疗问题进行了系统的介绍。

本书不仅囊括新生儿日常照顾方面的知识，也把对象幼儿的年龄段延伸到了 0~6 岁，针对各阶段孩子的身体、心理、认知发育及社会情感等方面进行了全面的介绍，集合了各主笔医生与专家多年来丰富的临床经验及专业知识，对父母普遍的疑问进行了完善的解答，是一本适合所有华人阅读的育儿指南。

作者简介

台湾长庚纪念医院创立于 1976 年，是目前台湾规模最大、最完整的医疗服务系统。医院的儿童医学中心兼顾临床服务、医学研究与医学教育三大领域，拥有素质过硬的精英医护团队，医疗与科研实力雄厚，提供儿科常见疾病诊断、儿童发育评估、辅食添加建议、新生儿养育咨询等服务。

本书由前长庚儿童医院院长、长庚大学医学系儿科特聘教授林奏延带领长庚纪念医院儿童医学中心 15 门分科的百余位骨干医生、营养师和经验丰富的护理人员，携手幼儿教育专家、《Reach&Touch 儿童生命教育专刊》主编周育如精心编写，是先进研究成果与一线医疗经验的结晶。

图书在版编目（CIP）数据

德式育儿百科 /（德）碧尔吉特·格鲍尔·瑟斯特亨，
（德）曼弗雷德·普劳恩著；魏萍译 . — 北京：北京联
合出版公司，2017.8

　　ISBN 978-7-5502-9252-9

　　Ⅰ . ①德… 　Ⅱ . ①碧… ②曼… ③魏… 　Ⅲ . ①婴幼儿
—哺育 　Ⅳ . ① TS976.3

中国版本图书馆 CIP 数据核字（2016）第 291679 号

Published originally under the title Das große GU Babybuch © 2014 by GRÄFE UND UNZER VERLAG
GmbH, München

Chinese translation (simplified characters) copyright : © 2017 by Ginkgo (Beijing) Book Co.,Ltd.

本书中文简体版由银杏树下（北京）图书有限责任公司出版

德式育儿百科

作　　者：〔德〕碧尔吉特·格鲍尔·瑟斯特亨
　　　　　〔德〕曼弗雷德·普劳恩

译　　者：魏　萍

选题策划：后浪出版公司

出版统筹：吴兴元

责任编辑：张　萌

特约编辑：李婉莹

营销推广：ONEBOOK

封面设计：7 拾 3 号工作室

装帧制造：墨白空间

北京联合出版公司出版

（北京市西城区德外大街 83 号楼 9 层　100088）

北京盛通印刷股份有限公司印刷　新华书店经销

字数 270 千字　720 毫米 × 1030 毫米　1/16　16 印张　插页 10

2017 年 8 月第 1 版　2017 年 8 月第 1 次印刷

ISBN 978-7-5502-9252-9

定价：68.00 元